JN104812

日本
アマチュア無線機名鑑
黎明期から最盛期へ

まえがき

　三田無線研究所や富士製作所（後のスター）がアマチュア無線家向け受信機を発売してから早70年経ちました．アマチュア無線というのは趣味の世界ではありますが，そのための道具である通信機は最新の技術と密接につながったものです．そこでアマチュア無線家向けの無線機をすべて記録しておこうという話が持ち上がり，若輩者ながら筆者がその任を授かりました．

　『日本アマチュア無線機名鑑　～黎明期から最盛期へ～』は1976年までのアマチュア無線機を収録しています．この1976年というのは，FT-101E（八重洲無線）やTS-520D（トリオ）といった日本製HF機が世界を席巻した年，そしてシンセサイザ式多チャネルのFM機がひと揃いした年です．さらに日本製のアマチュア無線機の新しい時代が始まる年でもありました．低雑音を追求したPLL式シングルスーパーのTS-820（トリオ）やオール・トランジスタのオールバンドHF機FT-301S（八重洲無線）だけでなく，初のデジタルVFO機，IC-221，IC-232（井上電機製作所）も開発されています．

　本書は日本のアマチュア無線機器の向上躍進の歴史を記したものですが，ユーザーであるアマチュア無線家の姿もリグの歴史から浮かび上がってくるはずです．ぜひ，その歴史を感じていただければと思っております．

　お読みいただく上で，ご容赦いただかなくてはならない点がいくつかあります．まず，C（サイクル）表示はすべてHzに改めました．逆に社名は当時のままとしています．リグは用途別に分類しつつ紹介していますが，多少の無理はご容認ください．

　バンド表記は原則として下限周波数としています．これは多くのバンドが下限から利用され始めたからです．基本的にCQ ham radio誌の写真を利用していますが，写真がない物もあります．読者の皆様から著作権に配慮をいただいた上でご提供いただけると幸いです．

　最後に28MHz帯の減力について記載していないことを明記しておきます．減力が必要だったのは1992年までで，本書の範囲内での28MHz帯の最大電力は50Wです．

　派生機種や細かい変更をどう数えるかどうかの問題があり，本書の紹介機種数を一言で言い表すことは困難ですが，600は軽く超えています．このためかなりのページ数になってしまいましたがその分情報は豊富です．どうぞ，日本のアマチュア無線機の歩みをご覧ください．

2021年3月

JJ1GRK　髙木 誠利

日本アマチュア無線機名鑑　目 次

第2章　AM通信全盛期

第3章　産声を上げたSSB

59　産声を上げたSSB時代の機種　発売年代順

第4章　VHF通信の始まり

93　VHF通信の始まりの時代の各機種　発売年代順

第5章　HFはSSBトランシーバ全盛

126　HFはSSBトランシーバ全盛の時代の各機種 発売年代順

第6章　V/UHFハンディ機が大流行

150　V/UHFはハンディ機が大流行時代の各機種 発売年代順

第7章 モービル・ブーム来る！

第8章　V/UHFの本格的固定機

217　V/UHFの本格的固定機時代の各機種 発売年代順

236　付録資料　写真で見る 有名アマチュア無線機メーカー黎明期の無線機たち

※ 第1章から第8章の機種紹介ページ画像で，引用などの断り書きがないものについては，CQ ham radio誌1948年1月号（第3巻通巻第8号）から1976年12月号（第31巻第12号通巻366号）に掲載された「新製品情報」（編集部原稿）および広告ページから抜き出したものです．

※ 機種紹介ページで画像が見当たらない製品につきましては BLANK としてあります．当該機種の画像などをお持ちの方は，本書籍のWebページなどでご紹介させていただきますので，CQ出版社アマチュア無線出版部までお寄せください．なお，画像や資料につきましてはご自身で所有する，または引用等の明記が可能なものに限らせていただきます．

※ モアレについて：モアレは，印刷物をスキャニングした場合に多く発生する斑紋です．印刷物はすでに網点パターン（ハーフトーンパターン）によって分解されておりますが，その印刷物に，明るい領域と暗い領域を網点パターンに変換するしくみのスキャニングを施すことで，双方の網点パターンが重なってしまい干渉し合うために発生する現象です．本書にはこのモアレ現象が散見されますが，諸々の事情で解消することができません．ご理解とご了承をいただきますようお願い申し上げます．

第1章 黎明期のアマチュア無線機

時代背景

1945年に終戦を迎え，誰でもが自由に受信装置を手にすることができるようになりましたが，1941年に出された私設実験局(アマチュア無線局)の禁止令はGHQの出した"アマチュア無線禁止に関する覚え書"に引き継がれていました．電波3法(電波法，放送法，電波監理委員会設置法)が制定され，アマチュア無線が再開できるようになったのは1952年のことです．

実はこの時期はラジオ・セット・メーカーの乱立時期に当たります．戦後の混乱が収まってきただけではなく，1947年にGHQが再生式ラジオの禁止令を出したことでスーパーヘテロダイン受信機(たとえば5球スーパー)が一気に普及し始めていたのです．

しかし当時はまだ大量生産という概念はあまり広がっていませんでした．また完成品には物品税が掛かりましたから，街の電気屋さんや腕に自信がある人が部品を買ってきて組み立てたラジオもたくさん見られたようです．この時代の統計資料ではラジオの出荷台数と真空管の製造数の間には大きな差が見られます．

こういった事情で多くのキット・メーカー，そして部品メーカーが生まれました．スーパーヘテロダイン受信機を組み立てるには中間周波数増幅を調整できる信号発生器があると便利なので，いくつものメーカーが一般向けの発振器を発売していたのもこの時代の特徴です(写真1-1)．

この頃の短波受信機ではアマチュア無線向けと一般家庭向けの差がありません．1953年に朝鮮戦争が終息(休戦)すると米軍ジャンクがどっと日本に流れ込んできますが，それ以前は本格的な受信機自体がほとんど日本には存在しなかったのです．このため，本書，日本アマチュア無線機名鑑では，アマチュア無線再開前であっても，アマチュア無線家を意識した製品はアマチュア無線用として取り上げるようにします(黎明期の機種一覧を参照)．

免許制度

戦後のアマチュア無線技士制度ができたのが1950年，アマチュア無線再開は1952年になります．クラスは2つ．第1級はアマチュア無線の範囲内で出力も制限なし(実運用上は500Wまで)で，第2級は8MHz以下と50MHz以上の電話，出力100Wまでに限られていました．

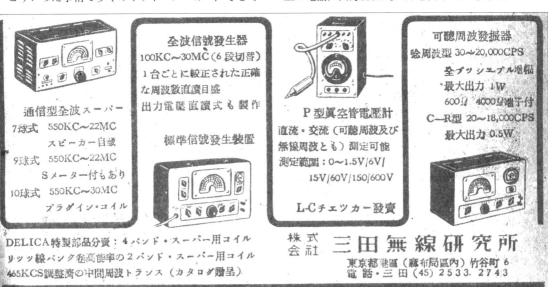

写真1-1　一般向けに発売されていた測定器の広告
CQ ham radio誌1948年3月号　三田無線研究所 広告から

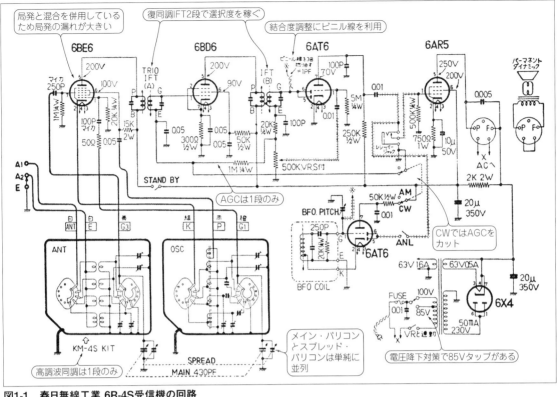

図1-1　春日無線工業 6R-4S受信機の回路

　この後，1958年（無線従事者国家試験は1959年から実施）に，電信級，電話級が新設されます．これらはどちらも出力10Wまで，8MHz以下，もしくは50MHz以上の周波数の電信，電話が運用できる資格でした．この時に第2級の操作範囲も改定され，28MHz以上，または8MHz以下で100Wまでとされました．それまでの第2級と違い，電信の運用ができるようになったのですが，このためそのまま旧資格を新資格に移行というわけにはいかなくなり，移行試験が実施されています．

受信機

　この時代の受信機は中間周波数を455kHzにとったシングルスーパーが主流です．中波から30MHzをカバーしていますが，高い周波数では感度もイメージ比も不足してしまいます．

　プリセレクタ（同調形プリアンプ）や，クリスタル・コンバータを利用する方法もありましたが，受信機本体ほどの出荷数はなかったようです．

　初めの頃は高周波増幅なし中間周波数1段増幅の5球スーパーを短波対応にした物がほとんどでしたが，1960年頃には高周波増幅1段，中間周波増幅2段（高1中2）の物も出回るようになります．真空管回路では周波数変換でもかなりの利得が取れたので，前者でも総合

利得が極端に不足することはありませんでしたし，ラジオでも使われていたANL（AM用のノイズリミッタ）は初期の段階から付いているものもありましたが，Sメータが付いたのはしばらくしてからのことです．これは当時のAGCが簡易な回路だったためです．

　全波受信機でハムバンドを聴きやすくするバンド・スプレッドは比較的初期から付いていましたが，ここに目盛りがついてハムバンド内の周波数直読が実現したのはこの時代でも終わりの方になります．

　この時期の代表的な回路として春日無線工業の6R-4の回路を**図1-1**に示します．5球スーパーにBFOを付け，CW時にAGCを切るようにしてあります．

送信機

　当時はラジオの自作が盛んでしたから通信型受信機も自作が多かったのですが，それ以上に送信機は自作が当たり前でした．これには米軍放出の中古機材，部品が市場に出回っていたことも影響しています．

　当初販売された市販送信機の多くは3.5/7MHz帯の2バンド機です．当時の免許制度的に14MHz以上に出られるハムが少なかったということもありますが，当時はまだ高い周波数で使える手頃な真空管がなかったという事情もあります．807，6AQ5，6CL6などが使われ

るようになって，当時のHF帯，5バンドをフルカバーするオールバンド送信機が実現しています．

1958年に電信級，電話級の新設が発表されると今度は初心者向けの10W出力というターゲットが出現します．TX-88（春日無線工業，**図1-2**）やVT-357（大栄電気商会）は間違いなくこの層に着目した送信機でしょう．

アマチュア無線の資格が取りやすくなったこと，ラジオやテレビ受像機に大手メーカーの大量生産の波が押し寄せてきたことから，この頃からアマチュア無線の製品が急増します．販売競争も熾烈だったようで，**機種一覧**には価格を入れてありますが，雑誌広告などを調べると実際はかなりの値引きが行われていた節がうかがえます．

なお，AM変調の方式としてキャリア・コントロール方式（もしくはコントロール・キャリア方式）としている物があります．このタイプではAM出力がピーク値で表示されているのが通例なので注意が必要です．CWではキーイングしつつも連続して送信波を出力するわけですが，この変調方式はその送信波を変調入力に応じて低減することで音声伝送を行います．通常の

表1-1 HF送信機の終段入力に対する出力の割合
郵政省（現総務省）告示より

CW	終段C級		60%
AM	終段C級	プレート変調	60%
		プレート・スクリーングリッド同時変調	40%
		コントロールグリッド変調	35%
		スクリーングリッド変調	30%
	終段B級	低電力変調	30%
抑圧搬送波（SSB）		低電力変調	50%
添加搬送波（SSB）		低電力変調	20%

注）無線電話送信機を同じ状態でCWで使用する場合は電話の能率を適用する

リグでは変調トランスによってピークで電源電圧が約2倍となりますが，キャリア・コントロール方式ではこの作用がないために，CWの出力をAMのピーク出力が上回ることはありません．

送信機の出力を入力で表している場合があります．入力と言うのは送信回路の最終電力増幅段のプレートでの消費電力のことで，これに効率を掛けることで簡易に出力を算出することが可能です（**表1-1**）．昔は直接出力を測定するのが困難な場合があったため，この算出方法が取られていました．

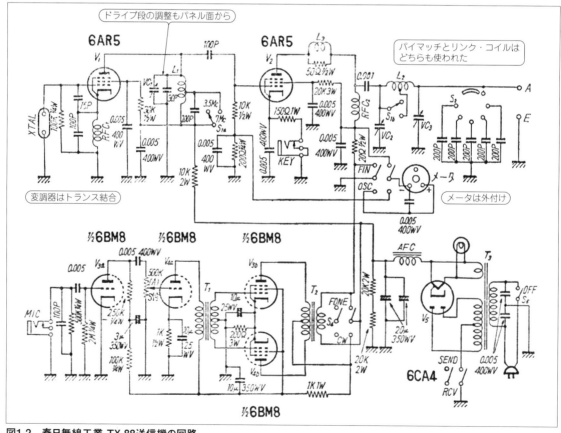

図1-2 春日無線工業 TX-88送信機の回路

換算に関する告示は取り消されていませんので現在でもこの方法で換算することは可能ですが，無線局免許の事項書への記載は入力表記から出力表記に変更になっています．

送受信機

江角電波研究所の小型機を除くと，この時代のHF機で送受信機（トランシーバ）はほとんど作られていません．

理由はいろいろ考えられますが，送受信で共用できる回路が少ないこと，送受信周波数が必ずしも同一ではなかったことなどが挙げられるのではないでしょうか．

移動用に一筐体化が求められたV/UHFと違い，HFではAM時代の終わりまで送受信機が主流になることはありませんでした．

黎明期の機種 一覧

発売年	メーカー	型　番	種　別	価格(参考)
		特　徴		
1948	電元工業	**RUA-478**	受信機	
	30〜100MHz　AM/FM受信機，BFO付き			
	菊名電気	**2バンドスーパーシャーシー・キット**	受信機	
	MF(中波)，5〜22MHz　5球式スーパー　ST管使用			
1949	三田無線研究所	**通信型全波スーパー**	受信機	
	7球式はMF〜18.5MHz　9球式は〜22MHz，10球式は〜30MHz			
1950	富士製作所	**S-50(A)**	受信機	15,000円(キット)
	MF〜30MHz　高1中2　難しい部分は組み立て済みの物もあり			
1952	富士製作所	**S-51(A)**	受信機	15,500円(キット)
	MF〜32MHz　高1中2　難しい部分は組み立て済みの物もあり			
	春日無線工業	**6R-4S**	受信機	9,000円(キット)
	扇型ダイヤル　高周波増幅なし，中1，BFO付き			
	菊水電波	**S-38　スカイ・ベビー**	受信機	11,500円(セミキット)
	9R-4似の丸型目盛り　スプレッド付き　RFアンプ+5球スーパー			
	菊水電波	**S-42　スカイ・クイン**	受信機	13,500円(セミキット)
	MF〜30MHz　高1中2構成　スプレッド，ANL付き			
1953	菊水電波	**S-33　スカイ・ペット**	受信機	6,900円(セミキット)
	MF〜30MHz　6球スーパー　横型ダイヤル			
	菊水電波	**S-53　スカイ・シスター**	受信機	15,800円(セミキット)
	MF〜30MHz　高1中2構成　S-42のダイヤルや筐体変更版			
1954	菊水電波	**S-23　スカイ・ライダー**	受信機	
	MF〜30MHz　0-V-2構成			
	春日無線工業	**9R-4**	受信機	12,900円(キット)
	ハリクラフターズ型ダイヤル　高1中2　MF〜30MHz			
	春日無線工業	**9R-42**	受信機	13,500円(セミキット)
	ハリクラフターズ型ダイヤル　高1中2　MF，3.5〜30MHz			
1955	春日無線工業	**TX-1**	送信機	12,900円(キット)
	3.5/7MHz AM/CW　20W　VFO内蔵　ファイナル807			
1956	山七商店	**ポータブル局用受信機**	受信機	4,000円
	3.5/7MHzCW用　7〜16MHz用もあり　高1中1構成			
	山七商店	**ポータブルQRP局用送信機**	送信機	3,500円
	3.5/7MHzCW用　7〜16MHz用もあり　6SN7W-6V6の2ステージ			

第1章

第2章

第3章

第4章

第5章

第6章

第7章

第8章

発売年	メーカー	型　番	種　別	価格(参考)
		特　徴		
1956	三田無線研究所	**807送信機・807変調器**	送信機	各5,750円
	3.5/7MHz送信機とその変調器　3ステージ807ファイナル			
	三田無線研究所	**CS-6**	受信機	8,790円(球無キット)
	MF〜30MHz　高周波増幅なし，中1，BFO付き			
	三田無線研究所	**CS-7**	受信機	9,790円(球無キット)
	MF〜30MHz　高周波増幅なし，中1，BFO付き			
1957	豊村商店	**SMT-1**	送信機	5,500円(電源込)
	6J5-6L6(6V6)　水晶発振式　CW用　AM用は+500円			
	豊村商店	**RKS-253**	受信機	5,800円(電源込み)
	3〜7MHz(他あり)　高1中1　シャーシのみ，バーニア・ダイヤル式			
	山七商店	**TXH-1**	送信機	14,500円
	3.5/7MHz　AM　8〜10W　終段は6V6GT　変調は6L6GA			
	三田無線研究所	**Model-ST1**	送信機	35,000円
	3.5〜28MHz　VFO内蔵，エキサイタ兼小型送信機。6CL6終段			
	三田無線研究所	**Model-11**	送信機	195,000円
	807ppの50W出力，AM，CW用　送信・変調・電源を3つ重ねて使用			
1958	三和無線測器研究所	**STM-406**	送信機	28,000円
	3.5〜30MHz　807プレートSG同時変調　専用VFOはSVO-405			
	江角電波研究所	**MXS-2232**	送受信機	
	28又は50MHz　80mW出力　シングルスーパー　電池式移動用			
	江角電波研究所	**RXS-2232**	送受信機	
	28または50MHz　200mW出力　シングルスーパー　電池式移動用			
	江角電波研究所	**M-22**	送受信機	7,800円
	28MHz帯　超再生受信　近距離用　電池式移動用			
	日本通機工業	**NT-101**	送信機	51,500円(1式3台)
	3.5/7MHz10W終段807，変調器NM-102，電源NP-103			
	JELECTRO	**FB-73**	受信機	26,900円
	ハムバンド用周波数直読表示付き高1中2			
1959	江角電波研究所	**RG-22**	送受信機	14,500円
	28または50MHz　自励発振・超再生受信　電池式移動用			
	江角電波研究所	**RS-22**	送受信機	17,900円
	28または50MHz　自励発振・シングルスーパー　電池式移動用			
	江角電波研究所	**RA-234**	送受信機	19,500円
	28または50または144MHz　自励発振　電池式移動用			
	春日無線工業	**9R-4J**	受信機	17,000円(キット)
	MF〜30MHz　ANL，BFO内蔵　　スプレッド付き			
	春日無線工業	**9R-42J**	受信機	17,000円(キット)
	9R-4Jの周波数範囲を変え，ハムバンド用にしたもの			
	JELECTRO	**SWL-59**	受信機	9,900円(11,880円)
	MF〜31MHz　高周波増幅なし中1，BFO付き			
	JELECTRO	**QRP-16**	送信機	12,500円
	3.5〜30MHz　入力16W　キャリア・コントロール変調　6BQ6終段			
	JELECTRO	**QRP-40**	送信機	16,500円

発売年	メーカー	型　番	種　別	価格(参考)
		特　徴		
	3.5～30MHz　入力40W　キャリア・コントロール変調　6BQ6終段			
	榛名通信機工業	**SSX-5**	受信機	9,750円
	高周波増幅なし中1　Sメータは外部出力			
	春日無線工業	**TX-88**	送信機	23,000円(キット)
	3.5/7MHz　10W　AM, CW用　キットのみ			
	宮川製作所	**HFT-20**	送信機	13,900円(電源込)
	3.5/7MHz　15～20W出力　807ファイナル			
1959	和光通信機製作所	**TU-591(A)**	受信機	18,900円(セール)
	MF～30MHz　13球　ダブルスーパー　スプレッド付き			
	和光通信機製作所	**TU-581**	受信機	16,800円(セール)
	MF～30MHz　10球　シングルスーパー　スプレッド付き			
	大栄電気商会	**VT-357**	送信機	19,500円
	3.5/7MHz　AM/CW　10W　VFO内蔵			
	三電機	**QTR-7**	送受信機	14,600円
	3.5/7MHz　8W　5球1ダイオード　水晶発振　AM			
	JELECTRO	**QRP-60**	送信機	18,900円
	3.5～30MHz　CW60W入力, AMピークで40W入力			
	榛名通信機工業	**SX-5A, SX-5B, SX-5S**	受信機	10,800円(Sタイプ)
	高周波増幅なし中1　Bはキット, SタイプはSメータ付き			
	榛名通信機工業	**SX-6A**	受信機	13,500円
	高1中1　Sメーター付き			
	東京電機工業	**TMX-7025**	送信機	26,000円
	3.5～30MHzプラグイン式　6AQ5パラレル　プレートSG同時変調			
	和光通信機製作所	**TR-10**	送受信機	17,500円
	AM, CW　10W　10球　VFO内蔵			
	東京電機工業	**TNX-701A**	送信機	12,500円
	3.5～14MHz　CW　ただしバンド・コイルは2バンドのみ付属			
	江角電波研究所	**RT-1**	送受信機	14,800円～
	20～50MHzの1波　水晶送信　超再生検波　ハンドセット型			
1960	三電機	**QT-3**	送信機	8,600円
	3.5/7MHz　AM15W入力　モービル用　高圧電源別			
	三電機	**QMT-4**	送信機	12,900円
	QT-3に14, 28MHzを追加し, 電源を内蔵したもの			
	江角電波研究所	**RX-2**	送受信機	9,800円
	20～50MHzの1波　水晶送信　超再生検波　スティック型			
	東京電機工業	**TNX-7015**	送信機	23,500円
	3.5/7MHz　TNX-701Aに変調器を付加			
	大栄電気商会	**VT-357B**	送信機	21,000円
	3.5/7MHz　AM/CW　10W　VFO内蔵			
	江角電波研究所	**RT-1S**	送信機	18,000円～
	20～50MHzの1波　水晶送信　シングルスーパー　肩掛け型			
	和光通信機製作所	**スリーエイトTX**	送信機	9,850円(セミキット)
	AM, CW　10～25W　変調器別, 球別　3.5～7MHz			

第1章

第2章

第3章

第4章

第5章

第6章

第7章

第8章

黎明期のアマチュア無線機の各機種 発売年代順

1948年

電元工業 RUA-478

おそらく一番最初に広告が打たれたアマチュア用無線機はこれではないかと思われます．愛称はサインVHFスーパー，CQ ham radio 1948年3月号に広告掲載されました．30〜100MHz　ターレット式3バンド，12球，AM-FM両用，AVC，BFO，スピーカ付きとされています．アマチュア無線向けの最初の完成品受信機はなんとVHFだったのです．正式な発売元は電元工業KK狛江

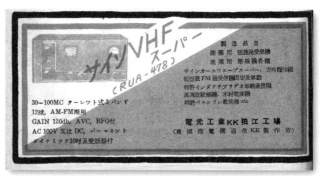

工場，この電元工業は電気通信の特殊会社である国際電気通信株式会社（KDD）の通信機器製造部門（狛江工場）を独立させたもので，広告にも，元国際電気通信ＫＫ製作所の表記が見られます．名門です．

ただしこのリグにはいくつか疑問があります．のちに製品が流通した形跡が見当たらないこと，そしてうっすらと映っている広告写真にはスプレッド機構がないのにBFOが付いていることです．これでは相手局に同調させるのは困難です．もちろん定価もわかりません．しかし会社は間違いなく当時の日本のトップレベルであり，のちに実際にSine-2という似た名前のリグを出していることにも着目するべきでしょう．なお，本機以後のV/UHF機は第3章に記載します．

1949年

三田無線研究所 通信型全波スーパー

後にDELICAの名前で有名になる株式会社三田無線研究所の最初の製品です．7球式，9球式，10球式の種類があり，バンドごとに各段のコイルを差し替えるプラグイン・コイル方式です．真空管の数が増えるとハイバンドまで対応する，ちょっと変わったシリーズでした．

7球式は高1中1，コンバータと局発を7極管6A7が兼ねる設計で，どの機種も低域，高域の音量をそれぞれ独立して調整できるトーン・コントロールも付いています．

1948年

菊名電気 2バンド(普及型) スーパー シャーシー・キット

6WC5，6D6，DH3，42，80の5球（DH3は6Z-DH3と思われる）で短波受信機を構成することを想定した，典型的5球スーパーの外側ケースなしのセミ・キットです．

シャーシだけ？　と思われそうですが，5球スーパーの世界では真空管が決まればもう回路が決まるぐ

らいに回路が固定化されていたので，構成を想定できれば
シャーシ・キットが作れ，あとは電子部品を取り付けてでき上がりということになるわけです．

　このキットにはバリコン，IFT，横型周波数表示部，糸かけダイヤル機構が含まれていますから，細かい電子部品が含まれていなくてもかなり実用性の高いキットだったのではないかと推察されます．

1950年

富士製作所（スター）　**S-50(A)　S-51(A)**

　富士製作所は，のちのスターです．スターという名称を最初に使用したのはIFTで，次に試験用発振器にもこの名称を付けています．その次に発売された本機は**図**のような構成の受信機のキットで価格は約15,000円でした．大卒初任給がだいたい3,000円の時代ですから今で言えば100万円ぐらいに相当します．

● S-50(A)　S-51(A)の回路構成

　この受信機は高周波増幅1段，中間周波増幅2段，そしてBFOを持つ9球（整流管5Y3を含む）構成ですが，この高1中2の構成は，AM時代の標準的な回路構成として一般化してきます．周波数変換に6SA7が使われていますが，これは周波数変換用として広く使われた6CW5（昭和23年発売）の原型とでも言うべき米国の真空管です．

　他にも輸入管が使われており，高い性能を目指した製品と推察されます．

　この受信機は，1952年に10球のスターチャンピオンS-51(A)となります．このS-50(A)からの一番の改良点はIFTで，より高い選択度が得られるようになりましたが，同時にこの頃から富士製作所はテレビ・キットに力を入れるようになります．この後しばらく，同社はアマチュア無線の世界からは遠ざかってしまいました．なお，本書で(A)と表記しているのは明らかにS-50とS-50Aの両方の表記が見られるためです．最初にS-50が発表された時の広告がS-50Aでしたので，S-50AがS-50の改良型（S-51Aも同じ）というわけではありません．

S-50(A)，S-51(A)の回路構成

春日無線工業（JVCケンウッド）　6R-4S

　1946年．長野県駒ヶ根市でラジオの高周波コイル製造所として発足した有限会社春日無線電機商会は，その後 1950年に春日無線工業株式会社と社名を変え1952年に6R-4Sを開発しました．同社はその後，トリオ，ケンウッド，そしてJVCケンウッドと社名が変わります．

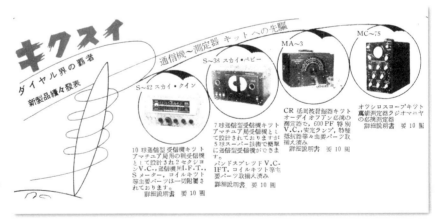

「トリオ・データ・シート」より
資料提供：JA1NEZ 速水 友益 氏

　6R-4Sは**図1-1**（p.9）のような回路構成で直接の信号系統は4球，ST管の6WC5に替わる周波数変換用MT管，6BE6を使用しているところに最大の特徴があります．高周波増幅なし中間周波1段増幅ですが，IFTは複同調のIFT 2段で選択度を稼いでいました．同調を取りやすくするためのスプレッド・ダイヤルを持っているのもこの受信機の特徴です．

　デザイン的には米国ハリクラフターズのS-38によく似ていますが，本機の方がスプレッド・ダイヤルは大きめです．原型機S-38はタバコのピースの箱をデザインした工業デザイナー，Raymond Loewyのデザインと伝えられています．6R-4Sの6は6球に由来します．

　本機は結構長く1957年まで販売されましたが，これは回路構成がシンプルで安価なため上位機　9R-42と共存できたためではないかと思われます．

菊水電波（菊水電子工業）　スカイシリーズ

　1951年に創業した会社で，今は資本金22億円の測定器メーカー菊水電子工業に成長しています．

　同社は創業してすぐに4つの受信機をセミ・キットで発売します．このセミ・キットというのは，主要部分の部品とケースをセットにしたもので，真空管や抵抗器，コンデンサなどは別売です．つまみはセットに入っていますが，スナップ・スイッチは別売でしたから組みあがったキットのスイッチの形が違っているのは当たり前でした．

　スカイ・ベビー S-38は7球の通信型受信機です．ハリクラフターズS-38によく似たデザインで5球スーパーにRF増幅とBFOを付けた構成となっています．主力はセミ・キットではありましたが，全部品キットも約2万円で販売されていました．

　同じころにスカイ・クイン S-42も発売しています．これは高1中2の回路構成でバンド・スプレッド，BFOはもちろん，Sメータも付いた本格的な受信機でした．S-38，S-42共に信号部分はオクタル・メタル管を全面的に採用しています．

　更に1953年にスカイ・シスター S-53，スカイ・ペットS-33を発売しました．S-53はS-42の機構部分を

第1章　黎明期のアマチュア無線機

第1章
第2章
第3章
第4章
第5章
第6章
第7章
第8章

改良したもので横型の大型目盛りが目立つ新型シャーシが特徴的です．IFTの結合度を変えて選択度を可変させる機能も備わっています．さらに局発回路の電源が安定化してありました．菊水電波が通信型受信機の最高峰と称していただけのことはある回路構成です．またこのS-53には，周波数範囲を15MHzまでに狭めて操作性を向上させたS-53Tもありました．

　スカイ・ペット　S-33は5球スーパーを基本とした6球構成です．MT管を全面採用しているところに特徴があります．回路を簡略化し小型化して一般家庭用ラジオ受信機としての需要も視野に入れていたのだと思われます．

　1954年にはさらに簡易なスカイ・ライダー S-23が発売されます．これはなんと0-V-2，再生検波＋低周波増幅という構成です．今考えると極めて簡易な受信機ではありますが，ちゃんとスタンバイ・スイッチを持っていますので，アマチュア無線の受信用としての用途も想定していたようです．

1954年

春日無線工業（JVCケンウッド）　9R-4　9R-42　TX-1（1955年）

　9R-4は1954年（昭和29年）のはじめに発売された受信機です．外観は6R-4Sによく似ていますが中身は9球，高1中2，Sメータ付きの本格的なもので，ハイバンドのイメージ比低下を防ぐためのプリセレクタSM-1もほぼ同時に発表しています．このプリセレクタの発売当時の名前はシグナマックス，SMという型番もこの名前に由来していると思われます．

品　名	区　別	5ケ月払（月掛）	10ケ月払（月掛）
トリオ6R-4	セミキット	1,980円	990円
〃 9R-4	セミキット	3,000〃	1,500〃
〃 TX-1A	キット	3,400〃	1,700〃
アカイAT-2	キット	2,760円	1,380円
〃	オールキット	4,760〃	2,380〃
トリオテレビ14T-15A	キット	7,900〃	3,950〃

＜9R-4＞

　その後アマチュアバンドで使用しやすくした9R-42も発売されます．バリコンを使用したアナログ・チューニングでは周波数が高いところで変化比率が増え目盛りが詰まってきます．受信機が受信周波数範囲をバンド分けしている場合，その上端ではチューニングが取りにくくなるのです．

　そこで受信機のBバンド，Cバンド，Dバンドの下端にアマチュアバンドの3.5MHz帯，7MHz帯，14MHz帯を配したのがこの9R-42です（表参照）．

トリオのTX-1はクラップ回路VFOを自

実体図入り説明書　〒30円

春日無線工業
東京都大田
TEL

　当時局数の多かったバンドを受信機のダイヤルの左端（下端）にセットすることで，チューニング，QSYをしやすくしたのですが，4バンド構成という設計そのものに変更がなかったため1.6〜3.5MHzはカバー範囲から外れました．

　さて，9R-42を発売するとすぐに同社は送信機，TX-1を発売します．送信回路，変調器，電源の3つのシャーシを重ねた形式のごっついデザインのものでしたが，クラップ型自励式発振も内蔵し終段は807で最大で20W出せる3.5/7MHz帯の送信機は，当時としてはとても目新しいものでした．

　当時の広告を見ると，「807の出力は小出力の主送信機として，或いはエキサイターとして手頃です」と書かれていて，当時からハイパワー志向があったことを伺わせます．

9R-4と9R-42の受信範囲の違い

	9R-4	9R-42
A	550〜1600kHz	550〜1600kHz
B	1.6〜4.8MHz	3.5〜7.5MHz
C	4.8〜14.5MHz	7〜15MHz
D	11〜30MHz	14〜30MHz

1956年

山七商店　ポータブル局用受信機

≪ポータブル用受信機≫

　これは1956年に発売された小型の受信機で，3〜7MHz，3.4〜7.5MHz，7〜16MHzの3タイプがあります．1T4，1R5といった電池管で構成されていて，積層型電池（B電池）と1.5Vのヒーター電池（A電池）を併用することで電池動作が可能です．**図**のように本機は6球構成，5球スーパーにRFアンプを付けたような回路になっています．

　また内部はシャーシを立てた形，つまりシャーシ上の真空管が寝た形になる構造で周波数の読み取りはバーニア・ダイヤルを用いています．

　興味深いこととして，同機は「日本製新品」とうたわれています．これは当時，米国製機器，特に軍用品の中古品が大量に流通しており，それと区別する意味で表記していたのでしょう．山七商店自体も主力は米軍放出品の販売でした．

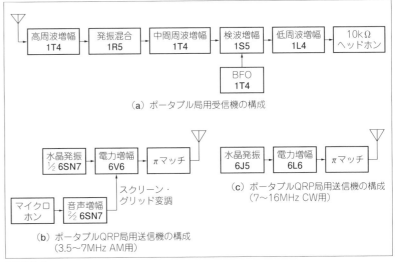

(a) ポータブル局用受信機の構成

高周波増幅 1T4 → 発振混合 1R5 → 中間周波増幅 1T4 → 検波増幅 1S5 → 低周波増幅 1L4 → 10kΩ ヘッドホン

BFO 1T4

(b) ポータブルQRP局用送信機の構成（3.5〜7MHz AM用）

水晶発振 ½ 6SN7 → 電力増幅 6V6 → πマッチ

マイクロホン → 音声増幅 ½ 6SN7 → スクリーン・グリッド変調

(c) ポータブルQRP局用送信機の構成（7〜16MHz CW用）

水晶発振 6J5 → 電力増幅 6L6 → πマッチ

回路構成

山七商店　ポータブルQRP局用送信機

　これも「日本製新品」とうたわれた製品です．3.5〜7MHzのAM用，7〜16MHzのCW用の2種類があります．6J5-6L6の2球のラインナップで，AM用はファイナルのスクリーングリッドにAM変調を掛けています．このスクリーングリッド変調は変調電力が少なくて良い利点がありますが，直線性が取りにくく終段の効率が落ちてしまうという欠点もあります．変調トランスが不要で軽量化できるために採用されたものと思われます．

　16MHz用に使われている終段の6L6は世界初のビーム4極管で，許容プレート損失19Wの物です．近年ギターアンプとしてよく使われている6L6GCは許容プレート損失こそ30Wに増えていますが，ほぼ同等管です．

三田無線研究所　807送信機・807変調器

　これは2筐体に分かれたAM送信機です．長方形の箱を立てたようなデザインの筐体で，片方が変調器，もう片方が高周波アンプになっています．周波数は当時人気のあった3.5MHzと7MHz，3ステージの送信機はパネル面で段間と終段のバリコンを調整するようになっています．

　もちろんこのリグの最大の売りは余裕のある終段管807を採用していることです．当時の三田無線研究所の製品全般にいえるのですが，コイルをうまく使うこと

807電力増幅器（キット）↑
807変調器（キット）↑

で回路はシンプルでありながら高性能を目指しています．そして操作がわかりやすかったためでしょうか，変化の激しかったこの時代ですがこの送信機は約5年に渡って販売され，後に再発売もありました．

三田無線研究所　**CS-6　CS-7**

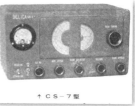

↑CS-6型　　　↑CS-7型

DELICA，三田無線研究所の通信型6球受信機です．CS-6はオクタルメタル管，CS-7はMT管を使用していますが基本的な構成は同じで，当時各社が採用したハリクラフターズS-38似のアイデアルNR-900型ケースに収められています．

当時の雑誌記事には，真空管はノイズ源なので可能な限り使用本数は少ない方が良い，Qの高いコイルを使用し各段の増幅率を40dB以上にしているのでこの受信機は十分な感度があるという研究所所長の茨木 悟氏のコメントが掲載されています．高周波増幅は付いていませんが総合利得は120～130dB，ローバンドのイメージ比は40dB以上あります（いずれも公称値）．

1956年発売のCS-6は発売後数年で生産されなくなりますが，それより1,000円高いCS-7はロングセラーとなります．当時最先端のMT管を使用していたのがその主因と思われますが，もう一つ，SメータがCS-7にだけ装備されていたのも大きかったと思われます．

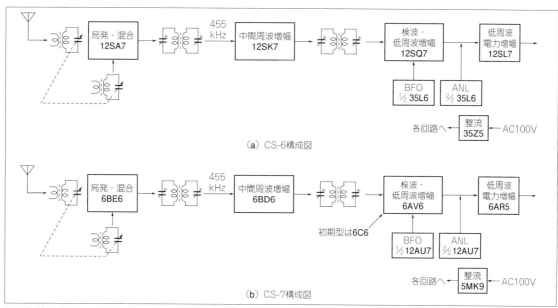

（a）CS-6構成図

（b）CS-7構成図

三田無線研究所の受信機の回路構成

1957年

豊村商店（トヨムラ）　**SMT-1**

小型の送信機です．3.5～7MHz，7～16MHzの2種類，そしてCW用，AM用（+500円）の2種類が用意されています．高周波回路は水晶発振→電力増幅の2段で，ファイナルはプレート損失19Wの6L6（ハイバンド用は6V6）と余裕のある設計です．

この送信機はポータブル用として設計されていて，送信機に装着する2.5m長のロッドアンテナがオプションで用意されています．電源は別売で10,000円しますが，"要修理中古品"と明記された6,000円の物もありました．

山七商店 **TXH-1**

主として米軍中古品や輸入電子部品を扱っていた山七商店が出したオリジナル送信機です．3.5/7MHz帯のAM機で出力は8〜10Wとなっています．終段管には最大プレート損失14Wの6V6GTが使われています．変調器の出力管は最大プレート損失19Wの6L6GAで，変調器には余裕がありました．

このリグはケースの形がちょっと変わっています．直方体を倒して横長にしたような形で，機械というよりも箱をイメージしてしまいます．正面中央には大きなメータが取り付けられていました．出力部はコイルによるカップリング・タイプで，平衡，不平衡両方のアンテナを使用することができます．なお同社のオリジナル機器はこれが最後となり，以後はジャンクと部品の販売を主とするようになります．

三田無線研究所 **Model-ST1**

広告の表現をそのまま記載しますと本機は"VFOエキサイター兼小型送信機"です．つまり，外付けVFOでありながら，そこそこの出力が出るので送信機としても使えますという製品になります．

12AT7によるクラップ発振はVR-150で電圧を安定化してあります．逓倍段は3段，28MHz帯の出力を取り出すことも可能です．そして出力管は6CL6ですから数ワットの出力が期待できます．贅沢な作りですが

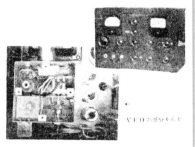

それだけに価格が高くなってしまったようで，すぐにその姿を消してしまいます．

三田無線研究所 **Model-11**

重さ35kg，高さ1m，幅45cmの堂々たる送信機です．業務用のラックより数センチ狭い幅のラックに，上から，送信部，変調部，電源部の3つのシャーシが収まっています．2.5〜14MHz帯のものと28MHz帯の物があり，ファイナルは807が2本です．プレート損失30Wのこの球をプッシュプルで使うことでAMの50Wを作り出しています．ちなみに変調器も807プッシュプル，価格は20万円弱とこちらもビッグです．

この送信機はあまりに大きすぎるように思われます．しかもこれだけの価格でありながらVFOを内蔵していません．ST-1と同様にこの送信機もすぐに広告からは消えてしまいました．

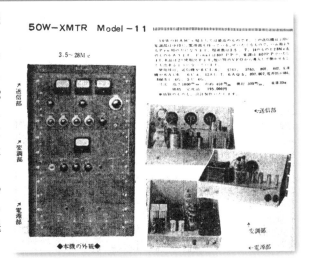

1958年

三和無線測器研究所　STM-406

3.5〜28MHz帯の送信機です．水晶発振は12BY7，高レベルの発振をさせてファイナルの807をドライブしています．変調器は6V6 プッシュプルで，余裕のある変調を実現しています．

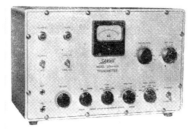

STM-406短波送信機

本器は80m，40m，20m，15m，10mのバンドを備え，水晶発振回路には High Gm管の12BY7を使用して，強力な高調波を取り出し，終段807を全バンドにわたって充分にエキサイト致しております．SVO-405型VFOをコンバインして御使用になれば，アマチュアバンドにおけるQSOのFB度が倍増されます．変調段には6V6 PP回路を使用して，終段807のプレート・スクリーングリッドの同時変調を行っておりますので，高能率な100%変調が得られます．

カタログ要〒10

本機の特徴としては三田無線のModel-ST1と同様に初のHFオールバンド送信機であることが挙げられますが，こちらの方がハイパワー，約15Wの出力があります．もう一つの特徴は発射電波の品位で，プレート・スクリーングリッド同時変調とすることで，変調の難しい5極管で100%変調を実現しています．水晶を使用するタイプですが，外付けVFO SVO-405を併用することでHFの全アマチュアバンド(当時)に自由に出ることが可能になります．

なおメーカーの三和無線測器研究所は，現存する測定器会社の三和電気計器の前身，三和電気計器製作所から分離した会社に当たります．

江角電波研究所　MXS-2232　RXS-2232　M-22

江角電波研究所は，電池管を使用したハンディ・トーキー(可搬型無線電話装置)を主に作っていた会社です．どの無線機も無免許用(27.125MHz±0.5%のラジオ・マイク周波数のもの)，ハムバンド用のどちらとしても使えるようになっています．

MXS-2232 型

無免許及びアマチュアバンド28Mc，50Mc
発信…水晶制御発振
受信…水晶制御スーパー
出力…約80mW

R-33 型

VHF50Mcバンドアマチュア専用
発信受信共自励方式
超再生検波方式出力…約250mW

RXS-2232 型

無免許及びアマチュアバンド兼用最高級品
発振…水晶制御
受信…水晶制御スーパー
出力…約200mW

M-22 型

送受共自励方式
一般並びにアマチュア実験用出力約60mW
通話…約0.3〜0.8粁

正価1台　¥ 5,900
(電池別)　送料 ¥200
電池特単1個BL-030　1箇
¥ 350

MXS-2232は送信出力80mW，受信はシングルスーパーの電池管を使用したAMトランシーバで，無免許，または28MHz，50MHz帯で使用するようになっていました．これを200mW出力にしたのが最高級機RXS-2232です．

簡易なものとしてはM-22やR-33(50MHz帯)がありましたが，これらは受信は超再生で，"一般並びにアマチュア実験用"と，同社は位置付けています．M-22は，28MHz帯，または無免許27.125MHzの送受信機です．受信は超再生，通話距離500mとされています．電池は1.5V単一と積層45Vです．

日本通機工業 NT-101

COSMICのブランド名を冠した3.5/7MHz 10W終段807の送信機です．ファイナルのグリッド電流とプレート電流を同時に読めるように2つのメータを持ち，操作しやすいように工夫されています．

出力の取り出しはリンク・コイルで300Ω出力が標準でした．ちなみにこの時代のリグではリンク・コイル式，πマッチの両方が混在しています．当時の文献を見るとユーザー側にπマッチに対する否定的な意見があったようです．

本機の変調器はNM-102，電源はNP-103と，別売，そして別筐体になっています．それぞれ，完成品，キットB（フルキット），キットC（主要部品キット）があり，すべて揃えると完成品51,500円，キットBは41,000円，キットCは18,000円でした．

NT-101型送信機

本機は3.5/7Mc用出力10Wの送信機で，使用球は6AQ5-807，NM-102変調器と併用してA3も出せるものです．電話級電信級及び2級ハムに絶好の送信機です．

完成品 ¥17,500　キットB
¥14,000　キットC ¥9,450
カタログ要郵券　¥30

JELECTRO FB-73

中波から40MHzまでを受信範囲とする高1中2の受信機です．米国ハリクラフターズ社のSX-71に似たデザインで，左にメイン・ダイヤル表示，右に5バンド分のスプレット・ダイヤル表示，その間にSメータを持っています．メーカーも「USAデザイン新通信型受信機発売！」と銘打っていました．

この受信機は完成品のみの販売でした．現金正価（26,900円）以外に，月賦価格（29,900円）が明示されていたことが興味深いところです．この頃から，受信機は作るものではなく，多少無理してでも購入するものに変わっていったのでしょうか．

なお，JELECTROのブランド名は，ジャパン・エレクトロニック・トレーディングCo. という正式社名に由来します．

JELECTRO FB-73 完成品

USAデザイン新通信型受信機発売！

1959年

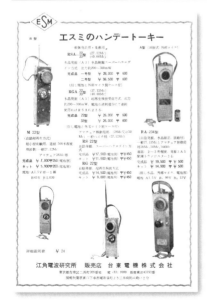

エスミのハンデートーキー

江角電波研究所　販売店 台東電機株式会社

江角電波研究所 RG-22 RS-22 RA-234

ハンディトーキー・メーカー江角電波研究所の新たなラインナップになります．どれも電池式で，2～3個の電圧の違う電池を使用するようになっていました．

RG-22は28MHz帯もしくは50MHz帯の送受信機です．送信は自励発振，受信は超再生ですので受信の選択度にはかなり難があったのではないかと思われますが，送信は自励発振ですからバランスが取れていたのでしょう．

このRG-22の受信部をシングルスーパーにしたものがRS-22です．価格は3,000円ほど高くなります．

さらに水晶発振子による周波数校正回路を取り付け一部を半導体化した送受信機がRA-234です．サイズは一回り大きくなります．また電池はヒータ用の1.5V，電子管用90V以外にトランジスタ用12Vも必要になりました．

※ RG-22, RS-22, RA-234はVHF機としてp.94 第4章にも紹介しています.

第1章　黎明期のアマチュア無線機

第1章
第2章
第3章
第4章
第5章
第6章
第7章
第8章

春日無線工業(JVCケンウッド)　**9R-4J　9R-42J**

　9R-4, 9R-42のマイナ・チェンジ版受信機です.「世界の電波をキャッチする　トリオ・スーパー・ナイン」と銘打たれていました. ちなみにナインは9球を意味します.

　外観や基本的な構成は変わりませんが, GT管をMT管にし, 電源チョークを省いて軽量化, BFOにピッチ・コントロールを付加し, 価格も値下げしたものです. 広告では値上がりしているように見えますが, 表示は発売当時の価格であり, 9R-4の1958年頃の価格は球なしオールキットで17,300円でしたので実際は多少安くなっています.

　当時のCQ誌に掲載された**特性図**を示します. ハイバンドを担当するDバンドでの感度が低いこと, 28MHz帯ではイメージ比が10dB程度しか取れていないことがわかりますが, 当時の受信機としてはこれでも良好な数値です.

　9R-4と9R-42の関係と同じように, 全波受信機9R-4Jをハムバンドで使いやすいようにしたものが9R-42Jになります. 9R-42Jは1.5〜3.5MHzを受信することはできません. また, スプレッド・ダイヤルには周波数目盛りがないのも9R-4, 9R-42と同様です.

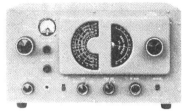

9球通信型受信機 MODEL　**9R-4J**　定価 29,000円

● 本機は, 高周波一段, 中間周波二段, 低周波二段の標準回路方式の通信型受信機です. 附属回路は雑音制限回路, ビート周波発振器, 信号強度計などがついており, 短波受信家, アマチュア無線局漁業無線用通信機として優れた性能を発揮いたします. キットは真空管を除く全部品が調整検査されて附属しており, 詳細な工程別実体図付です.

周 波 数 帯……A;550〜1600kc　B;1.6〜4.8Mc　C;4.8〜14.5Mc　D;11〜30Mc
感　　　　度……13μV (10kcにて⅗ 20dB入力)
選 択　　度……−60dB　(1Mcにて±10kc離調時)
使 用 真 空 管……6BD6×3, 6BE6×2, 6AV6×2, 6AR5, 5Y3
消 費 電 力……50VA　50〜60℅

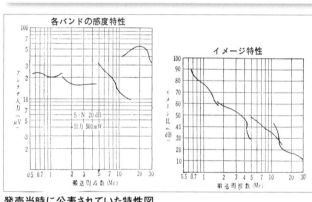

発売当時に公表されていた特性図

JELECTRO　**SWL-59**

　JELECTROの2機種目の受信機になります. MF 〜 31MHzを4バンドでカバーする高周波増幅なし中間周波増幅1段の受信機で, BFOを内蔵しています. ゲルマニウム・ダ

JELECTRO　SWL-59

ジャパンがハム及びSWLに贈る第2弾！
4バンドオールウエーブ・スーパー
540kc 〜31Mc受信可能

価格　現金　¥ 9,900
　　　(月賦無)送共　完成品

イオードを用いたANLを採用し, 本体にスピーカを内蔵している点も注目されます. この頃は, 高利得な高1中2構成の受信機と中間周波増幅1段だけの受信機が販売を競っていたのですが, JELECTROもその両方を発売した形になりました.

　この受信機も上級機FB-73同様, 完成品のみで販売されています. 9,800円と安価なため当初は月賦の設定がありませんでしたが, 発売後に頭金4割, 残りを10回払いの月賦が設定され, 1959年6月には11,880円に値上げされています.

JELECTRO **QRP-16 QRP-40**

JELECTROが出したキャリア・コントロール変調の送信機です．どちらも3.5～30MHzをフルカバーします．QRP-16は16W入力，QRP-40は40W入力ですが，能率85％（公称）なので，それぞれ13.6W／34Wの出力になると広告には記載されています．

このキャリア・コントロール変調というのは，音声入力に応じて送信出力管のスクリーングリッド電圧を変える物です．両機ともに発振は6CL6，ファイナルは6BQ6で，プレート損失11Wのファイナルを使用していますが特に問題はなかったようです．ただしファイナルのスクリーングリッド電圧の切り替えに使用している12AU7（½）は寿命が短かったことがCQ ham radio 1960年6月号で指摘されています．

出力はπマッチです．いかなるアンテナにもマッチできるπマッチ出力回路を採用（50～1000Ω）と広告ではうたわれています．

・電源　90，100，117V　50～60㎈　AC
・出力　（28Mcバンド50Ωダミー負荷）CW　35W
　　　AM　28W（無変調時のキャリヤーパワーは 9.5W）
・重量　9kg，大きさ　330×215×180㎜
　現金価格　　　　　　　　¥ 16.500

榛名通信機工業 **SSX-5**

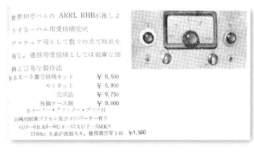

群馬県ではなく，浦和市（現・さいたま市）にあった会社が出した受信機です．回路は高周波増幅なし中間周波増幅1段で，中間周波数は1700kHzと高めに設定されています．キット（8,500円），セミキット（5,900円），完成品（9,750円）の3種類がありましたが，他に外装ケースなしの完成品（9,000円）も設定されていました．いずれの場合も真空管とフィルタは別売で一組1,500円です．価格設定に苦心の跡が見られます．

世界40万ハムの ARRL RHB が推しよ
うする…ハム用受信機完成
アマチュア用として数々の点で特長を
有し，通信用受信機としては低廉な価
格と容易な製作法
ＳＳＸ－5型受信機キット　　　¥ 8,500
　　　セミキット　　　　　¥ 5,900
　　　　完成品　　　　　　¥ 9,750
　　　外側ケース無　　　　¥ 9,000
　　Ｓメーター・アウッター・プラッグ付
同機用附属プリセレ及びコンバーター有リ
6U8→6BA6→6U8→12AU7→5MK9
1700kc 水晶沪波器入り，使用真空管1組 ¥1,500

ダイヤルは試験用発振器などで良く見られる目盛り板の中央につまみを配したものです．Ｓメータは付いていませんが，外部への信号強度出力は用意されています．

春日無線工業（JVCケンウッド） **TX-88**

春日無線工業が系列会社のトリオ商事を発売元として販売した送信機キットです．3.5/7MHz帯で，高周波系は2ステージ，CW 10W，AM7.5Wの出力があります．送信回路の各部をパネル面から直接調整するようになっているためつまみが多めですが，出

トリオ送信機 **TX-88** 正価23,000円
本機は，三級ハム局用として特に設計された
送信機です．製作，調整および使用の容易に
重点をおいていますので初心者の方には最適
です．水晶制御方式ですがVFOを外付する
ことができます．アンテナマッチングは，バ
イ方式ですから，どんなアンテナにもマッチ
いたします．

力最大に合わせれば良いので操作性に問題はなかったようです．2バンド機でありながらLOAD側に5つの固定コンデンサを接続するようにしてπマッチの整合範囲を広くする工夫もしてありました．

本機の唯一かつ最大の欠点はメータがないことで，本機を調整するためには外付けの通過型パワー計が必須でした．本機のファイナルは6AR5で，最大プレート損失が8.5Wと低くAM出力を抑えていたようです．

本機はπマッチ出力ですがパネル面のターミナルからアンテナに接続するようになっています．

なお本機発売後の1960年1月に春日無線工業はトリオ株式会社に社名を変更しますが，TX-88は発売当初よりTrioのロゴ付きで販売されていました．

宮川製作所　**HFT-20**

ファイナル807　2ステージで15～20Wを出す．水晶発振式3.5/7MHz帯の送信機です．6AR5プッシュプルの変調器も付いていますが，電源は4,300円で別売でした．

BLANK

和光通信機製作所　**TU-591　TU-581　TU-591A**

★ TU-591A型13球Wスーパー

TU591A型13球ダブルスーパー受信機		
完成品　球無	¥	16,800
〃　　球付	¥	18,900
ケースキット(トランスレス)	¥	3,900

部分品の取扱有り，特売中

TU-591は13球のダブルスーパー受信機，TU-581は10球のシングルスーパー受信機です．どちらも30MHzまでをフルカバーしバンド・スプレッド，BFO，ANLがついています．さらに別筐体のスピーカ付き電源までもが付属しています．同社は本機に自信を持っていたようで，"責任保証"，"自作より絶対に安い"という2つのキャッチコピーが広告には付けられていました．

なお，TU-591は翌月にTU-591Aへとモデル・チェンジします．Q5er(Qマルチ)を追加し，ダイヤル・メカニズムを改良しました．TU-591Aは定価22,800円です．

大栄電気商会　**VT-357**

待望のVFO付送信機　2,3級のハムに最適
VT-357型発売！
完成品価格
¥ 19,500 (送共)

3.5/7MHzのAM/CW，10W送信機です．同じ筐体内にVFOを内蔵していて，きれいなデザインに仕上がっています．プレート・スクリーングリッド同時変調を採用しているのも本機の特徴です．本機も販売は完成品だけです．自作，そしてキットを組み立てるという時代的な流れがありましたが，そろそろ製品を買って使うという時代に入ったようです．電信級，電話級といった10W制限の無線従事者試験が始まったのも本年になります．この時代の電信級，電話級は運用周波数が8MHz以下，もしくは50MHz以上と決められていました．

三電機　**QTR-7**

他社が本格的なAM送受信機を発売するようになった後にアマチュア無線機器に参入したためか，三電機は真空管式の移動用トランシーバという比較的ニッチな分野からスタートしました．本機はAC100V動作ながら移動用として設計された3.5/7MHzのトランシーバです．

出力は8W(AM)，水晶発振式で，受信部は10MHzまでをカバーしています．ハイシング変調を採用しているのも本機の特徴で，入力22W　出力9W(AM)と，電話級を強く意識した設計になっていました．重さは7kgと当時としては軽量に作られています．

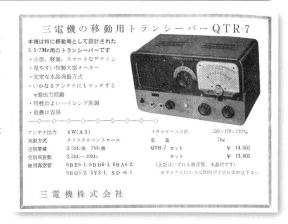

三電機の移動用トランシーバ QTR-7

本機は特に移動局として設計された
3.5/7Mc用のトランシーバーです
・小型，軽量，スマートなデザイン
・見やすい特製大型メーター
・安定な水晶発振方式
・いかなるアンテナにもマッチする
　π型出力回路
・特性のよいハイシング変調
・取扱は容易

アンテナ出力	8W(A3)	メタルケース寸法	320×170×110㎜
発振方式	クリスタルコントロール	重量	7kg
送信帯域	3.5Mc帯，7Mc帯	QTR-7　セット	¥ 14,600
受信周波数	3.5Mc～10Mc	キット	¥ 13,600
使用真空管	6BE6-1, 6BD6-1, 6BA6-2,	(上記はいずれも真空管，水晶付)	
	6BQ5-2, 5Y3-1, SD-46-1	カタログ入用の方は20円切手同封申込下さい	

三電機株式会社

JELECTRO **QRP-60**

本機は3.5〜28MHz帯の送信機です．CWで60W，AMで40Wの入力を誇ります．完成品価格は18,900円と安価でしたがVFOは内蔵していませんでした．

本機の特徴はインターフェア対策をうたっていることで，各部にフィルタが入り，キークリック対策済み，そしてメタル・キャビネット入りとPRされています．電源も内蔵していて9kg，

小型軽量に仕上がっています．なお本機のアンテナ端子はM型コネクタです．

もう一つの本機の特徴として，抵抗器を挿入してプレート電圧を600Vから435Vまで下げることで電信級・電話級ハムにも対応していることが挙げられます．これはJELECTRO独自のフローティング・キャリア変調は法令上スクリーングリッド変調となり，能率35%で入力－出力換算ができること（同社広告より）によるものです．入力を28.35Wにすると出力は9.89Wになります．

1960年

榛名通信機工業 **SX-5A SX-5B SX-5S SX-6A**

SSX-5の改良型です．SメータなしのSX-5Aは9,750円，Sメータ付きのSX-5Sは10,800円です．キットはSX-5Aだけに設定されSX-5Bの型番で8,500円となり，キットはあくまでも完成品より安価な品物という位置づけに変わってきています．

回路はSSX-5と同様に，高周波増幅なし1.7MHzの中間周波増幅1段です．6BA6による高周波増幅をSX-5Sに追加したSX-6Aも広告には記載されています．オプションとしては自励式コンバータ，クリスタル・コンバータが用意されていましたが，その中でもSXC-1225（完成品6,300円）は注目に値します．というのは，このコンバータは14〜50MHzのハムバンドすべてを3.5MHzに落とすものだったからです．当時のシングルスーパ受信機ではHFハイバンドの感度やイメージ比の低

世界 40 万ハムの ARRL RHB が推しょうする……ハム用受信機完成

アマチュア用として数々の点で特長を有し，通信用受信機としては 低廉な価格と容易な製作法

★SX-5A型受信機完成品 ¥ 9,750
★SX-5B 完全キット ¥ 8,500
★SX-5S Sメーター内蔵完成品 ¥ 10,800
6U8-6BA6-6U8-6AB8-6X4

下が著しくコンバータやプリセレクタの併用はよく行われていたのですが，14MHz帯から50MHz帯すべてを低い周波数に落とせるような物はまだなかったのです．

コンバータを使うメリットとしては，前述の事情以外に周波数の読み取りがしやすくなるという点も挙げられます．たとえば3.5〜7MHzを1バンドとしてダイヤル・スケールを展開するとその範囲は3.5MHz幅ですが，14〜30MHzではこれが16MHz幅になってしまいます．なお同社はこの頃，SSB用PSNキットやSSB用メカフィル同等の集中型フィルタ・キットなども販売しています．

東京電機工業 **TMX-7025**

TMX-7025は3.5〜28MHz帯の送信機です．終段は6AQ5のパラレル，水晶発振式で，CW，AMの出力はどちらも10Wです．

本機はNT-101同様，変調器と高周波回路が縦型2筐体になっているように見えますが，実は同じ縦型筐体の中に2段のシャーシがあり，それぞれの回路が収められています．

変調は多極管で一般的なプレート・スクリーングリッド同時変調です．また送信回路出力はリンクコイルで取り出しています．コイルはプラグイン方式となっています．プラグイン・コイル方式は切替機構などがないので回路がシンプルになり，どのバンドでも最適な結合度を維持できるのが特徴ですが，バンドチェンジ時の操作性に難があります．

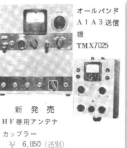

開局には**これに決めた**
東京電機の送信機

■ TMX-7025　オールバンド　A1A3
完成品 ¥26,500（送共）キット¥23,000（送共）
■ TNX-701A　3.5, 7, 14MC　A1
完成品 ¥12,500（送共）キット¥11,500（送共）

記　以上完成品，キット共真空管は全部付属しています．出力コイルは指定の2バンドのみで，1バンドにつき¥170にて各周波数につきお作りします．水晶はつきませんが¥350でFT243型をつけます．

オールバンド
A1A3送信機
TMX7025

新発売
HF帯用アンテナ
カップラー
¥6,850（送別）

音声変調器の出力に高域補強が入っていたり，発振段と電力増幅の両方を同時にキーイングしていたり，さらにはバンドごとの利得を補正するための回路が組み込まれていたりと，独自の設計が随所に見られます．

和光通信機製作所　TR-10

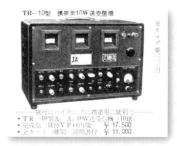

TR-10型　携帯用10W送受信機

カタログ要三百円

"旅行にハイキングに携帯用に便利な"というキャッチコピーの10球のトランシーバです．
小型の旅行鞄ぐらいの大きさで，側面（一番広い面）に操作部分が取り付けてあり，上部に取っ手がついているのが特徴です．VFOも内蔵しています．

……"旅行にハイキングに携帯用に便利"……
・TR-10型A1，A3 10W送受信機・10球．
・完成品　球付VFO内蔵　¥17,500
・全キット（球別）説明書付　¥11,300

東京電機工業　TNX-701A

3.5, 7, 14MHz帯のCW送信機です．それまでの縦型筐体から，デスクトップで使いやすい横型筐体に変わりました．出力コイルはプラグイン・タイプ，2バンドだけ付属します．発振は6BD6による水晶発振，2ステージでファイナルは6CL6です．

TNX-701A

江角電波研究所　RT-1

送信は水晶発振，受信は超再生のハンディ・トーキーです．肩から下げて使用します．周波数は20〜50MHz帯（いずれかを選択），ファイナルは3A5，出力は200〜500mWとなっています．電波型式はAMのみ，その変調器には当時出始めのトランジスタ，OC74をプッシュプルで使用しています．複数の電池を使用するタイプですが受信のみなら20時間連続稼働が可能とPRしていました．
この時代は多くのリグが完成品主体になっていたのですが，本機はキットのみでの販売です．なお，本機は発売翌年の初頭には50MHz帯に特化したRT-1Aにマイナ・チェンジされます．また，RT-1は周波数によって価格が変わりました．

本格的アマチュア移動局用
RT-1型
（水晶式）

周波数：21〜50Mc帯
（コイル各バンド別）
水晶発振：　3A5/2
出力：3A5（200〜500mW）
受信：超再生検波3A5/2
変調：トランジスター
OC-71×2（PP）
　　　OC-74×2（PP）
電源：
A：小型バッテリー3ヶ
（トランジスタ管用）
B：BL-160B 1ヶ
連続使用：受信状態のみ
ならば連続20時間以上
寸法：11×23×9cm

※ RT-1, RX-2, RT-15は，VHF機としてp.95 第4章にも紹介しています．

第1章 第2章 第3章 第4章 第5章 第6章 第7章 第8章

三電機　QT-3　QMT-4

三電機の2機種目はQT-3，入力15WのAM送信機です．周波数は3.5/7MHz帯で，出力部はπマッチを採用しています．

電源はDC300V，6Vまたは12Vとなっています．モービル用に設計したとメーカーではうたっていましたので，カー・バッテリと，外付けDC-DCコンバータによる300V

★新製品★

QMT-4　QT-3
送信機　送信機

本機はQT-3送信機に14Mc及び28Mcを附加し電源部内蔵としたものです．

プレート入力	15W（A3）
発振方式	クリスタルコントロール
送信帯域	3.5，7，14，28Mc帯
アウトプットインピーダンス	50オーム
アウトプットカップリング	πマッチング
電源	DC6V又は12V
メタルケース寸法	280×128×126

重量…3.9kg

完成品　￥12,900（真空管付）

本機は特にモービル用に設計された3.5/7Mcの送信機です．

プレート入力	15W（A3）
発振方式	クリスタルコントロール
送信帯域	3.5Mc帯，7Mc帯
アウトプットインピーダンス	50オーム
アウトプットカップリング	πマッチング
電源	DC300V　6V又は12V
メタルケース寸法	188×118×110

重量…2.2kg

完成品　￥8,600（真空管付）

を使用することを前提に作られていたようです．188×118×110mmと大きさは小さく，わずか2.2kgしかありませんでした．

当時は短波を受信できるカー・ラジオがありましたから，DC300Vさえ用意できればあとはアンテナをつなぐだけでモービル運用を楽しめたものと思われます．完成品のみ，価格は8,600円です．

QMT-4はQT-3に14MHz，28MHzを付加しDC-DCコンバータを内蔵したものです．電源電圧6Vまたは12Vが得られればHF送信が楽しめるようになっていました．

完成品価格は12,900円と，高圧を作る苦労を考えるとQMT-3よりもリーズナブルと言える価格設定です．なおQMT-4は21MHz帯には対応していません．

江角電波研究所　RX-2

これはRT-1同様，送信は水晶発振，受信は超再生のハンディ・トーキーです．本体を直接耳に当てて使用します．周波数は20～50MHz帯（いずれかを選択），電波型式はAMのみです．

RX-1,2,3型

Freq.　－　7～50Mc
Size　－　30×7.5×5.5cm
Weight－1.5kg

発売記念大売り出し中

35年8月1日より9月30日まで
問合せは代理店へどうぞ

T.NX-7015

★ＴＮＸ-701Ａ　3.5，7Mc　完成品￥12,500
6ＢＤ6－6ＣＬ6－Ant　キット球付
6Ｘ4　　￥11,500

東京電機工業　TNX-7015

TNX-701Aに変調器を付加（追加）したのが本機になります．周波数は3.5/7MHz帯でTNX-701Aにあった14MHz帯がなくなっていますが，実はTNX-701Aからもこの頃14MHz帯が消えています．完成品は23,500円と少々高価ですが，2,000円安いキットもありました．ファイナルは6CL6，変調器は6AR5で標準的な設計になっています．

大栄電気商会　VT-357B

1959年暮れに発売されたVT-357の改良型ですが基本的な構成は同一で，3.5/7MHz，AM/CWの10W，VFO内蔵の送信機です．

広告によると，細かい電子回路や一部機構が改良されているようです．

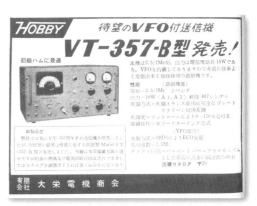

HOBBY
待望のVFO付送信機
VT-357-B型発売!

初級ハムに最適

本機は3.5/7Mc用，出力は電信電話共10Wであり，VFOを内蔵してありますので非常に簡単よく交信出来る待望待望の送信機です．

使用－3.5/7Mc　2バンド
出力－10W（A1，A3）終段807シングル
変調方式－本電源トランス使用の完全なプレートスクリーン同時変調
発振度－コントロールにより常に±120%応可能
電鍵操作－カソードキーイング方式

VFO部分
発振方式＝6BD6によるECO発振
発振周波数－3.5Mc
タイアル目盛・バーニヤ・ダイヤル・メーカー品をした単純な大きい減速比の所有

英雄カタログ　〒2）

有限会社　大栄電機商会

江角電波研究所　**RT-1S**

　超再生検波の肩掛けハンディ機，RT-1のシングルスーパー・バージョンです．通話距離はRT-1の1～2kmに対して，本機では2～4kmと倍増しています．

　オーダー時に周波数を指定するようになっており，周波数によって18,000円～22,000円（キットの場合）と価格は変わります．受信の中間周波数増幅段もトランジスタ化されたことが特筆されます．

　プリント基板を採用しキットの場合も基板は組み立て済みで，当時の壊れやすいトランジスタの回路を直接組み立てる必要がないように配慮されていました．

　なお，本機は翌年初めには50MHz帯に特化したRT-1SAにマイナ・チェンジされます．

和光通信機製作所　**スリーエイトTX**

　CW，AMで10～25Wの3.5, 7MHz帯送信機です．高さを抑えたデザイン，丸型3連表示が特徴的で，プレート・スクリーングリッド同時変調です．

　本機はメーカーでは半完成品と称していましたが，実際は真空管などの部品は別売りでしたので，主要部分を組み立てたセミ・キットであったともいえます．1961年中頃からは，本機は888-TXと称されています．

Column　**キットばかりの理由**

　この時代のリグには，キット，セミ・キット，完成品の3種類がありますが，このうちのセミ・キットは主要部品と製作例の添付だけのキットです．名前だけ見るとキットと完成品の間に思えてしまうかもしれませんが，実際はキットとバラ売り部品の間の物ということになります．セミ・キットは主要部品だけですから価格が安いのが特徴で，まだ電子部品が高価だった時代に手持ちの部品や取り外し品を使用してセットを組み上げることを想定していたようです．

　なおキットやセミ・キットが主流だったのには，価格の問題だけではなく物品税や物流の問題もありました．完成品では全体に物品税が掛

かりますし，部品でも真空管には物品税が掛かっていました．

　そして今のようにきめ細かい宅配システムがなかったこともキットが多かった理由の一つでしょう．

　JA2RM 氷室氏のブログには輸送中の破損が怖かったと記載されています．鉄道荷物を駅まで取りに行くというのが普通のスタイルの時代だったのですが，荷物の扱いそのものがあまり良いとはいえなかったのです．

　中身が壊れるのは梱包が悪いから，この理屈が当たり前に通っていた時代です．今では考えられない話ですが…．

第2章　AM通信全盛期

時代背景と免許制度

　1960年をすぎたあたりから本格的な通信機を目指した製品が販売されるようになってきます（**AM通信全盛期の機種一覧**：p.32）．これには日本経済，そして技術力の成長も大きいのですが，同時にアマチュア無線技士の免許制度の変化も大きな影響がありました．

　1961年に第2級アマチュア無線技士に14MHz帯，21MHz帯が解放され，電信，電話級アマチュア無線技士には21MHz帯と28MHz帯が開放されたのです．それまでは第1級アマチュア無線技士しか14MHz帯，21MHz帯には出られず，電信・電話級アマチュア無線技士にいたっては7MHz帯以下と50MHz帯以上だけしか出られられなかったのですから，この解放は大きな意味を持っていました．

　第2級の制約は出力だけになり，電信・電話級も当時アマチュアに許可されていたHF帯，すなわち3.5〜28MHz帯では14MHz帯を除く4バンドを10Wで楽しめるようになりました．

　日本経済も高度成長の波に乗り始めた頃です．カラー・テレビ放送が始まった時期といえば分かりやすいでしょうか．購買力も上がっていきましたから余計にアマチュア無線機の市場も活気づいてきました．

受信機

　神戸電波のKR-306やトリオの9R-59など，それまでより高価な製品が発売されたのがこの頃です．従来は中波用5球スーパーに短波用コイルパックやBFOを付けたものが中心でしたが，これらの製品は高周波増幅を持ち局部発振器と混合器を独立させたのです．高周波増幅を持つということは感度が上がるだけではなく高周波同調が1段増えることも意味し，IFが455kHzのみのシングルスーパーでもハイバンド以外では実用的なイメージ比を得ることができるようになりました．

　また中間周波増幅が2段あるリグが主流になったのもこの頃です．AGCの性能も上がったため復調音量はいつも一定，信号強度はSメータで確認するという運用ができるようになりました．

　この時代で忘れていけないものが他にも二つあります．一つはメカニカルフィルタの採用でAM時代の混信対策の切り札的存在でした．もう一つはプロダクト検波です．

　1963年頃までの受信機はBFOでCWを受けるようになっていました．AGCの動作が完全でないために信号強度次第で検波段でもかなりのレベル差が生じていたのですが，BFOの出力を弱くすることでCW復調音の音量を一定にしていました．

　しかしこれはSSBの受信には向きません．BFOが弱いとSSB信号にキャリア（BFO）を足したときに側波帯過多，すなわち過変調状態になってしまうし，逆にキャリアを増やすとこんどはこのキャリアがAGCに入り込んで受信信号そのものを抑え込んでしまうからです．

　そこでプロダクト検波が登場しました．これは入力信号とBFO出力を乗算するもので，理想的な場合，検波器からはBFO信号そのものが出力されませんからBFOを十分強くすることができるようになります．

　SSB用の複雑な受信機をAMに使用することができるようになった時代ではありますが，それらはやはりSSB送信機と組み合わされたようです．AM時代の受信機の最終型は，メカニカルフィルタとプロダクト検波を持つ高1中2（高周波1段増幅，中間周波2段増幅）といえるでしょう．

　いっぽう0-V-1や1-V-1という構成もありました．0-V-1は高周波増幅なし（ゼロ），真空管検波（V），低周波1段増幅（ワン），1-V-1は0-V-1に高周波増幅1段を付けた回路構成を指します．0-V-2の場合は低周波増幅が2段になりスピーカを駆動できるのが通例です．再生検波や超再生検波を利用することで利得を稼いでいます．

　再生というのは出力の一部を入力側に戻すことで，見かけ上の入力を増やして出力を上げる（利得を上げる）回路です．戻す量が多すぎると発振してしまいます．超再生はこの再生量を増やし断続的な発振状態にすることで帰還を安定させるもので，より高感度が得られますが，周波数が低いと発振が受信信号に悪影響を与えてしまいます．

　なお，1960年代終わりより，実用的というよりも実

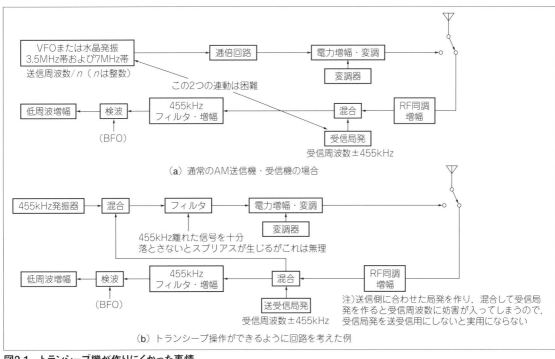

図2-1　トランシーブ機が作りにくかった事情

験的と言える受信機，送受信機がいくつか登場します．メーカーとしては科学教材社，川島電機，ユニカ興業などが代表的なところですが，科学教材社のTX-67とその組み合わせ受信機以外はアマチュア無線に特化した造りになっていませんので，本書では対象外としています．

送信機

　新・第2級アマチュア無線技士への14MHz帯の解放，電信・電話級への21MHz帯，28MHz帯の開放に伴って，HF帯，もしくはHF+50MHz帯の10W送信機が発売されるようになります．1961年だけを見ても，三和無線測器研究所 TM-407，神戸電波 KT-405 やKT-606，東海無線工業 FTX-90，さくら屋 T-1，トリオ TX-88Aの6機種が発売されました．

　販売店の力の入れ方などから考えると，この中で高い評価を受けたのはTM-407とTX-88Aだったのではないかと思われます．ただTM-407とTX-88Aでは価格がかなり違うので結果的に電源，変調器を内蔵するオールインワンで50MHz帯も発射でき，価格も手ごろなTX-88Aが市場の中心となっていったようです．

　1964年になるとAM機メーカーのほとんどが新製品を発表しなくなりますが，これはトリオの9R-59，TX-88Aのラインが圧倒的な強さとなったことと，新興

メーカーはSSB機に目が向いていたためではないかと思われます．1966年に9R-59D，TX-88Dが発売された頃には，もう，同様の機種を発表する社は現れませんでした．

　1966年には更に特筆すべき出来事がありました．それは名真空管，S2001の誕生です．2B46，6146Bと互換可能とうたわれたこの真空管は，2B46よりプレートの温度上昇を減らし長寿命化し30MHzまでなら中和なしでも大丈夫とPRされています．807ではAB2級で動作させないとならないような条件でも，S2001はAB1級で使用することができるとメーカー(ナショナル，現パナソニック)ではPRしています．これについての詳細は第5章終わりのコラムをご覧ください．

送受信機

　江角電波研究所の小型機，徳島通信機製作所などが送受信機を作っていますが，これまで同様，送受信機はほとんど作られていません．理由は前章に記したとおりですが，もうひとつ，455kHzに中間周波数を持つスーパーヘテロダイン受信機が一般的だったこともその理由ではないかと思われます．受信側は中間周波数分だけシフトした発振器を使用し，送信側は逓倍を利用していましたから，1VFOによるトランシーブ動作は極めて困難です(**図2-1**)．

AM通信全盛期の機種 一覧

発売年	メーカー	型　番	種　別	価格(参考)
		特　徴		
1961	三和無線測器研究所	TM-407	送信機	39,500円(キット)
	3.5〜30MHz　AM，CW　10W　5バンド別目盛りの直読ダイヤル			
	三電機	QTR-99	送受信機	27,600円(完成品)
	3.5/7MHz　QTR-7の上位機種　CW対応，Sメータ付き			
	神戸電波	KT-405	送信機	19,800円
	3.5/7MHz(増バンド可能)　AM,CW　10W　別売VFO，KV-54あり			
	神戸電波	KR-306	受信機	19,300円
	MF〜30MHz　メカフィル内蔵　直読スプレッド付き			
	松下電器産業	CRV-1	受信機	18,300円
	3.5〜30MHz　7/14/28MHzスプレッド付き　高1中2　Q5er接続可能			
	江角電波研究所	MX-3S-2	送受信機	
	20〜30MHz　0.1W　初のオールTrハンディ・トーキー			
	JELECTRO	RX-59	受信機	14,500円(完成品)
	5球　スプレッド　Sメータ付き			
	東海無線工業	FTX-11	送信機	5,500円(球なし)[注]
	3.5/7MHz送信機　10W　電源・変調器別　終段は6DQ6			
	東海無線工業	FTX-12	変調・電源	8,500円(球なし)
	FTX-11用変調器　電源			
	東海無線工業	FTX-90	送信機	6,500円(球なし)
	3.5〜28MHz送信機　10W　電源・変調器別　終段は6DQ6			
	トリオ	9R-59	受信機	33,000円(完成品)
	MF〜30MHz　スプレッド5バンド　Qマルチ付き高1中2			
	西村通信工業	NS-73B	受信機	15,750円(球なし)
	MF　3.5〜23MHz　ギア減速スプレッド，Qマルチ付き			
	神戸電波	KT-606	送信機	28,000円(完成品)
	3.5〜28MHz送信機　AM，CW　10W			
	さくら屋	R-1	受信機	45,000円(完成品)
	3.5〜50MHz　ハムバンド専用　IF4MHz　ラティスX'FIL採用			
	さくら屋	T-1	送信機	26,000円(完成品)
	3.5〜50MHz　AM，CW　10W　変調器，電源内蔵　終段6146			
	トリオ	TX-88A	送信機	21,000円(キット)
	3.5〜50MHz　AM，CW 10W　変調器，電源内蔵　3段増幅終段807			
1962	三田無線研究所	ST-1B	送信機	74,000円(球なし)
	3.5〜28MHz　AM，CW　30W　終段6146　電源変調器VFO付き			
	和光通信機製作所	TH615	受信機	38,000円(完成品)
	3.5〜50MHz　マーカ付きトリプルスーパー　19球			
	三和無線測器	NR-408	受信機	50,000円(セミ・キット)
	3.5〜30MHz　メカフィル付きダブルスーパー			
	三和無線測器	NR-409	受信機	24,000円(完成品)
	3.5〜30MHz　高1中2　9球			
	西村通信工業	NS-73S	受信機	16,750円(球なし)
	3バンド(周波数不明)			

発売年	メーカー	型　番	種　別	価格(参考)
		特　徴		
1962	西村通信工業	**4球スーパー**	受信機	4,850円(球なし)
	3.5〜50MHz　4球　シングルスーパー　BFO　ギア減速			
	和光通信機製作所	**TH615K**	受信機	27,500円(完成品)
	3.5〜50MHz　マーカ付きトリプルスーパー　19球			
	徳島通信機製作所	**MZ-62B**	受信機	8,700円(キット)
	2〜10MHz　1-V-2オートダイン　クリコン親機を想定			
	徳島通信機製作所	**MZ-62C**	受信機	5,500円(キット)
	2〜3MHz　1-V-2オートダイン　SSB想定			
	徳島通信機製作所	**MZ-63A**	送受信機	12,800円(完成品)
	3.5/7MHz　5W　受信はシングルスーパー			
	高橋通信機研究所	**HVX-38-B**	送信機	8,500円(完成品)
	3.5〜28MHz　終段807　変調器別			
	トヨムラ電気商会	**QRP-90**	送信機	26,600円(完成品)
	3.5〜50MHz　6CL6-6CL6-6146　最大入力90W			
1963	三田無線	**CS-7DX**	受信機	25,000円(完成品)
	MF〜30MHz　スプレッド付き　CS-7のコイル, 利得改良版			
	三田無線	**CS-4**	受信機	20,000円(完成品)
	MF〜32MHz　ジュニア向け			
	トリオ	**JR-60**	受信機	29,900円(球なし)
	MF〜30MHz, 50MHz帯は内蔵クリコン　バンド別スプレッド			
	スター	**R-100**	受信機	4,850円(キット)
	MF〜10.5MHz　4球1D, 簡易BFO			
	太陽無線技術研究所	**NT-110**	受信機	35,000円(完成品)
	3.5〜30MHz　ダブルスーパー　プロダクト検波付き			
	日本通機工業	**NT-201**	送信機	52,000円(3台完成品)
	3.5〜28MHz　2段増幅　終段807　変調器NM-202と電源NP203, そして本体の3台で1組			
	スター	**SR-40**	受信機	14,000円(完成品)
	MF〜30MHz　スプレッド付き中1, 4球1D, 簡易BFO			
	徳島通信機製作所	**MZ-64A**	送受信機	6,500円(球なし)
	3.5/7MHz　5W　AM			
	フェニックス	**VOYAGER HE-25**	送信機	28,000円(完成品)
	3.5〜30MHz　CW120W入力, AM75W入力			
	スター	**R-100K**	受信機	6,300円(キット)
	R-100のキット・バージョン			
	トリオ	**TRH-1**	送受信機	23,200円(球なし)
	3.5/7MHz　AM, CW　10W　送信は水晶　受信はVFO			
	スター	**SR-600**	受信機	78,000円(完成品)
	11球2Dのコリンズタイプ・トリプルスーパー　1kHz直読　IF3.5M			
	三田無線研究所	**MCR-633**	受信機	125,000円(完成品)
	高1中3　MF〜30MHz　X'TALフィルタ　プロダクト検波　受注生産			
	三田無線研究所	**MCR-632**	受信機	115,000円(完成品)
	高1中3　MF〜30MHz　X'TALフィルタ　BFO　受注生産			

第1章

第2章

第3章

第4章

第5章

第6章

第7章

第8章

発売年	メーカー	型番	種別	価格(参考)
		特　徴		
1963	三田無線研究所	MCR-631	受信機	89,000円(完成品)
	高1中2　MF〜30MHz　メカフィル　BFO　受注生産			
1964	トリオ	JR-200	受信機	14,500円(球なし)
	MF〜31MHz　BFO，高周波増幅，アンテナ・トリマ付き			
	トヨムラ	QRP-90A	送信機	29,600円(変調器別)
	3.5〜50MHz　CW90W入力　キャリア・コントロールAM　入力70W			
	太陽無線技術研究所	NT-110A	受信機	35,000円(完成品)
	3.5〜30MHz　ダブルスーパー　プロダクト検波付き			
1965	三田無線研究所	807送信機，807変調器	送信機	42,000円(完成品)
	3.5/7MHz　AM，CW　10W　水晶式3筐体　プラグイン・コイル　完成品として再発売			
	トヨムラ	QRP-90B	送信機	34,600円(変調器別)
	3.5〜50MHz　CW90W入力　キャリア・コントロールAM　入力70W			
	トヨムラ	QRP-TWENTY	送信機	27,400円(完成品)
	3.5〜50MHz　AM　出力10W　水晶発振　75Ω　2E26			
1966	クラニシ計測器研究所	KTR-328	送受信機	2,600円(完成品)
	28.5MHz専用　3石トランシーバ			
	トリオ	9R-59D	受信機	19,900円(キット)
	MF〜30MHz　スプレッド5バンド　メカフィル&プロダクト検波高1中2			
	トリオ	TX-88D	送信機	26,400円(キット)
	3.5〜50MHz　AM，CW　10W　変調器電源内蔵　3段増幅終段S2001			
	トヨムラ	QRP-90B(後期型)	送信機	34,600円(変調器別)
	ファイナルを2B46から6146へ変更			
	東亜高周波研究所	SS-10	送信機	18,400円
	HFオールバンド(詳細不明)　水晶，球，電源なし			
	科学教材社	5R-66	受信機	7,850円(キット)
	MF〜32MHz　プラグイン・コイル式　バーニア・ダイヤル使用			
1967	トヨムラ・トリオ	JR-60B-B	受信機	25,500円(完成品)
	MF〜30MHz，144MHz帯は内蔵クリコン　トヨムラのみで発売			
	竹井電機工業	KTA5283	送受信機	24,000円(完成品)
	3W　AM　28MHz　拡声器兼用　車載用　5ch			
	竹井電機工業	KTA5213	送受信機	24,000円(完成品)
	3W　AM　21MHz　拡声器兼用　車載用　5ch			
	日新電子工業	PANASKY mark10	送受信機	36,900円(完成品)
	28MHz　10W　AM　2E26, 6CW4使用　送受別VFO　DCDC付き			
1968	有明・トリオ	トリオ・アリアケ59Dスペシャル	受信機	22,900円(完成品)
	9R-59Dにマーカ，スタビロを追加し，トリオが再調整した製品			
	フェニックス	MINITREX-80	送受信機	9,800円
	3.5MHz　AM　2W			
1969	科学教材社	TX-67	送信機	12,000円(キット)
	3.5/7MHz　AM　入力15W　6BQ5			
	トリオ	9R-59DS	受信機	22,800円(キット)
	9R-59Dのデザイン変更版			

発売年	メーカー	型　番	種　別	価格(参考)
		特　徴		
1969	トリオ	**TX-88DS**	送信機	29,800円(キット)
	TX-88Dのデザイン変更版			
	科学教材社	**JA-9**	受信機	16,800円(キット)
	MF～32MHz　高1中2　プラグイン・コイル式　バーニア・ダイヤル使用			
1973	ミズホ通信	**FB-10**	送受信機	17,800円(キット)
	28MHz　AM　入力5W　1ch　超再生受信　水晶1波付き			

注）球なしは，真空管別売
　　完成品と注記なきキットは，通常真空管付き．送信機の場合，通常水晶発振子は別売

AM通信全盛期の各機種 発売年代順

1961年

三和無線測器研究所 TM-407

STM-406の後継機です．VFOを内蔵し，3.5～28MHz帯でAM，CW共に10W出力です．メーカーはデラックス送信機キットと銘打っていますが，それもそのはず，このVFOは5バンド別目盛りの横型ダイアルを持っていました．周波数直読範囲が広いのがこの送信機の特徴です．ただしオール・キットで39,500円（都内向け発送の場合）と値段もデラックスでした．

NR-408ダブルスーパー受信機
セミキット　完成品
正価　都内 ￥49,000　￥75,000
　　　地方 ￥50,000　￥76,000
＊セミキットを組立て調整のみのお申込は8,000円です．

TM-407オールバンド送信機
セミキット　オールキット
正価　都内 ￥32,000　￥39,500
　　　地方 ￥32,800　￥40,300

三電機 QTR-99

QTR-7の上位機種に当たります．3.5/7MHzの送信回路と，3.5～10MHzの受信回路を持っているのはQTR-7と同じですが，CW送信，BFO，Sメータ，バンド・スプレッド，キャリブレートなどの新機能がプラスされています．

なお，本機は1961年1月に最初に発売予告がなされていますが，実際に販売されるまでには1年近くかかっています．

TX＋RX＝トランシーバー
送受信兼用，しかも安価

新製品 QTR 99

いよいよ発売！ ￥29,600（完成品）

QTR-7 トランシーバー
本機は特に移動局用として設計された3.5／7Mc帯の送受信機です．
価格　完成品 ￥17,600（基本晶付）

三電機株式会社

神戸電波 KT-405　KR-306

AMBUXブランドの送信機，そして受信機です．KT-405は3.5/7MHzのスクリーングリッド変調の送信機でCWは40W，AMは20Wの出力を持つものです．水晶発振ですがVFOは外付けでKV-54（11,800円）が用意されていました．

KR-306はMF～30MHzをカバーするシングルスーパーの受信機で，450kHzのメカニカルフィルタを内蔵していること，ハムバンドのスプレッド目盛りがあることが特筆されます．この部分は9R-59に似た構造ですが，本機の方が数か月前の発表です．

あなたのシャックにアンバックス製品を！！

Model KT-405 送信機　￥19,800（送料別）
★出　力　A1, A3. 10W最大出力 A1 40W A3 20W
★周　波　3.5Mc 7Mc（簡単にオールバンド増設可能）
★変　調　スクリーングリッド変調（キャリヤー方式）
★送　受　転換ブレークインリレー
★VFO　接続ジャック付
★電　源　80～90～100～115VAC　50-60c/s
★附属品　3.5Mc帯水晶片1個，電鍵又は高級マイク

Model KR-306 受信機　￥19,300（送料別）
★受信周波数　A1, A2, A3　550kc～30Mc
　　　　　　　4バンド連続カバー
★中間周波数　455kcメカニカルフィルター使用
★感　　度　S/N 20dB（10Mc）14μV以上
★選　択　度　±10kc　50dB以上
★受信方式　RF付6球スーパーヘテロダイン
★バンドスプレッド　アマチュアバンドは周波数直読

第1章
第2章
第3章
第4章
第5章
第6章
第7章
第8章

松下電器産業　**CRV-1**

本格的通信型
受信機キット
C R V － 1
3バンド短波専用

NATIONAL
COMMUNICATION
RECEIVER — KIT

　これは松下電器産業がキットで発売した受信機です．3.5〜30MHzを3バンドでカバーしていますが，これはトリオの9R-42Jなどと同じように各バンドの最低周波数を3.5MHz，7MHz，14MHzにして，アマチュア無線用として使いやすくするためでしょう．また7, 14, 28MHz帯には周波数を直読できるバンド・スプレッドも付いています．回路は高1中2と本格的，そしてQ5er接続端子も用意されていました．

　BFOは引っ張り現象の少ないプレート同調形，ワンステップ6dBのSメータも装備した，盛りだくさんな受信機です．

　CRV-1はキットでありながら高周波部分は組み立て調整済み，主要部品も取り付け済みとなっています．おそらくこれは，発売元が「部品事業部」だったためではないでしょうか．この受信機は松下電器産業が各社に外販していた部品を集めて作られていて，バリコンやIFTだけでなく，コイルパックの型番までもが公開されています．なお本機のフィルタは複同調IFT3段です．選択度は±10kHzで63dB以上とAM用としては狭すぎるのではないかと心配してしまうような値になっています．

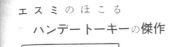

　エスミのほこる
　ハンデートーキーの傑作

MX-3S-2型

オールトランジスタ水晶式小型トランシーバー
周波数 20〜30Mc（主として 27〜28Mc）
☆本機は①発振出力，局発部と②中間周波数部③低周波変調部並びに④ケース部の4部におのおの分割したプリント基板となっていますので，各部だけでもご利用できます．

エスミではその外各種のハンデートーキを製作いたしております．みなさまのご希望，お問い合せをおまちいたします．

＜MX-3S2型の外観＞

江角電波研究所　**MX-3S-2**

　おそらくこれは日本初のアマチュア無線向けオール・トランジスタのトランシーバではないかと思われます．出力は0.1W，**図**のような回路構成で20〜30MHz内の1波で動作するものです．

　手のひらより少し大きな筐体にロッドアンテナがついており，送信時は発振段に直接変調を掛けています．

　電源は12Vです．単3電池8本ではなく6V積層型電池を2つ使用するようになっています．

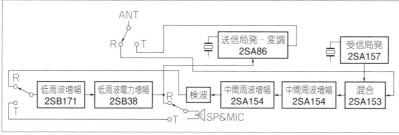

江角のMX-3S-2の回路構成

JELECTRO **RX-59**

RX-59は5球の通信型受信機です．回路はSWL-59に類似しているものと思われますが，周波数表示が横長型から円形型に変わり，Sメータ，バンド・スプレッドを装備しています．

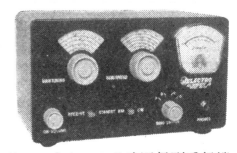

ジエレクトロ　5球通信型受信機
RX-59　完成品　¥ 14,500

東海無線工業 **FTX-11 FTX-12**

初級用TXキットと銘打たれたキットで，送信機（FTX-11）・変調器（FTX-12）両機を組み合わせると3.5/7MHzのCW/AM送信機になります．真空管は別売だったので，これを揃えると意外と高価格になることや免許制度の変更(1962年3月30日に公布)直後の発売だったことが響いたのか，すぐに後継機FTX-90が発売されています．

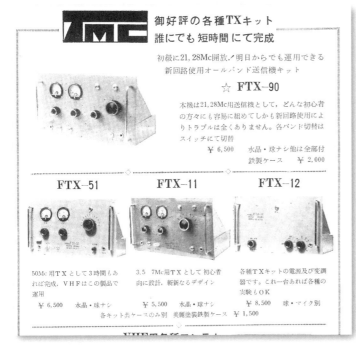

なお本機は最初の発表時のみ型番にハイフォンのない「FTX11」，「FTX12」と表記されています．

● **FTX-90**

FTX-11発売後すぐにFTX-51（50MHz帯）を発表した東海無線工業が，新たに発売した送信機がFTX-90です．

HFオールバンド（当時）をカバーし各バンド切替はスイッチでという進んだ設計でしたが，球なし，変調器・電源別売のキットのみというのが良くなかったのか，あるいはシャーシにパネルという構造で外側ケースはなしという外観が影響したのかなど詳細は不明ですが，東海無線工業は本機がアマチュア無線分野の最後の製品になりました．

トリオ(JVCケンウッド) **9R-59**

中波から30MHzまでを4バンドでカバーする受信機です．回路構成は高1中2，申し分のない感度が得られています．ダイヤルには適度な重みがあり，横型のダイヤル・スケールは大きく明るい読みやすい形に仕上がっています．バンド・スプレッドに直線型バリコンを使用してローバンドは5kHz，14MHz帯，21MHz帯でも20kHzを直読することが可能です．

メカニカルフィルタは装備していませんが，±10kHzでの減衰量は93～60dBと，これまたトップ・レベルです．さらに混信対策として**写真**のようなQマルチを装備しています．これは正帰還を利用して見かけ上コイルの抵抗を減らして共振回路のQを向上させるもので，「わが国初のQマルチ回路は7メガ帯も3.5メガ帯も混信を知らない高選択度回路！」とメーカーではPRしていました．この受信機に付けた愛称はファイブナイン，愛称はあまり定着しませんでしたが，9R-59そのものは大ヒットします．

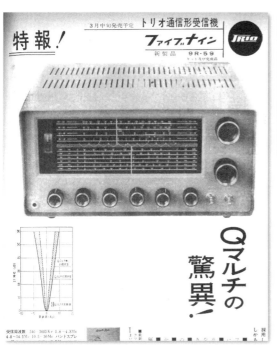

9R-59のQマルチはBFO兼用

なお9R-59Cという型番も1962年頃の販売店広告で見られます．販売店の一つであるCQサービスステーションの広告では，1月（キット）と12月（キット，完成品）には"C"が付き，6月（キット，完成品）の広告にはありません．明らかに混乱しています．説明書に9R-59Cと書かれていても本体には9R-59とだけ表示されていたのが混乱の一因だったのかもしれません．

『9R-59とTX-88A物語』（CQ出版社　絶版）によると，メーカーでは完成品に9R-59，キットに9R-59Cという型番を付けて管理していたとのことで，どちらも機器としては9R-59そのものです．

なお9R-59は出荷開始後，すぐにパネル面の表記が変更になっています．RECがREC AMに，AM ANLがANL OFFにという具合です．1960年には50MHz帯のクリスタル・コンバータ　CC-6（球なしキットで7,000円）も発売されています．

西村通信工業　**NS-73B　NS-73S**

NS-73Bは中波，3.5～10MHz，8～23MHzの3バンド受信機です．最大の特徴は50：1減速のギア・ダイヤルを装備したことです．メーカーでは3mの横型ダイヤルに匹敵とPRしていますが，ダイヤル目盛りが拡大されているわけではないので，同調はさせやすいものの周波数読み取り精度は他社機と変わらなかったようです．Qマルチ，Sメータ，スピーカも装備しています．

NS-73SはNS-73Bから中波を抜き，短波を3バンドにしたものです．両機ともに球なし，高周波回路組み立て済みのキットで発売されました．

3バンド通信型受信機
model NS-73B ¥ 15,750
オールキット・除真空管

神戸電波　**KT-606**

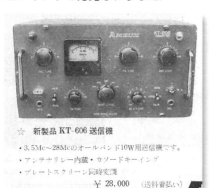

☆ 新製品 KT-606 送信機
・3.5Mc～28Mcのオールバンド10W用送信機です．
・アンテナリレー内蔵・カソードキーイング
・プレートスクリーン同時変調
　　　　　　　　　　　　　　　¥ 28,000　（送料着払い）

同社 KT-405の後継機です．3.5～30MHz　AM，CW　10Wとオールバンド化し，いくつかパネル面の操作つまみが増えています．VFOは外付けです．

さくら屋 **R-1　T-1**

　さくら屋というの
は不思議な社名です
が有線放送機器など
を作っている（当時）
会社です．このため
信頼性，回路には自
信があったようで，
R-1，T-1共に消耗品
以外は永久保証と広告でうたっています．

R-1型3.5～50Mc 通信型受信機

T-1型3.5～50Mc オールバンド送信機

　R-1は3.5～50MHzのハムバンド専用受信機です．4MHzにてラティス構成のX'TALフィルタを用いて
います．帯域幅は1kHzです．中間周波数を高くとったため28MHzでのイメージ比は40dBと素晴らしい
特性になっています．内蔵しているVFOは300時間のエージングをしてから出荷しているとのことです．

　一方T-1は3.5～50MHzのAM，CW送信機です．ファイナルは6146，出力はピークで50W，12BH7Aを
使用したコントロール・キャリア方式となっています．

　広告には5年間モデル・チェンジしませんとも明記されていました．なお同社はその後アマチュア無線
機器を発表していません．

トリオ（JVCケンウッド） **TX-88A**

　3.5～50MHz帯のAM，CW送信機です．VFOは内蔵していませんが，電源，変調器を含むオールインワン・
タイプで，送信は発振段，ドライブ（逓倍）段，ファイナル（電力増幅）段の3ステージとなりますが，出力
部のπマッチはもちろんのこと，発振段，ドライブ段もチューニングの微調整をパネルからできるように
なっています．このように調整箇所が多いので，表示にも工夫がなされています．メータはファイナルの
プレート電流もしくはグリッド電流を表示し，発振出力とアンテナ電流はネオン管と豆電球で確認できる
ようにしてあるのです．

　ファイナルは807，プレート・スクリーングリッド同時変調を採用しています．

　変わったところでは変調器の周波数特性を制限して明瞭度を上げていることも特徴のひとつです．当時
のメーカー資料では6dB帯域幅は550Hz～3kHzとなっています．

　本機は半年前に発売された受信機，9R-59と組み合わせて使用することを想定していて，実際に多くのハ
ムがこの組み合わせで使用しました．

　1961年には外付けVFO　VFO-1もラインナップに追加されて
います．

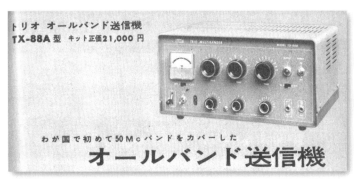
トリオ オールバンド送信機
TX-88A型 キット正価21,000円
わが国で初めて50Mcバンドをカバーした
オールバンド送信機

TRIO
VFO-1
キット組立説明書
VFO-1資料提供：JA1NEZ 速水 友益 氏

第1章
第2章
第3章
第4章
第5章
第6章
第7章
第8章

1962年

三田無線研究所 **ST-1B**

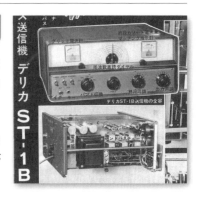

3.5〜28MHz帯の30W出力，AM，CW送信機です．各同調回路にバンドパス・フィルタを用いることで発振，逓倍段の同調操作をなくし，π回路の調整だけで電波を発射できるのが最大の特徴ですが，ギア・ダイヤル式VFOも内蔵しています．

前身機ST-1Aではファイナルは2E26で変調器別となっていましたが，変調器を付けてファイナルを6146にして電源部を強化したのが本機になります．真空管は別売で74,000円と高価なリグでした．

和光通信機製作所 **TH615**

完成品で38,000円，球なし完成品で25,800円と比較的高価格帯の受信機です．

3.5〜30MHzと50MHz帯をカバーし3.5MHzのマーカも内蔵しているトリプルスーパー（50MHz帯）ですから，メーカーが最高級受信機と銘打つのも理解できるところですが，当時としてはさすがに高すぎたようです．発売から7カ月後に価格を10,000円値下げしたTH615Kにマイナ・チェンジしています．

改良型　TH615K型

三和無線測器 **NR-408　NR-409**

どちらも3.5〜30MHzの受信機です．NR-408はメカニカルフィルタ内蔵のハムバンド専用のダブルスーパーで，セミ・キットが50,000円，完成品で74,000円という非常に高価な製品でした．そこで，高1中2のHFオールバンド受信機にバンド・スプレッドを付けて廉価にしたNR-409が発売されました．

このNR-409は集中型IFTを用い，5バンド対応のバンド・スプレッド，BFOを装備しています．NR-408のSメータ位置にバンド・スプレッドを入れたので，縦型のSメータを横長スケールの左に配置しています．

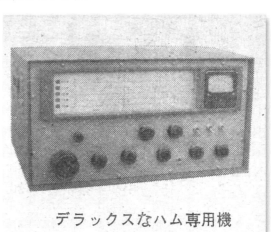

デラックスなハム専用機

三和NR-408

メカフィル付ダブルスーパー
セミキット　￥50,000

西村通信工業　4球スーパー

　型番はありません．3.5〜50MHzをほぼ連続カバー
する4球のシングルスーパー受信機です．4球でありな
がらBFOも内蔵しているため，この時代には珍しく**図**
のような最小の回路構成となっていますが，実は西村
通信工業は従来から0-V-1（型番ND-5V0）や1-V-1（ND-
5V1），5球スーパー（ND-5SA，ND-5SB）といったシン
プルな製品も発売しています．

　本機は5球スーパーを4球にして50：1のメカニカル
ギア・ダイヤルを装備した受信
機で，極めて廉価なのが最大の
特徴です．

　バンドの切り替えはプラグ
イン・コイル，Sメータの代わ
りにランプが信号強度を表示
しクリスタル・イヤホンで受信
します．

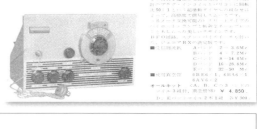

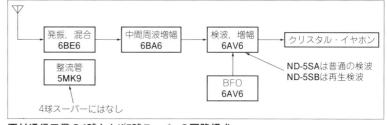

西村通信工業の4球および5球スーパーの回路構成

徳島通信機製作所　MZ-62B　MZ-62C　MZ-63A

　MZ-62Bは2〜10MHzを3バンドに分割した高周波増幅付きのオ
ートダイン受信機です．前段にクリコン，MZ-62Aを入れることで
オールバンド受信機にできるとメーカーはPRしています．

　MZ-62Cは受信周波数をクリコン受けの2〜3MHzに絞った1-V-2
で，オートダインで安定したSSB受信をすることを目的としたも
のです．MZ-63Aは送受信機です．3.5/7MHz　AM，CWの5W送
信機とシングルスーパー受信部を組み合わせています．

　クリコンとオートダインの組み合わせは斬新であり，SSBに着
目したり送受信機を1筐体に収めたりした点は素晴らしいのですが，バーニア・ダイヤルで選局しオー
トダインで復調するというのは，発売当時でも少々古さを感じさせる部分でした．

高橋通信機研究所　HVX-38-B

　これは3.5〜28MHzの送信機です．3ステージでファイナルは807，変調器は付属していません．HVR-
38Bという14〜28MHzのクリコンと一緒に発売されましたので，自社の受信機ではなく他社の受信機を
親機として組み合わせることを考えていたように思われます．

★送信機
50Mc用	HVX-50-B	6AR5（f×3）-6AR5（f×2）-5763	¥ 5,800
144Mc用	HVX-144-B	6AR5（f×3）-6AR5（f×2）-5763（f×3）-5763	¥ 7,000
3.5〜28Mc用	HVX-38-B	6AR5-6AR5-807	¥ 8,500

トヨムラ電気商会　QRP-90　QRP-90A　QRP-90B

3.5〜50MHzの送信機です．キャリア・コントロール変調，πマッチ採用で，初期型のパネル面表記はToyomuraですが，製造元はJELECTROです．発振はパネル面に取り付ける水晶発振子となっています．また変調器(2,200円)は別売で内部に組み込むようになっていました．後に発売されたQRP-90AはQRP-90のパネル面デザインを変えたもので，下半分がシルバーになっています．QRP-90Bはクランプ管に6AQ5を使用し一部回路をプリント基板化したもので価格が改定されていますが，電気的性能はQRP-90，90Aと同等です．QRP-90Bの後期にはファイナルを2B46から6146に変えた製品も販売されています．

1963年

三田無線　CS-4　CS-7DX

CS-4は中波〜32MHzの初心者向け4球シングルスーパー受信機です．利得不足とならないように中間周波増幅段に軽い再生を掛けています．AVC(AGC)やBFOも内蔵し，シングル・スケールながらバンド・スプレッドも装備しています．

CS-7DXは7球受信機CS-7の改良型で，コイルのQを上げコイル間の結合を疎にすることでイメージ比を向上させています．またCS-4同様に中間周波増幅段に再生を掛けることで利得を向上させました．AVC(AGC)，Sメータ，ANLを装備しています．従来のCS-6，CS-7の下位，上位機種が追加された形ですが，実はCS-4の完成品は20,000円，CS-7DXの完成品は24,000円ということで価格差はほとんどありません．なお，CS-7DXは1963年の終わりにはDXCS-7に，1964年頃にはさらにDX・CX-7に名称が変わっています．

本機の発売元である株式会社 三田無線研究所は，本機発売の時期に約1年間ほど，株式会社三田無線を名乗っていました．

トリオ(JVCケンウッド)　JR-60

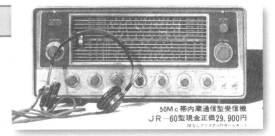

14球の本格的な受信機です．中波〜30MHzをシングルスーパーで，48〜54MHzをダブルスーパーで受信します．この時期には他社からSSB送信機が発売されていましたので，本機はその対応としてプロダクト検波を装備しています．またマーカも内蔵して各ハムバンド対応のバンド・スプレッドは正確な周波数読み取りができるようになっていました．Qマルチも装備しています．さらに高性能を求める場合はSM-5(球なしキットで12,200円)を併用することができます．これはハイバンドのクリコンと増幅器付きプリセレクタを兼ねた形で，併用するとJR-60は14MHz帯から上がすべてダブルスーパーの受信装置に変身します．

1967年7月から1968年にかけて，50MHz帯の代わりに144MHz帯のクリコンを組み込んだJR-60B-B(後にJR-60B/U)がトヨムラにて販売されていますが，これは輸出用モデルの電源電圧を変更した製品です．

スター R-100 R-100K

中波〜10.5MHzを受信する4球受信機で，5球スーパーの電源整流部をダイオードに置き換えたような回路構成になっています．

6BE6 — 6BA6 — 6AV6 — 6AR5という構成は最後期の真空管受信機ではもっともシンプルかつ一般的な構成ですが，元々コイル・メーカーである同社ではQの高いコイルを用い，中間周波増幅部(6BA6)を発振させてBFOとするなど各部に工夫をしていました．なおオリジナルの回路にはQマルチは装備されていませんが，同社は1963年2月号のCQ ham radio誌で改造法を紹介しています．

キットはR-100K，後期になると同じ回路で型番はSR-100，SR-100Kとなりました．

太陽無線技術研究所 NT-110 NT-110A

3.5〜30MHzを連続カバーし，なおかつバンド・スプレッドも持つダブルスーパー受信機です．第1IFは2.18MHzとしてイメージ比を稼ぎ，第2IFは150kHzとして選択度を稼いでいます．第2局発(2.33MHz)を水晶発振として，その3倍高調波でバンド・スプレッドの校正ができるように目盛りにも工夫があります．

〈構 成〉
高周波 1段第 1 中間周波
1段第 2 中間周波 2段
〈バンド〉
3.5〜7.5Mc 7.0〜15Mc
14.0〜30Mc
1st IF ＝2.18Mc
2nd IF ＝150kc
定価 35,000円 卸価 29,500円

メーカーでは低価格をPRしていますが，これは回路構成に比べればということで実際には9R-59などより高価格です．しかし大型ダブルスーパー受信機には安定感があったようで長期にわたって販売されました．選局ダイヤルを大きくするなどの一部改良(NT-110A)を経て，1966年の販売店広告にも本機は掲載されています．

日本通機工業 NT-201

コスミック・ブランド，日本通機工業の3.5〜28MHz送信機です．

一見すると少々縦長，2つのメータを装備した普通の送信機に見えますが，実は変調器(NM-202)，電源(NP-203)，さらには外付けカップラ(NA-204)はすべて別筐体で，全部並べるとかなりの大きさになります．

NT-201は6AQ5で発振，逓倍を行い，UY-807で電力増幅をします．アンテナは平衡型を想定して作られています．変調器は6AR5のプッシュプル，これを12AU7のカレントミラー回路でドライブしています．この時代にしては珍しい構成です．

スター **SR-40**

　中波～30MHzを受信する4球受信機で，R-100と同様に5球スーパーの整流部をダイオードに置き換えたような回路構成になっています．本機はバンド・スプレッドを装備していますが100等分目盛りで周波数を直読することはできません．

　真空管は12BE6 — 12BA6 — 12AV6 — 50C5という構成で，ヒーターを全部直列につなぎ，更にパイロット・ランプと抵抗器，サーミスタも直列につなぐことで合計100V，B電源も直接整流した物を使う完全電源トランスレスとなっています．**図**のような回路構成は通信型受信機としては極めて珍しい製品でしょう．

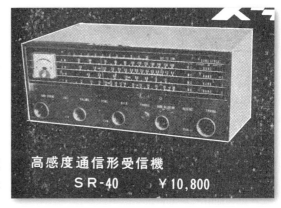

　キットはSR-50K，12BE6以外の球は含まれていません．RF部，IF部は組み立て調整済みでしたので，キットと完成品の差はわずか1,500円でした．なお本機でサーミスタを使用しているのは，真空管ごとのヒートアップ時間の違いによるヒーターへの過電圧を防止するためです．テレビ用トランスレス真空管セットと違い，本機のような「寄せ集め」真空管によるトランスレス回路はスイッチON直後に特定の真空管のヒーターに高い電圧が掛かってしまうことがあるので，過電流損傷を防ぐ必要があります．

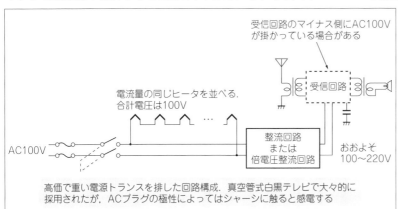

トランスレス・セットの回路構成

徳島通信機製作所 **MZ-64A**

　3.5/7MHzのA3 5Wの送受信機ですが，同社が通販主体の会社であったこと，本機を最後としていることなどから諸元は不明です．

BLANK

（輸出向製

フェニックス **VOYAGER HE-25**

　3.5～30MHzの送信機で，CW120W入力，AM75W入力のハイパワーを誇ります．AMの変調方式はクランプ管（吸収管）が使われており，この点でも珍しい製品です．

　終段は6DQ6Aパラレル，保守の容易なTV球使用をうたっています．終段をシングルにしてプレート電圧を下げることで電話級用にもできるという特徴もあります．発振は水晶発振です．

トリオ（JVCケンウッド） **TRH-1**

スカイドリームの愛称を付けて発売された，3.5/7MHz帯のトランシーバ・キットです．ファイナルは807，出力はCW10W，AM8W．送信は水晶発振，受信部はシングルスーパーながらハムバンド専用設計でしたので，初心者にも使いやすい製品に仕上がっていました．

本機はもう少し早く発売されていれば人気機種となったと思われますが，電信，電話級に21，28MHz帯が解放され，5バンドの送信機が発売された後でしたので，残念なことに発売後すぐに20,000円を割る値引き販売状態となってしまいました．

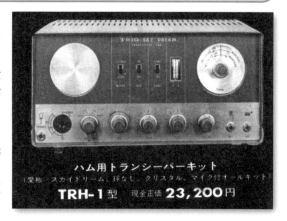

スター **SR-600**

スターの名を一気にしらしめた高級銘機です．当初はAM，CW受信を主目的としていて，「SSB電波も受信できる高選択度通信型受信機」として発売されました．

受信周波数はHF 5バンド，1kHz直読，3.5MHz帯はダブルスーパー，7MHz帯以上はいったん3.5MHz帯に落とすタイプのトリプルスーパー

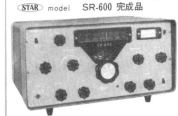

でした．VFOは600kHz幅．μ同調タイプの周波数直線型で100kHz単位の表示部とメイン・ダイヤルは糸かけで連動しています．最小選択度はなんと500Hz，455kHzから55kHzの最終中間周波数に変換したうえで4段のLCフィルタを通してこの選択度を実現しています．さらにノッチ・フィルタ付きで効きもFBでした．Sメータは50μVをS9とする本格的な製品です．初期型には電源電圧110V/117Vの製品もあるようです．

三田無線研究所 **MCR-633 MCR-632 MCR-631**

三田無線研究所が最高峰を目指して開発した受信機で，中波〜30MHzをカバーします．MCR-633はクリスタルフィルタ使用，高1中3，プロダクト検波付き，MCR-632はプロダクト検波を普通のBFOに変えたもの，MCR-631は632のクリスタルフィルタをメカニカルフィルタに変えQマルチ付き高1中2にしたものです．

どれもバンド・スプレッドは持っていません．受注生産で，オーダー時にハムバンド専用タイプを頼むことも可能でした．重さは18kgと受信機としては格段の重さですが，横幅は460mmで外周ケースを外すとそのままでラック実装が可能なようになっていました．

MCR633　RF×1, MIX, LOC, IF×3, DET／AVC, ANL／BFO, AF×1, POWER, X'TAL, SSB DET,　125,000円

MCR632　RF×1, MIX, LOC, IF×3, DET／AVC, ANL／BFO, AF×1, POWER, X'TAL FILTER,　115,000円

MCR631　RF×1, MIX, LOC, IF×2, DET／AVC, ANL／BFO, AF×1, POWER　89,000円

この他各種プロ用受信機もあります．

第1章

第2章

第3章

第4章

第5章

第6章

第7章

第8章

1964年

トリオ（JVCケンウッド）　**JR-200**

JR-60の約半額，9R-59より少々安価な中波～31MHzの受信機です．大きな横長の周波数表示と同じく横長のメータによる高級電蓄のようなデザインになっています．

スタンバイ・スイッチが付いていますから，送信機

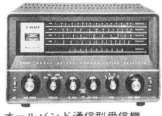

シャーシーの半分以上をしめる大型コイルパック。これ以上小さくするとQが下がって感度が悪くなります。高感度 ── 通信型受信機の生命です。JR-200型は高周波増幅一段，大型コイルパック、アンテナトリマー等すべて高感度を目標に設計してあります。そのうえ、大型Sメーター、大型ダイアル、スタンバイスイッチ取出口、イヤホーンジャック等使いやすさも十分考慮して設計してあります。組立ては親切な実体図付でどなたでも簡単に組立られます。送信機TX-88A型、クリコンCC-6型、プリコンSM-5型などと組合せてFBなハム局を運用できます。

オールバンド 通信型 受信機
JR-200型 現金正価 **14,500**円

と組み合わせて運用することも可能です．バンド・スプレッドも付いていますが，目盛りは周波数直読ではなく100分割目盛りだけとなっています．回路は高1中2，一般的な構成です．

1965年

トヨムラ　**QRP-TWENTY**

3.5～50MHzのAM，CW 10W送信機です．それまでのQRPシリーズと違い変調は一般的なプレート・スクリーングリッド同時変調，3ステージでVFO外付けですが，それ以外はオールインワンで他社の送信機とは対照的な造りになっています．

トヨムラは販売店でもありますので発売直後となる1966年始めの同社広告を確認すると，HFのAM送信機としては同社のQRPシリーズ送信機2種類，トリオのTX-88Aだけが掲載され，

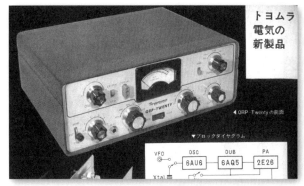

トヨムラ
電気の
新製品

◀ QRP-Twentyの前面

▼ ブロックダイヤグラム

あとはTX-388S，FL-100B，FL-200BといったSSB送信機が掲載されています．本機はちょうど移り替わりの時期に発表された送信機ですが，まだまだAMの電波の方が多く飛び交っていた時代でもあります．

1966年

クラニシ計測器研究所　**KTR-328**

プレストーク式の28.5MHz専用ハンディ・トランシーバです．

3石であるため受信時は超再生と低周波増幅，送信時は変調器と発振・変調と考えられますが，この回路構成では保証認定の対象にはなりません．また，27MHz用もあるとの記述が広告にあるので，実際はこちらが主だった可能性があります．

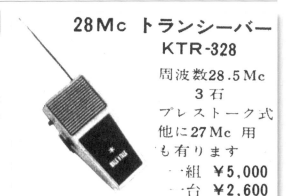

28Mc トランシーバー
KTR-328

周波数28.5Mc
3石
プレストーク式
他に27Mc用
も有ります

一組 ￥5,000
一台 ￥2,600

トリオ（JVCケンウッド）　TX-88D　9R-59D　トリオアリアケ59Dスペシャル

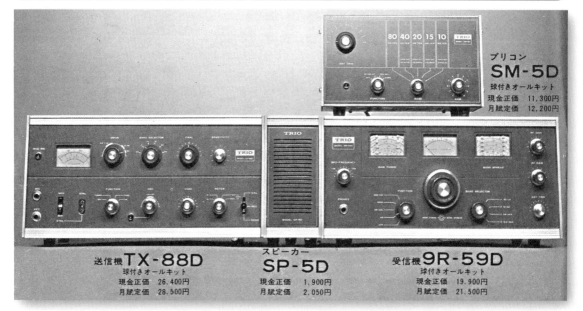

プリコン
SM-5D
球付き**オールキット**
現金正価　11,300円
月賦定価　12,200円

送信機**TX-88D**
球付き**オールキット**
現金正価　26,400円
月賦定価　28,500円

スピーカー
SP-5D
現金正価　1,900円
月賦定価　2,050円

受信機**9R-59D**
球付き**オールキット**
現金正価　19,900円
月賦定価　21,500円

　1966年始めに発売された，受信機，送信機です．AM時代は両者の回路が完全に別れていましたので，まったく別の物を組み合わせるということが普通に行われていましたが，トリオでは早くから両者のデザインを合わせて美しいラインナップを構成するようにしていました．9R-59DとTX-88Dは誰が見ても一対を成している製品だとわかります．

　9R-59Dは高1中2の9R-59を改良した受信機で，メカニカルフィルタの2段重ねによる選択度の向上，局発の大幅改良による安定度の向上，ダイオードを利用したAGC，直列型ノイズリミッタを採用しています．ダイヤル表示も横長から**写真**のような円形に変わりましたが，これを採用したのはダイヤル糸を限界まで短くしてバックラッシュをなくすことだったとメーカー（トリオ・山内氏）は説明しています．

　TX-88Dの最大の特徴はファイナルにS2001を採用したことで，これにより50MHz帯の動作が安定したとのことです（トリオ・朝岡氏）．減衰極を2つ持つTVIフィルタも内蔵し，キーイング回路にはキークリック軽減回路も入っています．このラインナップの発売以後，HFオールバンドのAM機はこのシリーズ一色となりました．トリオ自身，50MHz帯が受信可能なJR-60とSSB用のJR-300S以外の短波受信機の生産を止めています．なお，周波数安定度を上げるためのスタビロ（定電圧放電管）と3.5MHzマーカを追加しメーカーが再調整した完成品，「トリオアリアケ59Dスペシャル」が1968年に有明無線（販売店）からメーカーと共同で作ったリグとして発売されています．

9R-59Dのバンド・スプレッド
3.5MHz帯は10kHz目盛り

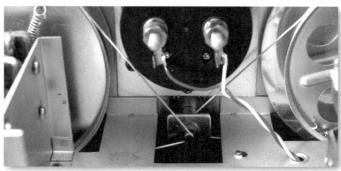

9R-59Dの糸かけ機構
糸が短いので減速比が大きくてもバックラッシュが生じにくい

東亜高周波研究所　SS-10

手持ちの電源と組み合わせて使用するHFのAM，CWオールバンド送信機です．本体は組み立て調整済みの完成品ですが，水晶も球も電源も別売です．同研究所は販売店も兼ねていたためか，販路は直販のみだったようです．

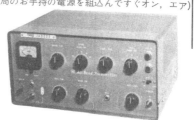

科学教材社　5R-66　TX-67　JA-9

出版社の誠文堂新光社と少なからず縁のある販売店，科学教材社が発売した受信機，送信機です．受信機5R-66はプラグイン・コイル式の中波・短波受信機で，5球スーパーの局発を混合と分離しBFOも別に設けることで性能を向上させたものです．安価にするためにトランスレスとし同調操作はバーニア・ダイヤルのみとなっています．

TX-67は6BQ5を終段とした入力15Wの送信機です．1969年頃から数年間発売されました．またJA-9は5R-66を高1中2構成にしたトランスレスの受信機でTX-67発売後に発表されています．新しい時代の製品ですので，ダイオードを積極的に使用しているのが特徴ですが，同調操作はやはり周波数目盛りのないバーニア・ダイヤルだけであり，スタンバイがひねるタイプのスイッチのみであるなど使いやすさには多少疑問があります．

なお5R-66のプラグイン・コイルは2018年秋時点では科学教材社に在庫がありました．

誠文堂新光社「初歩のラジオ」
1971年2月号広告より引用

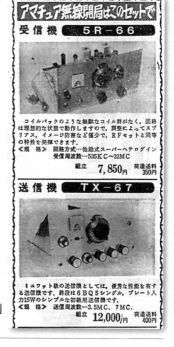

1967年

竹井電機工業　KTA5283　KTA5213

ＫＴＡ5283は28MHz帯，ＫＴＡ5213は21MHz帯の車載用AMトランシーバです．送受信共固定チャネルになっていて5ch内蔵可能です．変調回路を拡声器として使用できる点が他社のリグと大きく異なっていますが，北米用CB機にはよく見られた装備です．本機はシリコン・トランジスタで構成され真空管は使用していません．この点では車載がしやすかったものと推察されます．

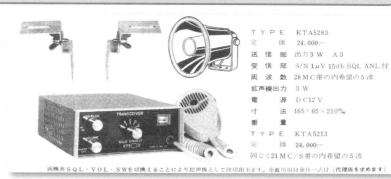

日新電子工業　PANASKY mark10

50MHz用PANASKYmark6の姉妹機，28MHz 10WのAMトランシーバです．受信部はダブルスーパーで，初段にはニュービスタ(金属封入型超小型真空管)の6CW4を使用しています．ファイナルは2E26です．

送受別々ではありますがVFOを搭載しているので広い28MHz帯のどこにでも出ることが可能です．送信VFOと連動のドライブ同調を用いることで，バンドエッジでのパワーダウンを防いでいるのも特筆されます．

VFOはボールドライブによる減速機構が付いており，小さなつまみではありますが同調は容易です．また大型の前面スピーカで明瞭度を確保しています．DC-DCコンバータも内蔵しているので12V動作が可能です．

¥36,900

PANASKY mark10

モノバンドトランシーバー
モービル・固定局両用

1968年

フェニックス　MINITREX-80

1968年，もう本格的なSSBトランシーバが発売されていた時代に5年ぶりに発表したフェニックスの新作です．トランジスタ式小型送受信機で周波数は3.5MHz，AM 2W，電源は直流

TR式小型送受信機
MINITREX - 80
BC帯受信機モールス符号練習機にも使用出来ます
3.5Mc A3
2W
電源DC12V
価格9,800円　送料200円
他に27Mc用，28Mc用もあります　カタログ〒300円
PHOENIX
26×10×15 cm

12Vのみとなっています．パネル面を見る限りでは送信の水晶は1波対応のようであること，27MHz用，28MHz用もあるとのことを考えると，漁船用通信機の改造機である可能性があります．

1969年

トリオ(JVCケンウッド)　9R-59DS　TX-88DS

9R-59D，TX-88Dの新バージョンですが回路に変更はありません．広告では「ベストセラー機デザイン一新」とうたわれています．当初は球付きオールキットのみの発売でしたが1972年には同じ価格で完成品が販売され，1973年3月号のCQ ham radio誌には完成品の9R-59DSが新製品として紹介されています．また最終的な販売終了は1974年末頃と思われます．

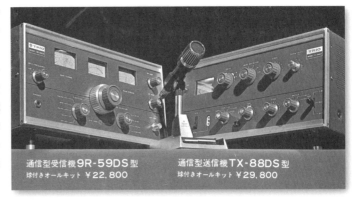

通信型受信機9R-59DS型
球付きオールキット ¥22,800

通信型送信機TX-88DS型
球付きオールキット ¥29,800

ミズホ通信　FB-10

50MHzトランシーバー・キット
■MODEL FB-6J

28MHzトランシーバー・キット
■MODEL FB-10

▲FB-6J

1973年に設立したミズホ通信の第2弾です. 28MHz AM専用機で, 受信は高周波増幅付き超再生, 送信は水晶発振の2ステージで最大入力5Wとなっています. 発売当初はキットのみ, 大和無線電機が総代理店で28.3MHzの水晶発振子が付属していました. 数カ月後には自社での販売に移行しています. 本機は簡易な構成ながら要点だけはしっかり押さえていますので, バンドが空いていれば十分実用になりました.

Column　光波無線の話

　光波無線というのは超再生受信部とA3送信機を組み合わせたトランシーバを作っていた会社です. シリーズ名はエコー. 縦型シャーシの2Qはシルバー・ケースの2RQ(8,800円)→ブラック・ケースのM2(13,000円)→低周波発振器の付いたMM22へと順次進化(!?)し, さらにそれらにRFアンプを付けた3Q, 3RQ(9,800円), M3(15,000円), MM33も製造していました(価格は発売当初, 完成品). アマチュア無線50MHz用とも広告されていたので, アマチュア無線機器としたいところですが, 実際は27MHz帯での実験用が主用途だったようです.

　なぜ実験用だったのか. それはあまりにも回路が簡易だったためです. 2の付くシリーズは2球式, 3の付くシリーズはこれにRFアンプを付けたもの(図参照)ですが, RFアンプと言っても送信ファイナルが増えるわけではなく, 受信側に副次発射防止の高周波アンプが付くだけなのです. Mシリーズはメータ付き, でもこれはSメータではなく送信出力メータです.

　コルピッツ発振器のリンク・コイルがそのままアンテナにつながる構成ですから高調波を抑えるすべもなく, 送信周波数がアンテナの状態で変わるという無線機でした.

　関係されていた方には申しわけありませんが, 受信時でも超再生の漏れでTVIが生じてまったく実用にならないし(筆者の経験です), この構成で出力は0.5~2W. これはいくらなんでも無理があるように思われます. 戦後すぐであればまだ許容されたかもしれませんが, 販売されたのはもっと後, 1960年代終わりから1980年代初めまでです.

　使ったことがある人ならわかる, ある意味, 心に残るロングセラー機といえるでしょう.

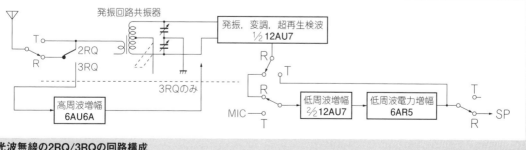

光波無線の2RQ/3RQの回路構成
他の機種も基本構成は同様

第3章　産声を上げたSSB

時代背景

SSBについて最初に特許を取ったのはJohn Renshaw Carson氏であると米国のWikipediaには記載されています．1915年のことで，長距離電話システムでの応用が想定されていました．COLLINS社による世界初のSSB送信機KWS-1の発売は1955年，これまた同社による世界初のSSBトランシーバKWM-1の発売は1957年でした．

日本でもCQ ham radio誌1948年11月号にてJ2JJ 大河内OMによるSSBの紹介がありました．まだアマチュア無線が再開される前の話です．また，JA1ANG 米田OMによるお話SSB学（1959年）から，お話SSB談話室（1963年）に至る無線と実験誌での連載はその基礎をすべて網羅した記事でした．

このお話SSB学の時代は安定したAM通信ができるようになった時代でもあります．春日無線工業（現JVCケンウッド）の2バンドAM，CW送信機TX-88が発売された時期というと分かりやすいかもしれません．AMで通信できた，次は何だろう？と当時のOMさんたちが考える中，新技術としてSSBの話題が雑誌に掲載されるようになったとも考えられます．

SSBで一番難しいのはSSB信号を発生させることであるのは言うまでもありません．そこで始めは信号発生器（生成器＝ジェネレータ）が発売され，後に送信機へと発展していきます．受信機は少々遅れますが，これはCW用のBFOでもそれなりにSSBが復調できたためでしょう．

日本は1955年から年率10%を超える経済成長を成し遂げるようになります．給料も上がったけれど物価も上がったと言われる時代ですが，無線機器の価格は横ばいでした．このため当初は高根の花だったAM機器が手の届く値段になっていきます．後に回路の複雑なSSB機器が生産されるようになった時代でも，生産性が向上したため無線機器の価格はあまり変わりませんでした．このためアマチュア無線家はどんどん新しい機器を購入するようになり，HF帯の電話通信は1970年代の初め頃，本当にあっという間にAMからSSBへと移行していきます．

免許制度

この時代の一番の変化は1961年の電信級，電話級への21MHz，28MHzの解放です．これにより「10W＆5バンド」というHF機の基本的構成ができあがりました．SSB機はすべて1961年より後の設計ですので，ほとんどの製品が最初から5バンド機として設計されています．10Wというとパワー不足に思えるかもしれませんが，真空管6JS6A，もしくは6146B（S2001）をパラレルにすることで100W出力を得るようになったのはもう少し後の話になります．

この時代のリグの多くは1959年暮れに始まった10Wまでを対象とする保証認定制度の適用を受けていますが，SSBの場合は平均電力は低いために，ハイパワーのリグが10W機として申請されることがあったようです．1969年10月に，JARLは**表3-1**のような保証認定をしないリグのリストを発表していますが，そこに挙げられているリグのほどんどがもともと10W機とはいいがたい製品でした．会員2名による改造証明があれば

表3-1　保証認定を行わない送信機（JARL1969年10月1日付）

トリオ	TS-510, TS-500, TX-599G, TX-599G S
八重洲無線	FT-50, FTDX100, FT-200, FTDX400, FL-100, FL200, FLDX400
井上電機製作所	IC-700T
フロンティア	600GTA
スバル電気	3SB-1
三田無線	ST-1B
三協特殊無線	FRT-225, FRT-215, RRT-620
杉原商会	SV-1426
福山電機	FM50-MD, FM144-MD

写真3-1　VXO式リグの例

写真3-2　逆ダイヤルの様子

認定するとのルールも作られましたが、その場合の要件は告示に合わせてA3Jは入力20W　A3H，A3Aは入力50Wとなっています。

受信機

AMではIFを455kHzに取ったシングルスーパーが全盛で，後にプロダクト検波器を装備してSSBにも対応した受信機も現れましたが，安定度などに難がありました。このためSSB用としてはクリコン（クリスタル制御コンバータ）とモノバンド受信機を組み合わせたような構成のコリンズ・タイプが主に使われるようになります。

初めの頃には親受信機が3.5MHz帯で4バンド分のクリコンを付けた構成の製品がありました。しかし運用局が増えるにつれ3.5MHz帯の通り抜け信号が問題になってきて，結局どのリグもハムバンド以外に中間周波数を移して5バンド（全バンド）のクリコンを装備する形に変わりました。

もう一つの流れとして，5～9MHzの高い周波数のクリスタルフィルタを用いる受信機も登場します。局発回路をうまく作ればシングルコンバージョンで実用的性能が取れるので，この構成のリグもいろいろ作られるようになりました。

送信機

SSBの発生方法はいくつかありますが，この時代のリグのほとんどはフィルタ方式です。当初は455kHzのメカニカルフィルタ（メカフィル）でSSBを作り，何度かのコンバージョンを経て送信周波数にする方法が取られましたが，その後，中間周波数を高くすることができスプリアス的に有利なクリスタルフィルタ全盛となります。

初期の安価な送信機の多くはVXO式（**写真3-1**）です。VFOでは安定度が取りにくい上にコストがかさむためですが，すぐにこの点を克服してVFOを搭載するようになります。このVFOを送受信で連動させたリグと連動させなかったリグがありましたが，今ならすぐに想像がつくとおり，非連動のリグは市場に受け入れられませんでした。

また初期のリグでもVOXが入っています。キャリアのないSSBではAMよりスマートにVOX動作ができるという理由もあったかと思われますが，もう一つ，シーメンスキーなどで送受信を切り替えていた少々手間のかかるリグがあったという事情も挙げられるでしょう。

なお出力にはpep表示とDC表示があります。DC表示はゆっくりとドライブを増していったときの飽和出力で，pepは瞬間的なピーク出力を指します。通常pep出力はDC出力より2割程度大きくなります。

100W機（出力）と言われるリグでは，DC入力160WからDC入力200Wぐらいの幅がありますが，この差は特に問題にはならなかったようです。小型送信管6146パラレルだとDC入力160W，改良版の6146B（S2001）パラレルは200Wの能力はありますが，直線性を考えると160Wぐらいが実用的なところでしょう。一方テレビのブラウン管用水平偏向信号出力管は直線性に優れていて，たとえば6JS6Aパラレルであれば200W程度までそこそこの直線性が得られますが，電圧は低めなので思いのほか電流が流れます。6KD6のようにパラレルで最大800mA（DC）まで流せる球まであり，これを使用した200W出力のリグがいくつも開発されています。

送受信機

SSB機で一番高価な部品はフィルタですが，これは

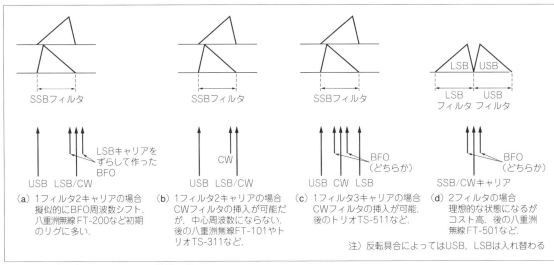

（a）1フィルタ2キャリアの場合 擬似的にBFO周波数シフト. 八重洲無線FT-200など初期 のリグに多い.

（b）1フィルタ2キャリアの場合 CWフィルタの挿入が可能だ が, 中心周波数にならない. 後の八重洲無線FT-101やト リオTS-311など.

（c）1フィルタ3キャリアの場合 CWフィルタの挿入が可能. 後のトリオTS-511など.

（d）2フィルタの場合 理想的な状態になるが コスト高. 後の八重洲 無線FT-501など.

注）反転具合によってはUSB, LSBは入れ替わる

図3-1　設計の違いによるキャリア位置の差

送受信で共用することがで
きます. このため早くから
トランシーバ化が進みまし
た. フィルタを共用すると
送受信の周波数関係が同じ
になりますから, 送受信の
周波数が自然と一致するよ
うになります.

したがってVHFの機器に
見られたような送受信別
VFOのトランシーバは作ら
れていません. 信号を受信
したらキャリブレーション
なしにそのままPTTスイッ
チを押して送信. これがで
きるトランシーブされたト
ランシーバはとても便利

写真3-3　周波数をずらしてCWを復調するタイプ

で, この時代の終わりにはほぼすべてのリグがそうな
りましたし, 送信機, 受信機の組み合わせの場合もト
ランシーブ操作ができるように設計されるのが当たり
前となりました.

いくつかのリグでは逆ダイヤル（**写真3-2**）も見られま
す. これは周波数関係の都合上, VFOを回したときの
周波数変化の方向を全バンド同じにできなかった場合
に生じる動作で, この時代のSSB機のみで見られるも
のです.

またLSBとUSBの周波数関係やSSBとCWの周波数
関係も機種によって違いがあります（**図3-1**）. 本当はモー
ドを変えても送信キャリアの周波数は動かず, CW

の受信時にだけCWトーンの周波数分シフトをするべ
きなのですが, これにはコストが掛かるのです. CW
送信時にはキャリア水晶の周波数を微調整してSSB
フィルタを通過させ, 受信時はCLARIFIERを用いて周
波数をシフトさせるリグ（**写真3-3**）もありました.

なお送受信機では電源別の機種が結構あります. こ
れは電源は他のリグと共用できる可能性があること,
電源は比較的自作しやすいこと, そして本体の重さや
大きさを抑えるために別筐体としていたようですが,
今の13.8V単一電源とは違って当時は4種類ほどの電圧
が必要でしたので, 雑誌記事や広告を見る限りではあ
まり自作は行われていなかったようです.

産声を上げたSSB時代の機種 一覧

発売年	メーカー	型　番	種　別	価格(参考)
		特　徴		
1959	榛名通信機工業	**SSB位相推移キット**	生成器	不明
	PSNネットワーク			
1960	八重洲無線	**SSBゼネレーター**	生成器	A型:4,400円
	フィルタ型SSBゼネレータ　A,B,Cの3種類あり　2.3MHzもしくは3.2MHz			
1961	八重洲無線	**SSBゼネレーター**	生成器	13,000円
	フィルタ型SSBゼネレータ　D型			
1962	国際無線	**SSBエキサイタ**	生成器	14,300円(球無)
	453.5kHzメカフィル使用，ケース入り			
	八重洲無線	**FL-20**	送信機	49,800円(完成品)
	3.5〜28MHz　10W　VFO外付け，A9(A3H)発射可能			
1963	八重洲無線	**FL-10/40**	送信機	29,500円(完成品)
	7MHz　SSB 10W　CW 40W　6DQ6Aファイナル			
	クラニシ計測器研究所	**SX-101**	送信機	不明
	3.5〜28MHz　100W　6146pp　A9(A3H)発射可能　VFO,VOX付			
	クラニシ計測器研究所	**LG-201**	生成器	9,400円(完成品)
	900kHzフィルタ・タイプSSBエキサイタ　出力は3.5,7,5,9MHzのいずれか			
	クラニシ計測器研究所	**PG-201**	生成器	8,800円(完成品)
	フェージング・タイプSSBエキサイタ　出力は3.5,7,5,9MHzのいずれか			
	八重洲無線	**FL-20A(前期型)**	送信機	49,800円(完成品)
	3.5〜28MHz　10W　VFO外付　SSB, CW, AM			
	八重洲無線	**FL-100**	送信機	68,000円(完成品)
	3.5〜28MHz　50W　VOX付　VFO外付　SSB, CW, AM			
	スター	**SR-600**	受信機	78,000円(完成品)
	11球2Dのコリンズ・タイプ・トリプルスーパー　1kHz直読　IF3.5M			
1964	八重洲無線	**FL-20B**	送信機	56,800円(完成品)
	3.5〜28MHz　10W　VOX付　VFO付　SSB, CW, AM			
	八重洲無線	**FL-100B**	送信機	75,000円(完成品)
	3.5〜28MHz　50W　VOX付　VFO付　SSB, CW, AM			
	八重洲無線	**FL-20C**	送信機	49,800円(完成品)
	3.5〜28MHz　10W　VFO外付　SSB, CW, AM			
	八重洲無線	**FL-100C**	送信機	65,000円(完成品)
	3.5〜28MHz　50W　VFO外付　SSB, CW, AM			
	八重洲無線	**FL-20A(後期型)**	送信機	49,800円(完成品)
	3.5〜28MHz(実装3バンド)　10W　VFO外付　SSB, CW, AM			
	八重洲無線	**FL-100A**	送信機	59,000円(完成品)
	3.5〜28MHz(実装3バンド)　50W　VFO外付　SSB, CW, AM			
	トリオ	**JR-300S**	受信機	64,000円(キット)
	JJY付き　コリンズ・タイプ・トリプルスーパー　10kHz直読　IF3.5M　メカフィル			
	スター	**SR-500X**	受信機	19,800円(基本キット)
	高1中2　1.8〜54MHz　1kHz直読　ダブルスーパー，キャリブレータなどはオプション.			
	スター	**SR-150K**	受信機	14,000円(一例)
	MF〜30MHz　BFO, スプレッド, ロッドアンテナ付き			

発売年	メーカー	型　番	種　別	価格(参考)
	特　徴			
1965	トリオ	**TX-388S**	送信機	59,500円(キット)
	3.5〜21MHz　20W入力　455kHz, 6.35MHz, 9MHz(広帯域)IF　VFO付き			
	スター	**SR-100K**	受信機	4,850円(キット)
	4球　3.5〜10.5MHz　簡易BFO, メカフィル付き			
	フロンティア電気	**SH-100**	送信機	157,000円(完成品)
	HF5バンド　180W入力　455kHz X'TALフィルタ　VFO付き　1kHz直読バンド別目盛			
	八重洲無線	**FR-100B**	受信機	55,000円(完成品)
	3.5〜30MHz　メカフィル式　キャリブレータ付き1kHz直読			
	スター	**SR-550**	受信機	39,000円(完成品)
	1.8〜54MHzハムバンド専用　ダブルコンバージョン			
	八重洲無線	**YD-700**	ダイヤル	3,400円
	つまみ外周に1kHz目盛り, 外窓にメイン・ダイヤル　汎用とFLシリーズ用あり			
	スター	**SR-500X(限定品)**	受信機	25,500円(キット)
	1.8〜54MHz　1kHz直読　高1中2　55kHzダブルスーパーの限定品　5月〜8月末に販売			
	トリオ(トヨムラ)	**TX-388S(完成品)**	送信機	65,000円(完成品)
	TX-388Sの完成品　トヨムラが組み立てて保証			
	八重洲無線	**E型ゼネレータ**	生成器	8,000円(完成品)
	2MHz　クリスタルフィルタを使用			
	スター	**SR-165**	受信機	22,000円(完成品)
	MF〜30MHz　プロダクト検波付き　IF1650kHz　シングル　6球			
	スター	**SR-700(A)**	受信機	66,000円(完成品)
	SR-600Aの改良版　コリンズ・タイプ　スタビロ付き　キャリブレータあり　水晶BFO			
	スター	**ST-700**	送信機	79,000円(完成品)
	コリンズ・タイプTX　180WDC入力　455kHzメカフィル採用　6146パラ			
	スター	**ST-599**	送信機	不　明
	ST-700の10W出力版　1966年5月には見当たらず			
	八重洲無線	**FL-200B**	送信機	77,000円(完成品)
	HF5バンド　100W出力　VOX付　VFO付　SSB, CW, AM			
1966	八重洲無線	**FL-50**	送信機	36,500円(完成品)
	HF5バンド　6JS6A　VXO式　10W　球なしキット27,500円			
	井上電機製作所	**TRS-80**	送受信機	96,000円(完成品)
	200kHz幅VFO式　トリプルコンバージョン　6146　50W　プラグイン・コイル式？　価格は「予定」			
	泉工業	**PAROS　22-TR**	送受信機	69,800円(電源別)
	3.5/7/14MHz　S2001　入力80Wpep			
	八重洲無線	**FT-100**	送受信機	118,000円(完成品)
	HF5バンド　120Wpep入力　6JM6パラ　ほぼ半導体化　25kHzダイヤル			
1966	トリオ	**TS-500**	送受信機	83,000円(電源別)
	HF5バンド　180Wpep入力　S2001パラ　一部半導体化　50kHzダイアル			
	八重洲無線	**FR-50**	送信機	33,000円(完成品)
	HF5バンド　VFO式1kHzほぼ直読			
	スター	**ST-333**	送信機	35,000円(完成品)
	1.9〜50MHz　AM/CW　S2001　10W　SSBアダプタ別売			

発売年	メーカー	型　番	種　別	価格(参考)
		特　徴		
1967	トリオ	TX-15S	送信機	23,300円(キット)
	21MHz　10W　最大100W　PSNタイプ送信機　VFO付き			
	トリオ	JR-500S	受信機	83,000円(電源別)
	HF5バンド+JJY　コリンズ・タイプWスーパー　455kHzメカフィル			
	八重洲無線	FT-50	送受信機	58,000円(完成品)
	HF5バンド　50W入力　AC電源,SP内蔵　VXO式　発売は4月			
	トリオ	TX-20S	送信機	23,300円(キット)
	14MHz　10W　最大100W　PSNタイプ送信機　VFO付き			
	八重洲無線	FTDX400	送受信機	118,000円(完成品)
	HF5バンド　VFO内蔵　200W出力　発売は6月			
	八重洲無線	F型ゼネレータ	生成器	9,000円(完成品)
	X'TALフィルタ使用			
	ユニーク無線	UL-120	送信機	29,000円(ユニット)
	HF5バンド　50Wpep送信機　VFOなし　2つのユニットの組み合わせ			
	ユニーク無線	UL-120C	送信機	35,000円(完成品)
	HF5バンド　50Wpep送信機　UL-120をケースに収めたもの			
	井上電機製作所	IC-700T	送信機	40,000円(電源別)
	HF5バンド　50Wpep送信機　VFOなし　A1,A3J,A3H			
	井上電機製作所	IC-700R	受信機	42,500円(完成品)
	HF5バンド　VFO付き　1kHz直読			
	スター	SR-200	受信機	21,800円(完成品)
	HF5バンド　真空管式　シングルスーパー1650kHz IF			
	トリオ	TX-40S	送信機	23,300円(キット)
	7MHz　10W　最大100W　PSNタイプ送信機　VFO付き			
	八重洲無線	FTDX100	送受信機	118,000円(完成品)
	FT-100の28MHz帯を拡張(28～29.5)したもの　主ダイヤル・ギアも改良			
	八重洲無線	FRDX400	受信機	49,000円(完成品)
	HF6バンド+CB(一部水晶オプション)　真空管式　メカフィル採用　FM付き			
	八重洲無線	FLDX400	送信機	79,000円(完成品)
	HF5バンド　100W　真空管式　メカフィル採用			
1968	杉原商会	SS-40	送受信機	不明
	7MHz　10W　詳細不明			
	フロンティアエレクトリック	SUPER600GT	送受信機	99,800円
	HF5バンド　100W　VFO内蔵　500Hz直読			
	八重洲無線	ST-200	送信機	29,900円
	HF5バンド　真空管式　シングルスーパー5MHz VXO　6JM6A			
	摂津金属工業	S-77R	受信機	17,600円
	HF 5バンド　SSB,CW,AM　ケース部品だけのセミ・キット			
	摂津金属工業	S-77T	送信機	19,800円
	HF 5バンド+50MHz　CW,AM　ケース部品だけのセミ・キット			
	トリオ	TS-510	送受信機	79,200円(電源別)
	HF 5バンド　100W　1kHz直読　たすき掛け用VFO別売　コリンズ・タイプ			

発売年	メーカー	型 番	種 別	価格(参考)
		特 徴		
1968	八重洲無線	**FT-200**	送受信機	69,000円(電源別)
	HF 5バンド　100W　1kHz直読　たすき掛け用VFO別売　シングルスーパー9MHz			
	トリオ	**JR-310**	受信機	39,800円
	HF 5バンド+50MHz(内蔵クリコン)　コリンズ・タイプ　1kHz直読VFO			
	トリオ	**TX-310**	送信機	49,800円(完成品)
	HF 5バンド+50MHz　10W　コリンズ・タイプ　JR-310のVFO使用可能			
1969	スバル電気	**3SB-1**	送信機	106,000円
	HF 5バンド　100W　VFO内蔵　1kHz直読　6JS6×2　スプリアス−80dB			
	八重洲無線	**FT-400S**	送受信機	89,000円
	HF 5バンド　10W　1kHz直読　VFO内蔵　100W増力可能　6JS6A　AMなし			
	トリオ	**JR-599**	受信機	69,000円(デラックス)
	1.8〜144MHz　コリンズ・タイプ　第2 IF3395kHz			
	フロンティアエレクトリック	**SUPER600GT A**	送受信機	99,800円
	HF5バンド　100W　VFO内蔵　500Hz直読 600GTの音質改善，感度アップ版			
	トリオ	**TX-599**	送信機	85,300円(デラックス)
	HF 5バンド　80W　コリンズ・タイプ　第1 IF3395kHz　VFO内蔵			
	八重洲無線	**FR-50B**	受信機	29,800円
	バンド別VFO式HF 5バンド　第2IF455kHz　キャリブレータ回路内蔵			
	八重洲無線	**FL-50B**	送信機	34,500円
	HF 5バンド　10W　VXO　FR-50のVFO使用可能　LPF内蔵			
	トリオ	**TS-510X**	送受信機	78,000円(電源別)
	HF 5バンド　10W　1kHz直読　たすき掛け用VFO別売　コリンズ・タイプ			
	トリオ	**TS-510D**	送受信機	79,200円(電源別)
	HF 5バンド　100W　1kHz直読　TS-510を改番			
	トリオ	**TS-510S**	送受信機	95,000円(電源別
	HF 5バンド　100W　1kHz直読　TS-510を改番　CWフィルタ，CAL水晶付き			

産声を上げたSSB時代の機種 発売年代順

1959年

榛名通信機工業 SSB位相推移キット

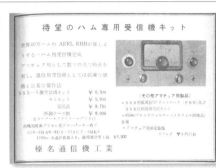

　メーカーによる最初のSSB装置は恐らくこれではないかと思われます．受信機SSX-5の広告の横に記載されていました．「SSB用低周波90°ネットワーク（PSN）及びSSB位相推移方式キット」というのが唯一の内容についての記述です．恐らくPSN単体でもSSB発生器としてもキットで販売しますという意味なのでしょう．価格や対応周波数など諸元は不明です．

1960年

八重洲無線 SSBゼネレーター　A型，B型，C型，D型 (1961年)

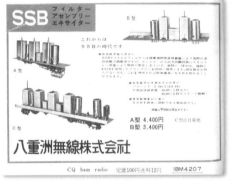

　1960年2月号のCQ ham radio誌裏表紙の下半分を華々しく!?飾ったのが，同社のSSB関連の広告です．八重洲無線は減衰量35dBのクリスタルフィルタはそのままでも販売していて，それに回路を組み込んだエキサイタ（ジェネレータ）を3種類（図参照）を発売しました．このうちのC型ゼネレーターはマイク・アンプと送信フィルタを付ければそのままでもQRP送信機となるものです．新規の参入でありながらその3カ月後にはもう雑誌本文で紹介されていることからも，当時のインパクトの大きさがわかります．翌，1961年5月にはSSBゼネレーターD型が発売されます．これはC型を改良した製品でシャーシの上に綺麗にまとまっているのが特徴です．完成度が上がりましたが，価格も上がりました．

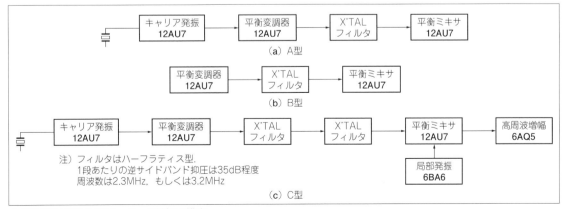

八重洲無線のSSBゼネレーター 3種類の構成

1962年

国際電気（日立国際電気）SSBエキサイタ

ケースに入った付加型SSB装置で，送信時はオーディオセンター455kHzのUSBを発生させ，受信時は復調するものです．国際電気お得意のメカニカルフィルタを使用しています．ただ不幸だったのは前項の八重洲無線のSSBゼネレーターから2年以上経ってからの発売だったことで，同じタイミングで八重洲無線は日本初のSSB送信機FL-20の発売を予告していました．このためでしょうか，翌年の1月に本機は9,800円に値下げされています．

なお当時のAM送信機の終段はC級ですが，多くのリグではキャリアがなくなるとバイアスが浅くなるようなバイアス回路を採用していました．このため途中から注入して簡易にSSBを発射する場合はドライバにだけ気を配れば大丈夫で，大きな改造なしに本機を付加してAM送信機をSSB化することが可能でした．

国際電気SSBエキサイタ

今までアマチュアがSSB入りするのにもっとも難関とされていたフィルタ部分が，一昨年よりの国際電気が発売したメカニカルフィルタの利用で大分楽になりました．しかし，それでもSSBはやりたいが何となくむずかしそうだと尻込みしているハムもまだ多いようです．そんな人たちにとって今度同社から発表されたSSBエキサイタは大きな福音といえましょう．周波数変換段とリニヤアンプ部分を用意するだけで（にSSB波が出せる点，またスイッチ切換で簡単に受信機をSSB受信のための狭帯域化し復調ができる点で，きわめて便利な製品といえます．

内容は12AX7による低周波増幅，クリッパ，

バランスドモジュレータ，453.5kcの水晶発振器，そしてメカニカルフィルタという構成で，マイクから入った音声は低周波増幅及びクリッパをへてバランスドモジュレータに入り，水晶発振器出力と混合した倒制変調成分からキャリヤを相殺，メカニカルフィルタにより片側サイドを抑圧して上側SSB波を得るというものです．また受信の場合には，中間周波段の次へ本機をスイッチで挿入，可逆的に使用することで低周波成分をとり出すわけです．本機の仕様は，搬送波抑圧方式，抑圧度40dB以上，上側帯域，帯域幅6dB幅1.5kc，選択度60dB幅7kcより，荒調器の歪率20dB以上となっています．

とにかく現有セットに付加するのにきわめて便利であるため，新形式のエキサイタとして普及することと思われます．

価格は真空管，マイク除き14,300円
発売元 国際電気株式会社
東京都港区芝西久保桜川町9番地
（なお，販売は各地の代理店で行なわれます．本誌広告ページをご参照ください．技術的な問合せは同社直接でOKです）

八重洲無線 FL-20

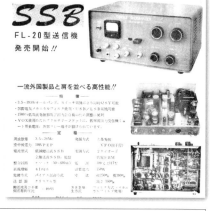

当初フェーズシフト型とフィルタ型の両方に対応するとアナウンスされましたが，実際の発売時にはフィルタ型専用機として発売された，CW，SSB，A9を発射可能な送信機です．バンド水晶1波付き，外付けVFO対応の5バンド，10W機で，最初の製品としては意外なほどコンパクトかつ実用性のあるものにまとまっています．本機の出現によりSSBジェネレータやエキサイタの出番が大きく減ったのでしょう，国際電気のエキサイタだけでなく八重洲無線のD型ゼネレーターまでもが9,800円に値下げされています．

メーカーは本機の性能に自信を持っており一流外国製品と肩を並べる高性能とPRしていますが，その回路ではなんと！国際電気製メカニカルフィルタを使用しています．455kHzでSSBを作ってからいったん周波数変換して9MHzに持ち上げ，次にバンド別水晶発振からの信号と混合し，最後に5～5.5MHzの水晶発振もしくは外付けVFOと混合するという設計（図参照）で，SSBゼネレーター・シリーズとはまったく違う周波数構成でした．

9MHzに持ち上げるところでサイドバンドの反転を掛けてUSB/LSBを切

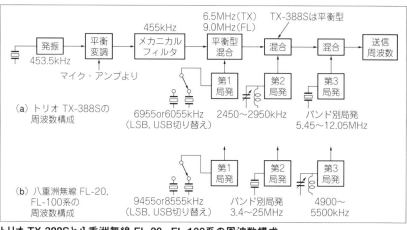

トリオ TX-388Sと八重洲無線 FL-20，FL-100系の周波数構成

り替えるようになっています．キャリア発振を含めると局発が4つ，しかも3番目の中間周波数はバンド別固定周波数という構成でしたが，同社はFL-20，FL-100系だけでなく1967年末発売のFLDX400でも同様の回路構成を取っていました．終段は6DQ6です．なお本機はA9発射可能と表示されていました．このA9は後のA3H（全搬送波片側側波帯，今のH3E）のことです．この頃はA3Hの表記が一般的ではなくA9（その他の振幅変調）で表現されていたものと思われます．

1963年

八重洲無線 **FL-10/40**

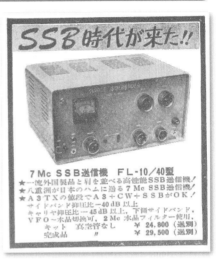

7 Mc SSB送信機 FL-10/40型

これはSSB，CW，AMが発射できる7MHz帯の送信機です．2MHz台のクリスタルフィルタ式ジェネレータと周波数変換部そして電力増幅回路を組み合わせたもので，球なし完成品で29,500円，球なしキットで24,800円という安さが魅力でした．送信用水晶や外付けVFOには5MHz台の物が使用できますが，当時日本には5MHz台VFOの市販品はありませんでしたので，自作もしくは市販品を改造する必要があったはずです．

トリオの10WのAM送信機，TX-88Aの球なしオール・キットの値段が18,900円でしたから，あと5,900円追加すればSSB送信機が買えるのです．63年9月には本機は球なしの値段のまま球付きとなり，TX-88Aとの価格差がほとんどなくなっています．ただしTX-88Aは50MHz帯を含む6バンド送信機，本機は7MHz帯のモノバンド機です．

クラニシ計測器研究所 **SX-101**

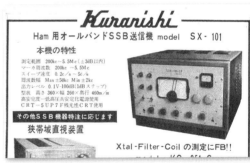

6146プッシュプルで100W出力，HF5バンド・カバーのSSB，CW，A9送信機です．本機のA9も後のA3Hではないかと思われます．

VFOを内蔵した高級品ですが，その後，本機は広告されていませんので量産には至らなかったものと推察されます．

クラニシ計測器研究所 **LG-201 PG-201**

LG-201はフィルタ・タイプ，PG-201はフェージング・タイプのSSBエキサイタ（生成器）です．

LG-201は第2局発，混合器を持ち，3.5MHz，5MHz，7MHz，9MHzを出力することができます．一方PG-201は直接それらの周波数を作り出すことができ多少安価に設定されていますが，

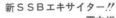

SSBの逆サイドバンド抑圧は−30dBしかありません（LG-201は−40dB）．

八重洲無線　FL-20A(前期型) FL-100

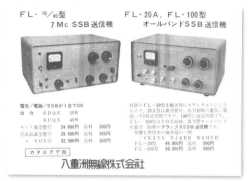

FL-20を輸出可能な形にモデル・チェンジしたもので，117V対応，SSB，CW，AM(A9＝A3H)が発射できます．FL-20AはHF5バンド入力20W，ただしバンド水晶は1つだけ，FL-100は5バンド全部のバンド水晶やVOXが付いた入力100W機です．なお，この前期型FL-20Aのパネル面表記は「FL-20」で「A」が記載されていません．FL-100の終段は6DQ5もしくは6DQ6Aシングルです．

スター　SR-600(A)

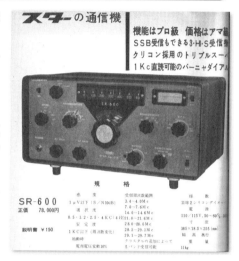

それまでAM受信機キットを主に作ってきたスターが発売した本格的な受信機です．7MHz以上はトリプルスーパー，いったん3.5MHz帯に落とし，次に455kHz，そして55kHzへ変換しています．4段LCフィルタを持ち，結合コンデンサをパネル面から切り替えることで帯域幅500Hz，1.2kHz，2.4kHz，4kHzを選択できます．

ダイヤルはボールドライブによる減速機構付きの1kHz直読，100kHzキャリブレータも内蔵しています．メーカーでは「ついに出た，コリンズ型トリプルスーパ」とPRしています．本機は当初SSB電波も受信できる高選択度AM用通信型受信機とPRされていましたのでAM受信機の項にも入れてありますが，アマチュア用としてはSR-600が最初の本格的国産SSB受信機であるのは間違いありません．

なお本機は1965年終わり頃にSR-600Aと改称されています．

1964年

八重洲無線　FL-20B FL-100B

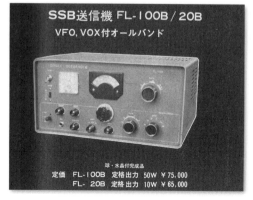

これは1964年初めに発売された5バンド送信機で，VFO，VOX付きの入力100W(100B)，入力20W(20B)です．ダブル・ギアを採用したVFOは軽いタッチで，電圧安定化や温度補償もされています．当時としては珍しいALCも内蔵していて，きれいな電波を発射するようになっていました．スイス(当時)のSOMMERKAMP社は前年から八重洲無線の製品を取り扱い始めていましたが，本格的に販売したのはこのFL-100Bが最初です．

なお発売当時はFL-20Bの定価は56,800円でしたが，すぐに65,000円に変わっています．

1964年8月号のCQ ham radio誌ではFL-100Bの改良型後継機としてFL-100を紹介していますが，そこに示された回路から推察するとこれはFL-100B(後期型)です．後期型は次項のFL-20A(後期型)同様にπマッチの出力側にローディング・バリコンを装備しています．

八重洲無線 FL-20C　FL-100C　FL-20A(後期型)　FL-100A

FL-20C，FL-100CはFL-20B，FL-100Bの新発売が告知された広告に従来品として記載されていた5バンド送信機です．仕様的にはFL-20A，FL-100と同じですが，内部はFL-20B，FL-100Bとまったく同じ製品でVFO，VOXをオプションにしたものです．1964年1月の時点での値段差は10,000円(100C)ないしは7,000円(20C)でした．同じオプション内容なのに価格に差があり実際に流通した形跡もありません．

FL-20C，FL-100C型
オールバンドSSB送信機

VOX，VFO取付可能
本機を使用中の海外局の一例
：VK3YS，DJ4BR，W6HTH
FL-20C型　49,800円送料500円
FL-100C型　65,000円送料500円
カタログ〒30

CQ ham radio誌1964年3月号の同社広告では，まったく同じと思われるものがFL-20A，FL-100Aとして紹介されていますので，発売直前に"C"という表記を"A"に変更し，価格も修正したと考えるのが妥当なようです．このFL-20A(後期型)とFL-100Aは上位機種FL-20B，FL-100Bと同一のシャーシを用いているとPRされています．また出力部のπマッチにはローディング・バリコンが追加されています．前期型との外見上の違いとしては，メータのPO，IP切り替えスライド・スイッチがメータ左に取り付けられていることが挙げられます．

VFOなしのA型の2機種は発売直後に全バンド水晶，VOX付きで58,400円，68,000円に価格が修正されています．VFO付きのB型との価格差が少なかったためでしょうか．FL-20A(後期型)，FL-100A共に発売の半年後には生産中止となりました．

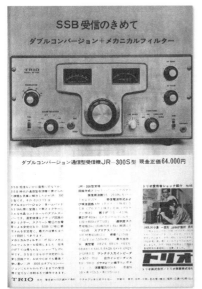

トリオ(JVCケンウッド) JR-300S

本機は3.5MHz帯のシングルコンバージョン受信機にクリスタル・コンバータを付けた構成の受信機です．ダイヤルは10kHz直読で100kHzキャリブレータ(マーカ)を内蔵しておりハムバンド専用で，9R-59などの受信機とははっきりと一線を画す高級機です．メカニカルフィルタを用いているので選択度は良好，ローバンド以外はダブルスーパーで感度も良好，メインVFOは周波数が低い上に温度補償もあり安定度も良好，そしてのちに発売されたTX-388Sとのデザインの親和性もFBでした．

本機にはもう一つ特徴があります．周波数関係を**表**に示しますが，3バンド分割の28MHz帯やJJYを含めると8バンドあるのに局発水晶を節約して5個で済ませているのです．うまい工夫ですが，この回路構成は，7〜21MHzで日本短波放送(当時)の通り抜け信号がバンド内に入り込んでしまうという欠点も持っていました．

JR-300Sの周波数関係

ダイヤル目盛り1	0	500	600	第1局発周波数
ダイヤル目盛り2	500	0		
親周波数	3.5MHz	4.0MHz	4.1MHz	
7MHz帯	7.5MHz	7.0MHz		11.0MHz
14MHz帯	14.5MHz	14.0MHz		18.0MHz
21MHz帯	21.5MHz	21.0MHz		25.0MHz
28MHz帯	28.0MHz	28.5MHz	28.6MHz	24.5MHz
	28.5MHz	29.0MHz	29.1MHz	25.0MHz
	29.1MHz	29.6MHz	29.7MHz	26.5MHz
JJY			15MHz	11.0MHz

スター **SR-500X**

SR-600と同一の外装ケースを用いながら，パネル面は少々違うものになり，内部の回路はコストダウンした廉価版受信機です．とはいえ価格は安く設定しすぎたようで，1年後に28,500円に値上げされています．回路は高一中二のシングルコンバージョンで，HF5バンド＋50MHz帯を受信します．当然のことながら局発周波数がバンドごとに違っ

SR-500X ハム専用受信機ユニバーサル（X）キット

基準回路	：高周波1段，中間周波2段増幅
受信周波数	：3.5Mc～54Mcの全ハム・バンド
同調範囲	：3.5～21Mc帯は500kc
	28Mc帯は2Mc，50Mc帯は4Mc
	（160m帯は1.8～2.0Mc）
中間周波	：1650kcクリスタル・フィルタ
	0.5kc～10kc連続帯域可変
付属回路	：AVC、BFO回路　Sメータ付
ダイアル	：周波数直線目盛、1kc補助目盛
増設回路	：①ANL（自動雑音制御）回路
	②プロダクト検波回路
	（SSB/CW受信用）
	③クリスタル・バンドパス・
	フィルタ回路（1,652.5kc）
	④100kc、500kcクリスタル・
	キャリブレータ回路
	⑤55kc 4段切替 Q' 5 er回路
	⑥455kcメカニカル・フィルタ
	ダブル・スーパ回路
	⑦160m帯（1.8Mc帯）受信回路
	⑧5Mc、10Mc JJY受信回路
	その他あなたの創意、工夫が充分に生かせます．
¥28,500	

高一・中二からダブル・スーパへ…
あなたの技術を思う存分に伸ばせる最高，唯一の**受信機キット**です．
● 第1局発　高安定度を得るため½12AU7のプレート同調とし、½12AU7のカソードフォロアで、高gmのペントード・ミクサにインジェクトしています ● 3.5～54Mcの各コイルは、**コイルパック**形式とし、配線、調整済となっております ● 増設回路用の部品は、いずれも**パーツ・キット**として発売致します ● 組立説明書・工程図等添付 ●

ていて，最高発振周波数は52.35MHzにもなるリグでした．

フィルタは1.65MHzの単素子フィルタで，選択度は可変できますがスカートは緩めです．1kHz帯域の時に±8.5kHzで－30dBぐらいになります．このためオプションで2段にすることも可能なようになっていました．

本機は他にもオプションが豊富で，ANL，プロダクト検波，キャリブレータ水晶，55kHz IFダブルコンバージョン化，455kHz IFダブルコンバージョン化，JJYなど他バンド受信などが用意されていましたが，局発回路の改良キットはありませんでした．

● SR-500X　完成品：トヨムラ

1965年5月～8月に，スターはトヨムラ電気商会を総代理店にしてSR-500Xの値引き販売をします．価格は18,500円，これはSR-500X（キット）の内容を変えずに1万円値引きしたものです．

そしてもうひとつ，SR-500Xの期間限定品として発売されたのがSR-500Xダブルスーパー・キットです．これは55kHzの第2IFや定電圧放電管などを追加したもので，全部品付きキットで25,500円．こちらもかなり思い切った値付けです．

スター **SR-150K　SR-150**

中波～30MHzの受信機です．11MHz以上のバンドの感度は80μV（公称値）です．ロッドアンテナを装備しているので，外部アンテナなしで受信が可能です．本機はキット，完成品の両方で発売されましたが定価設定はなく，今

SR-150・SR-150K ハム用新4バンド受信機・キット

受信周波数	：540kc～30Mc・4バンド連続カバー
中間周波	：455kc・1段増幅
使用真空管	：4球及びパワーダイオード1石
	使用整流方式

10段ロッドアンテナ装備 ● 最新横型高感度Sメータ付 ● バンドスプレッド・ダイアル採用 ● ANL回路 ● BFO回路 ● TONE切替 ● 10cmダイナミック・スピーカ内蔵 ● イヤホン・ジャック ● スタンバイ・スイッチ ● 詳細組立説明書・工程図等添付 ○横350×高130×奥行200（mm）

でいうところのオープン価格での販売です．

半年ほどでいったん姿を消して1965年10月にまた復活しますが，そのときは完成品のみの販売となりました．

1965年

トリオ（JVCケンウッド）　**TX-388S**

3.5〜21MHz帯をカバーする4バンドの10W送信機です．八重洲無線のFL-20，FL-100系同様，発振器を4つ持つ構成ですが，先にVFOと混合して広帯域化し最後にバンド別に展開するところが違っています．またπマッチの出力側はローディング・バリコンを付けずバンドごとに固定コンデンサを切り替えるタイプとなっています．

受信機との接続はコネクタ1つでVOX用アンチ・トリップ入力まで備えています．しかし受信機のVFOを受けるようにはなっていませんでしたので，必ずキャリブレーション操作が必要でした．

本機のキット構成は少し変わっています．主要部は組み立て調整済みで，電源，低周波増幅，終段回路だけを組み立てます．また真空管はキットに含まれていません．できたばかりの平衡変調管7360は付属していましたから，真空管は手持ちの物を使ってくださいとの考え方だったようです．

● **TX-388S　完成品：トヨムラ**

トヨムラ電気商会が組み立てたTX-388Sの完成品で，夏のサービス・セール品として発売されました．TX-388Sは7360以外の真空管も含まないキットで販売されていましたので，10W機でありながら初心者にはハードルが高い送信機でしたが，この時初めて完成品が発売されています．

スター　**SR-100K**

全パーツ付きのバラ・キットのみで発売された極めて安価な2バンド受信機です．電子工作が初めての小学校上級生でも組み立てられるとPRされていました．BFO付き，

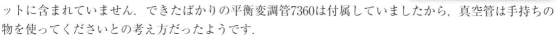

バーニア・ダイヤルによるバックラッシュのない5：1減速機能付きで選局しやすいようになっています．

フロンティア電気　**SH-100**

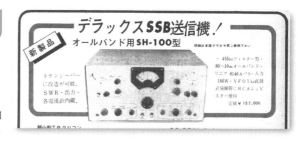

455kHzのメカフィル採用でVFOは1kHz直読，SWR計付きの入力180W，5バンド送信機です．ファイナルは6146Aパラレルとなっています．455kHzのクリスタルフィルタで不要側波帯を抑圧したのちに5MHz台のVFOと混合，最後にバンド別局発と混合して目的となる送信周波数を得ています．TX-388Sなどより中間周波数が1つ少なくできたのは米国コリンズ社のKWM-2と同様にバンド幅を狭く設定したためでしょう．1バンド250kHz幅でHF5バンドを11バンドに展開しています．メーカーは「デラックスSSB送信機！」と銘打っています．確かにデラックスな感はありますが，157,000円という価格もデラックスでした．同社はこの後も高級機路線を歩みます．余談ですが，1966年に発売されたトヨタ　カローラの販売価格は495,000円，この年の国税庁が調査発表した国民の平均年収は548,500円となっています．

八重洲無線 **FR-100B**

　FL-100Bと同一デザインの同社初のSSB対応受信機です．600kHz幅の1kHz直読VFOを搭載してHF5バンド＋JJYをカバーしさらに3バンド増設が可能です．第1IFを5.355～5.955MHzに設定し第2IFを455kHzに持つ典型的なコリンズ・タイプのダブルスーパーで，VFOダイヤルと第1IFの複同調を連動させることにより内部妨害の発生を避けています．本機のVFO出力はバッファを通して外に出せるようになっていて，これを送信機に注入することでトランシーブ操作が可能です．このため本機にはCLARIFIERが付いていますが，これには局発の周波数差を微調整する役割もあったようです．

　なお初期型はSメータ左にCLARIFIERが付いていますが，途中から右下に変わり，右下にあったアンテナ・トリマがPHASINGの名称になって移動しました．CLARIFIERがより使いやすい場所に移動したようです．もうひとつの特徴としてはAGC系の精度が挙げられます．メーカー技術部の田辺氏の紹介文によると，50μV（解放端?）でS9，それより下はS1あたり3dB，上は10倍（電圧）ごとに20dBとなるように設計されているとのことです．またS4からS9＋60dBに変化したときの低周波出力の変化は10dB程度にまで抑えられています．

　なおFL-100BとFR-100Bのラインは前出のSOMMERKAMP社がF-LINEとしてヨーロッパや北米で販売しています．

● YD-700

　SSB機用のダブル・ギア式ダイヤル・メカです．ギヤ比は14：1　メイン・ダイヤルは7等分，サブ・ダイヤルは100分割になっていますので，余裕分も含んで700kHz幅のVFOであればメイン・ダイヤルは100kHz目盛り，そしてサブ・ダイヤルは1kHz直読となります．

　本ダイヤルは1回転100kHzで，その後の製品に比べると減速されていませんが，金庫のダイヤルの様な大きなダイヤルとスリップさせることで簡単に校正できるサブ・ダイヤル目盛りは当時としては非常に使い勝手が良かったものと思われます．

　FL-100Bもこの時期からこのダイヤル・メカに変更になっていますし，旧型機のメカをこれに交換することも可能で，YD-700には汎用とFLシリーズ用の2種類がありました．

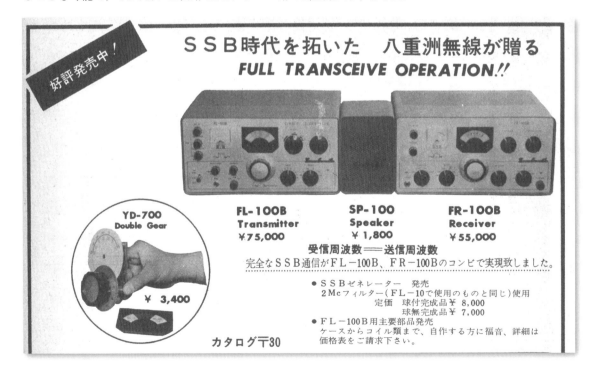

スター **SR-550**

　SR-600，SR-500と同一の外装ケースを用いてSR-500につまみを１つ足したパネル面の受信機です．

　回路はSR-500に55kHzのIFダブルコンバージョン化キットを足したものですが，第1局発（広帯域VFO）については定電圧放電管とバッファを追加しています．

　28MHz帯のイメージ比は30dB，そして50MHz帯のそれは20dBと公称されていて，50MHz（28MHz）からダイレクトに1650kHzに落とすことによるイメージ混信への不安を和らげています．

　3.5MHzの校正用発振器を内蔵していますので，バンド下端は簡単に確認できるようになっていました．

　本機は完成品のみでの販売です．

八重洲無線 **E型ゼネレーター**

　2MHzのハーフラティス型クリスタルフィルタをもちいたジェネレータです．マイク・アンプ付きでIFを出力するタイプなので，この後段にミキサと局発そして電力増幅回路を付ければ送信機が出来上がります．

　本機はFL-10/40に使われているバランスド・モジュレータを1N34 2本のシングル・タイプから1S1007　4本によるリング変調器に修正したものと思われます．

スター **SR-165**

　中波〜30MHzを5バンドでカバーする受信機です．IFはスターお得意の1650kHzでクリスタルフィルタを採用していますが，このフィルタは一般的なSSBフィルタとは違う単素子の製品です．実用新案申請中の新設計のプロダクト検波を採用し回路全体にプリント基板を採用しています．ダイヤルは糸かけです．

スター **SR-700(A)**

　スターが放った最高級受信機，それがこのSR-700Aです．ベースはSR-600で，HF各バンドをクリコンで3.5MHz帯に落とした後にVFOと混合して1650kHzに変換しています．もう一度55kHzに変換してバンドパス・フィルタやノッチ・フィルタを通すという部分はSR-600同様の構成ですが，細部は細かく修正されています．本機のノッチ・フィルタは本当によく効きました．メイン・ダイヤルは3段のダブル・ギアでスムースな同調が可能になりました．もちろん1kHz直読です．JJY受信やキャリブレータも装備していて目盛りをスライドできるようになっているので，直読ダイヤルの修正も簡単です．

　なお本機は予告時点の型番はSR-700でしたが，実際に発売された際にはSR-700Aに変わっています．

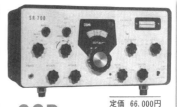

スター **ST-700**

SR-700（A）とトランシーブ操作可能な送信機がこのST-700でスター初の送信機です．455kHzのメカニカルフィルタでSSBを作り2.95MHzのIFに持ち上げる際にUSB，LSBを切り替えています．その後VFOミキサとバンド別局発を混合して目的周波数まで持ち上げています．

ファイナルは2B46/6146のパラレルで入力180Wpep（当初），ALCや逆サイドバンドはもちろん，VOX，CWブレークイン，サイドトーンも装備しています．なお本機は1965年11月に新製品として発表されていますが，実際の出荷は翌年5月ぐらいからだったようです．記事広告では入力240Wpepという表記も見られますが，最終的には入力200Wpepに落ち着いています．

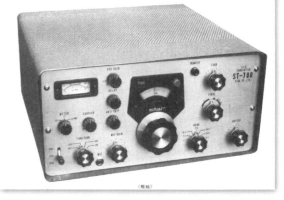

ALL BAND SSB TRANSMITTER MODEL ST-700

本機は受信機SR-700Eとのラインで大々的に北米に輸出されています．型番はST-700E．"☆合格"（合格は手書き風の漢字）がキャッチコピーでした．

● **ST-599**

ST-700の10W出力タイプで，ファイナルは2B46/6146シングルです．本機はST-700の出荷が始まったころには広告から消えていますので，実際には発売されていない可能性があります．

八重洲無線 **FL-200B**

FL-100Bの出力部を6DQ6パラレルにした入力200Wの送信機です．本機の細部はFL-100Bと同じで，SOMMERKAMP社のF-LINEはすぐに本機とFR-100Bの組み合わせに変わりました．北米代理店のBarry Electronicsは「A product of German engineering and Japanese craftsmanship at a rock-bottom price」と，F-LINEを紹介しています．

なお，八重洲無線はこのタイミングで送信機を本機とFL-20Bだけに絞り込んでいます．E型SSBゼネレータと受信機FR-100Bは継続生産．そして初の入力1kWリニア・アンプ　FL-1000を発表しました．

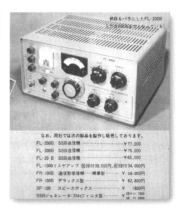

1966年

八重洲無線 **FL-50**

FL-200Bの半年後に発売された，出力10WのSSB送信機です．本機の一番の特徴はその価格．球付きオールキットが30,000円ジャストというのは非常にインパクトのあるものでした．なにしろ当時一番人気のTX-88Dより6,000円安いのですから．

本機は5MHz台でSSBを生成し，それをシングルコンバージョンでHF5バンドに展開しています．局発はVXOです．この回路構成によりシンプルかつ実用的な

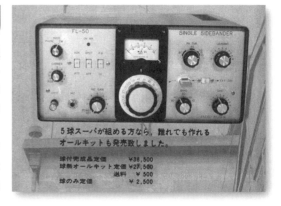

リグに仕上がっています．外付けVFO　FV-50も用意されました．シングルコンバージョンのためVFOの周波数はバンド別で，高い周波数となるバンドでは少々安定度に欠ける部分もありましたが，21MHz帯より下であれば十分実用に耐える製品でした．

本機のSSB発生部はF型ゼネレータとして外販されたものと同じ非対称4素子型です．ファイナルは6JS6AでALCも装備しています．

興味深いのは本機の出力で，SSB，CWは入力20Wの出力10W，AM（A3H）は入力50Wの出力10Wとなっています．普通にSSB機でAMを出すと搬送波出力はSSBの1/4になってしまうのですが，ALCに工夫をしてグリッド電流の変化を検出することでAMの側波帯電力（＝搬送波出力）をSSBの出力と同一にしています．電話級の上限までSSB，AM共に出せるように工夫してあるわけです．

井上電機製作所（アイコム）　TRS-80

1966年5月に予告広告がありましたが，結局市販されずに終わったリグです．プラグイン・コイル・タイプとして予告されたものと，メーカーが資料としてホームページ上で公開しているバンド・スイッチ付きの製品があるので，少なくとも2パターンが検討されたものと推察されます．

プラグイン・コイル・タイプはバンド・スイッチ付きタイプのバンド・スイッチ位置にPA LOADがあります．マイク端子がパネル面中央下段にあるのも特徴的です．

終段はS2001シングルで出力は50W，受信部はトリプルコンバージョンでHF帯を11バンドに分割しVFO幅は200kHzです．本機が発売されていれば日本初のSSBトランシーバとなっていました．

泉工業　PAROS22-TR

3.5〜14MHz帯，3バンドのトランシーバです．9MHzのクリスタルフィルタを使用し，3.5MHz，7MHz帯はプリミクス，14MHz帯はシングルコンバージョン構成となっています．終段はS2001シングルで入力80WDCというのは少々半端に思えるかもしれませんが，その後の各社のリグがS2001パラレルで入力160WDCでしたから適切な設計がなされていたと考えられます．

本機では真空管の種類も絞っており，電力部分を除く高周波系は6EA8と6BA6と7360の3種類だけで構成されています．また大きなプリント基板を採用することで主要部を基板1枚に収めていました．

日本初のSSBトランシーバを作った泉工業は残念ながら本機1ロットで力尽きてしまいますが，9MHzのフィルタと5MHzのVFOという構成はその後の標準形のひとつとなりました．

八重洲無線 **FT-100**

1966年7月に輸出用として発表され，国内では12月に発売されたトランジスタ化トランシーバです．終段は6JM6パラレル，この終段とドライバ12BY7Aのみが真空管です．発振回路は当時出始めのシリコン・トランジスタですが，他はすべてゲルマニウム・トランジスタを使用しています．DC-DCコンバータを装着すればバッテリ運用も可能でした．

入力120Wpepで500kHz幅のVFOを内蔵しており，逆サイドバンドに対応するためクリスタルフィルタは6素子になりました．モービル運用を想定していたのでしょうか，固定チャネルも4波装備可能です．周波数構成はフィルタが3180kHzでVFOが8.4～8.9MHzのコリンズ・タイプです．

A3のトランシーバは，各種発売されているが，近く，八重洲無線KKから3.5～28McのSSBトランシーバFT-100型が発売される．終段管は6JM6の2本で，入力もPEPで120Wとなっており，真空管はわずか3球で，他はすべてトランジスタとなっているために非常に小型化されている．

電源はACの100，110，200，220Vまたは，DC 12V（DC電源は組込可能）が使えるようになっている．発射可能な電波型式はAM（A3h）SSB，CWの3波である．詳しくは本文216ページを参照下さい．

なお本機の後期型としてFTDX100と同じパネル配置でケースやパネル素材は従来のFT-100と同じという製品もありますが，これは国内向けには市販されていません．

トリオ（JVCケンウッド） **TS-500**

トリオが放った本格派のHF5バンド・トランシーバです．電源は別筐体でその前面にスピーカが付いています．自社で組んだ3390kHzの5素子のクリスタルフィルタを使用してSSB信号を作り12MHz台のVFOと混合してから再度バンド別局発と混合する，コリンズ・タイプのダブルスーパーを採用しています．

終段はS2001パラレルで入力180Wpepです．本機のプレート定格電圧は900Vですが，S2001は絶対最大電圧が1000Vですから，電源投入直後や離調時の振る舞いを考慮すると完全に電圧の上限でS2001を使用しています．

本機の最大の特徴は受信信号もπマッチを通っていることです．ワッチのみの場合でもファイナルのPLATE，LOAD調整が必要で，アンテナ端子はファイナル・ボックスに直接取り付けられています．送信時に受信RFアンプはリレーで切り離されますが，受信時に送信回路は切り離されません．この回路構成は米国製セット（たとえばSWAN SW-350）にも例がありますがハイバンドでロスが生じる可能性があります．

シリコン・トランジスタ採用のVFOの電源は定電圧放電管の出力を抵抗分割して得ています．他に例を見ない斬新な設計です．CW，AMにも本機は対応していますがCWのサイドトーンはなく，キーのクリックをそのままVOXに入れてブレークインとしていました．AMはA3Hです．

八重洲無線 **FR-50**

　FL-50と対で使用することを想定した受信機です．HF5バンド，VFO可変幅を大きくした上にカバー範囲を限定することで28MH帯も1バンドで対応していました．

　回路的には5MHz，455kHzにIFを持つダブルスーパーです．第1IFをFL-50に合わせたことにより，FR-50のVFOでFL-50をコントロールするトランシーブ操作が可能になっています．また455kHzに落とした後は安価な受信用メカフィルを使用するコストダウンをしていました．

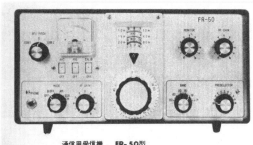 

通信用受信機 FR-50型
定価 ¥33,000

スピーカー SP-50型
定価 ¥1,500

スター **ST-333**

　そのままならばHF5バンド＋50MHz帯のCW，AM機として動作し，SSBアダプタを付けるとSSB機になるという10W送信機です．水晶発振式でVFOは内蔵していません．

　価格，機能の両面でトリオのTX-88Dとほぼ同じでありながらST-333はSSB用に改造できるという特徴があったのですが，外付けVFOが発売されなかったこともありTX-88Dほどのヒット作にはなりませんでした．写真の広告見出し「ST-33形！」は誤りです．

オールバンド送信機 **ST-33形！**

定価 35,000円

1967年

トリオ（JVCケンウッド）
TX-15S　TX-20S　TX-40S

　アマチュア無線機の歴史の中でも珍しい，PSN式SSB送信機です．15Sは21MHz帯，20Sは14MHz，40Sは7MHzのモノバンドです．VFOを内蔵し終段はS2001パラレルで最大入力160Wpep（後に180Wpep），しかしながら価格は23,300円という夢のような安価な設定でした．

　実際はこの値段はS2001がシングルのキットの価格であり，購入時の部品で得られる出力は最大でも40W止まり，しかも電源は別に用意しなければならない製品でした．通常はS2001のプレート電圧を400Vにして10Wで使用します．

　ダイヤルは糸かけで目盛りは10kHzまで読み取るのが限界でしたが，目盛り板とバリコンが直結していて目盛りがずれることはないように作られていました．

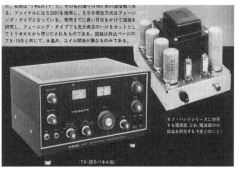

トリオ（JVCケンウッド） **JR-500S**

前項のモノバンド・シリーズ，TX-15S，TX-20S，TX-40Sと対になるHF5バンドの受信機です．最大の特徴はトランシーブ操作ができることで，送信機側のSSB生成周波数を機種（バンド）ごとに変える構成でこれを実現しています．ただし本機にRITはありません．

回路はコリンズ・タイプのダブルスーパーです．第2IFが455kHzなので8.9〜9.5MHzの第1IFのすぐ隣にイメージ周波数が来ます．そこで第1IFをバンドパスとせずVFOと連動する同調回路を入れています．

ダイヤルは1回転50kHzで1kHz直読，少々少なめですが扱いやすい減速比です．本機は3.5MHz，7MHzで逆ダイヤルとなるので，あまり減速比を大きくすると使いにくくなるという事情もあったものと思われます．機能を絞ったのでパネル面はシンプルですが実用性の高い受信機でした．

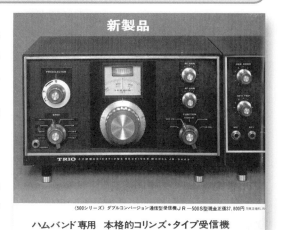

（500シリーズ）ダブルコンバージョン通信型受信機ＪＲ−500Ｓ型現金正価37,800円 ※別正価表示…

ハムバンド専用　本格的コリンズ・タイプ受信機

八重洲無線 **FT-50**

5.17MHzの中間周波数を持つHF 5バンドのトランシーバです．シングルスーパーですので最大25MHz弱の局発を必要とします．そこで本体には安定させやすいVXOを装備しVFOは外付けという形になっていますが，このリグは移動運用も考慮して作られているのでモービル運用などはVXOで，固定ではVFOでという使い方を想定していたのかもしれません．

本機はSSB，CWで入力50W，それなりにパワーもありました．ファイナルは12BB14パラレルです．小型テレビではよく使われた球ですが，量産されたリグに使われたのはおそらく本機だけでしょう．

電源，スピーカ内蔵，VFOを付けても65,000円という価格にも大きな魅力のあったリグですが，FL-50/

FR-50と同様にVFOの周波数が高くなるハイバンドでは安定度に難がありました．でも当時の無線雑誌の写真を見ると本機と外付けVFOで移動しているOMさんがたくさんいらしたようです．そんなに重くもなく，価格，サイズ共に手頃だったのでしょう．

八重洲無線 **FTDX400**

国内向けでは入力400W（DC），海外向けでは入力500Wpepというハイパワーを売りにしたトランシーバです．

終段は6KD6パラレルで国内外の200W機で多用された球です．送信管由来の球では真似できないような大電流を流すことができました．

回路はコリンズ・タイプのダブルコンバージョンです．第2IFを3.18MHzと低く取って特性の良いクリスタルフィルタを用いています．VFOは8.9〜8.4MHz，単一周波数とすることで安定度を向上させました．

当時としては高価格になりますが，まだ100W機ですら少なかった時代です．付属回路も豊富で完全にオールインワンでしたので，本機は十分価格に見合ったものでした．

FTDX400は発売後にVFOをFETによるものに変えたり，周波数をずらしたりしていますが，一番変更が多かったのはダイヤル・メカ部分でしょう．1回転50kHzのダイヤルから二重ダイヤルに，1回転25kHzになった後に目盛りは100kHzでダイヤルを更に減速するタイプへと何度もマイナ・チェンジが行われています．

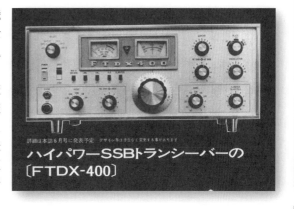

ハイパワーSSBトランシーバーの〔FTDX-400〕

米国QST誌は1968年6月に初めて日本製リグを大々的に紹介していますが，それが本機です．米国の代理店がSPECTRONICSに変わり初めてYAESUの名前が前面に出ました．米国での価格は＄600と抑えめでしたが，これはスターの100W送信機ST-700E（＄555）を意識したものと思われます．ちなみに受信機SR-700Eは＄395でした．

F型SSBジェネレーター
球付完成品　9,000円
球無完成品　8,000円

八重洲無線　F型SSBジェネレーター

クリスタルフィルタと真空管3本，IFT2つを載せたSSBジェネレータのプリント基板です．詳細は不明ですが，形状，構成はFL-50，FT-50のジェネレータ部と同じように見えます．その場合の出力周波数は5.17MHzです．

ユニーク無線は東京・池袋の部品ショップでダブレットなどのアンテナ・キットを販売していましたが，1967年にUSG-5000という9,500円のSSBジェネレータとUTX-8010という19,500円のオールバンド・ミキサを発売します．

このUTX-8010はミキサと言いながらPAボックスを持つ本格的な製品で，この両者を組み合わせると入力120WのSSB，CW用5バンド送信機が出来上がるようになっていました．このセットの型番がUL-120です．

IFは5MHz，いったん各バンドに展開してから8.5〜9MHzの外付けVFOを混合するようになっており，ALCも装備していましたが，VFO以外にも500V，250V，150V，−150Vそして6.3Vの電源を外付けする必要がありました．

このUL-120をケースに収めた製品がUL-120Cです．発注後，納期が3週間必要でした．

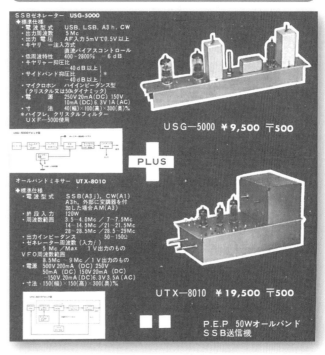

ユニーク無線　UL-120

SSBゼネレーター　USG-5000
＊標準仕様
・電波型式　　　USB, LSB, A3 h, CW
・出力周波数　　5Mc
・出力電圧　　　入力5mVで0.5V以上
・キャリヤー注入方式
　　　　　　　　直流バイアスコントロール
・低周波特性　　400〜2800％　　−6dB
・キャリヤー抑圧比
　　　　　　　　−40dB以上
・サイドバンド抑圧比
　　　　　　　　−40dB以上
・マイクロホン　ハイインピーダンス型
　　（クリスタル又は50kダイナミック）
・電源　250V 20mA(DC) 150V
　　　　　10mA(DC) 6.3V 1A(AC)
・寸　法　40（幅）×100（長）×300（高）％
＊ハイフレ，クリスタルフィルター
　　UXF−5000使用

USG−5000　￥9,500　〒500

PLUS

オールバンドミキサー　UTX-8010
＊標準仕様
・電波型式　　　SSB(A3 j), CW(A1)
　　　　　　　　A3h, 外部に変調器を付
　　　　　　　　加した場合AM(A3)
・終段入力　　　120W
・周波数範囲　　3.5〜4.0Mc／7〜7.5Mc
　　　　　　　　14〜14.5Mc／21〜21.5Mc
　　　　　　　　28〜28.5Mc／28.5〜29Mc
・出力インピーダンス　50〜150Ω
・ゼネレーター用周波数（入力）
　　　　　5Mc／Max　1V出力のもの
VFO周波数範囲
　　　　　8.5Mc〜9Mc／1V出力のもの
・電源　500V 200mA(DC) 250V
　　　　50mA(DC) 150V 20mA (DC)
　　　　150V 20mA(DC) 6.3V 3.5A(AC)
・寸法　150（幅）×150（高）×300（長）

UTX−8010　￥19,500　〒500

P.E.P　50Wオールバンド
SSB送信機

井上電機製作所（アイコム）　**IC-700R　IC-700T**

　VHFトランシーバが好評だった井上電機製作所が初めて発売したHF機です．IC-700Rは主要部分に接合型FET MK-10-2を使用した9MHz IFのシングルコンバージョン受信機です．このFETは2SK19とほぼ同等で各段とも中和を取っての使用です．1回転50kHzのダイヤルを持つRIT付きVFOはバンド別に発振させていますが，高い周波数にIFを取ったために局発の周波数は最高でも20.5MHzまでに留まっています．

　IC-700Tは混合，励振に12BY7A，ファイナルにS2001パラレルを使用した50W出力の送信機で，この4球以外はすべてシリコン・トランジスタで構成されています．IFはIC-700Rと揃えてあり，局発をIC-700Rから受け取ることでトランシーブ操作が可能になっていました．

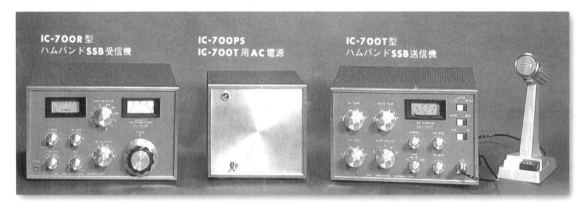

スター　**SR-200**

　1650kHzにIFを持つシングルスーパー受信機です．SR-500から始まる一連のシリーズと同様にバンド別の直接発振型局発を持っていますが，バッファを入れることで安定度を上げ，さらに21MHz帯以上は高調波を利用することで引っ張りを軽減しているとPRされていました．ダイヤルは20kHz目盛り，3.5MHzのキャリブレータも内蔵しています．回路は高1中2です．

　シンプルかつ実用的な回路となっていましたが，残念なことに本機はスター最後のリグとなりました．

八重洲無線　**FTDX100**

　FT-100の28MHz帯は28.5～29MHzのみとなっていましたが，これを3バンドにしてフルカバーするようにしたものです．ダイヤルにもトルク調整が付きました．トランジスタが急速に進化した時期でもあり，FT-100のIF信号系のトランジスタ2SA93がすべて2SA469に置き換わっています．

　FTDX100，前のFT100に28Mc帯の2波（28.5～29.0，29.0～29.5）が追加された．さらに，任意の周波数で2波が発射できるよう改良されたものである．さらに，主ダイヤルの回転具合（ツマミの回転を軽くしたり重くしたり）が調整できるようになり一段と使いやすくなった．118,000円

八重洲無線　**FRDX400　FLDX400**

　FRDX400はコリンズ・タイプのダブルスーパー受信機です．第1IFは5.955～5.355MHz，第2IFは455kHzでメカニカルフィルタを使用しています．VFOは5.5～4.9MHzですが，上端で第1IFのパスバンド内に入ってしまうのでVFOに連動した複同調回路を第1IFの出力部に挿入してありました．

　初期の高級機であるFR-100の後継でありFR-50よりも高価格になっていますが，回路はそれにふさわしいものです．4つのフィルタ，50MHzと144MHzのクリコンやFM検波回路などが用意されています．

　1.9～28MHz帯をカバーし27MHz帯やJJYにも対応していますが，グレードによってはバンド水晶やフィルタがオプションになっていて，スタンダード(49,000円)とデラックス(62,800円)がありました．SSB，AM，CWのメカフィルやVHFのクリコン，FM関連などオプションをフル装備したスーパーデラックス84,500円は発売後に追加されています．

　FLDX400は455kHzでUSBを作り，次に9MHzに持ち上げるところで局発を切り替えてLSB/USBの切り替えを行い，バンド別水晶，VFOの順に混合していくトリプルコンバージョン・タイプの送信機です．FTDX400，FTDX401やその派生機と両機はデザインが合っていますが，回路的な共通点はほとんどありません．VFO周波数，SSBフィルタなどほぼすべてが異なっています．強いて言うならばRF，IF信号系統を真空管で構成しているという点が同じです．

　1969年前後の主要SSB機は，「10万円」がひとつの基準になっていたようです(**表**参照)．

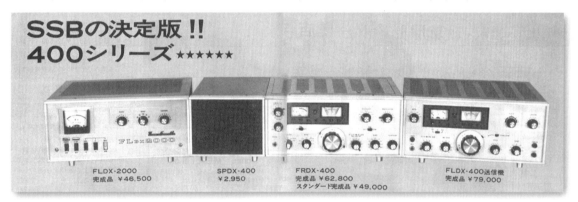

SSBの決定版!!
400シリーズ★★★★★

FLDX-2000　完成品　¥46,500　　SPDX-400　¥2,950　　FRDX-400　完成品　¥62,800　スタンダード完成品　¥49,000　　FLDX-400送信機　完成品　¥79,000

1969年終わりごろの主要機種は10万円が一つの基準

メーカー名	機種名	価格	出力
トリオ	JR-599/TX-599	157,000円	100W
八重洲無線	FRDX400/FLDX400	128,000円	100W
八重洲無線	FTDX400	118,000円	200W
八重洲無線	FTDX100	118,000円	50W
トリオ	TS-510S	115,700円	100W
スバル電気	3SB-1(送信機)	106,000円	100W
フロンティアエレクトロニクス	SUPER600	99,800円	100W
トリオ	TS-510D	98,700円	100W
トリオ	TS-510X	98,500円	10W
井上電機製作所	IC-700T／IC-700R	97,500円	50W
トリオ	JR-310/TX-310	89,600円	10W
八重洲無線	FT-400S	89,000円	10W
八重洲無線	FT-200	87,000円	100W
トリオ （1971年初頭発売）	TS-311	77,000円	10W
八重洲無線	FR-50B/FL-50B	64,300円	10W

注）出力は一部定格入力から換算．DC，pepは混在している．価格はAC電源込み．
　　FTDX400は「FTDX-400」，「FT-DX400」，「FT-DX-400」などの表記もあり．

1968年

杉原商会 **SS-40**

VHFトランシーバ SS-6の発売広告に記載されていた7MHzの，恐らくSSB用であろうリグですが詳細は不明です．その後すぐに広告から消えました．

フロンティアエレクトリック **SUPER600GT**

SH-100を発売していたフロンティア電気が，社名を変えてから発売した大型のHF機です．ファイナルは6146Bパラレルで入力は230W DC（後に200Wへ変更）とハイパワー，1kHz目盛り500Hz直読のVFOと車載時を想定した4波切り替えのVXOを内蔵し，9MHzクリスタルフィルタを使用しています．

真空管は5本で他はソリッドステート，FETも3本使用しています．面白いのはスピーカ・ボックスに内蔵可能なDCコンバータの設計です．DC12Vから直接各部に必要な電圧を作るのではなくAC100Vを作り出して改めてAC電源を通すようになっていました．

八重洲無線 **ST-200**

先にスターより発売された受信機SR-200とラインで使うことを想定した送信機です．このタイミングでSR-200の発売元も八重洲無線に変わりました．5MHzのクリスタルフィルタを用いたシングルスーパーで局発はVXO，ファイナルは6JM6A，出力は10Wです．本機の周波数構成はSR-200と異なっているためSR-200のVFOを利用してのトランシーブ操作はできません．

VFOが必要な場合はFL-50/FT-50用のVFO（FV-50Bなど）を使用し，キャリブレーションを取りながら使用するようになっていました．

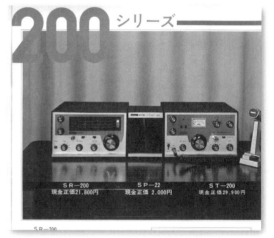

摂津金属工業 **S-77R S-77T**

IDEALブランドのケース・メーカー，摂津金属工業が発売したSSB送受信機ケース・キットです．電子回路は含まれておらず，自作の回路をこのケースに組み込んでもらえばきれいな自作品が作れますということなのですが，横長の斬新なデザインでセット・メーカーへの提案的要素も入っていたのではないかと思われます．

注目すべきは受信機S-77R Sky HunTERのダイヤル表示で，ダイヤルも周波数表示も2つあります．

2波受信に対応しているようです．逆に送信機 S-77T Sky CHALLANGER は送信調整つまみが2つ，もしくは1つしか用意されていません．

　通常より少ないつまみ数です．実は本機の発表の半年後に米国のSignal/One社が2波対応で送信調整不要モード付き，さらにデジタル周波数表示まで装備した弩級トランシーバCX-7を発売しています．

　製品のレベルには差があるかもしれませ

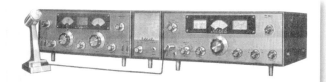

Sky HunTER
（受信機S-77R）
受信周波数範囲 3.5～30MHz
受信電波型式　CW, AM, SSB

Sky CHALLANGER
（送信機 S-77T）
送信周波数 3.5～50MHz
送信電波型式　CW, AM

んが，同じ時期に日米双方で同じ考え方があったことには少々驚かされます．

トリオ（JVCケンウッド）**TS-510**

　トリオのSSBトランシーバ第2弾で，S2001パラレルで入力160W（DC），600kHz幅のVFOを搭載したモデルです．デザインは前機種TS-500に似ていますが，内容はまったく違います．ALCは増幅型，AGCは尖頭値ホールド，自然なヒステリシスが得られるネオン管式VOX，CWサイドトーン付き，ドライバ段も中和を取るようになり，マイク・アンプにデカップリングを入れました．マーカは25kHzです．CWフィルタも装着できます．RFゲイン・コントロールはAGCの動作を変えるタイプでSメータ指示が変わらないのが特徴です．今は皆このタイプになりましたが，当時はSメータと関係なく動作するタイプが主流でした．

　主要回路はプリント基板3枚に集約され，内部配線も激減しています．SSBに自信があったためでしょうか，本機はAMに対応していません．また本機からダイヤル指針が3本になっています．フィルタ方式のSSB機ではLSB，USBを切り替えるとキャリア周波数が3kHzずれてしまうのですが，初めからLSB/USBで別指針を用いることでこのずれを補正するようにしたものです．以後同社はアナログ表示VFOすべてでこの3本指針を使用します（**写真参照**）．

　なお本機の初期型ではDRIVE同調の連動部にゴム・ベルトを使用していますが，これは旧JIS規格でG-55というO（オー）リングが使われていて，今でも入手可能です．途中からここはチェーンに変わっています．

● TS-510X　TS-510D　TS-510S

　TS-510の10WタイプとしてTS-510Xが発売されると，これと区別するために従来のTS-510はTS-510Dと改番されました．このTS-510DにCWフィルタとキャリブレータ水晶を実装した高級機がTS-510Sです．

電源およびスピーカー
PS-510
現金正価 18,100円

SSBトランシーバー
TS-510
現金正価 79,200円

リモートVFO
VFO-5D
現金正価 17,000円

ダイヤル指針の様子

八重洲無線 **FT-200** (シルバー・パネル/ブラック・パネル)

ローコストを目指して開発されたプリミクスタイプのシングルコンバージョンのトランシーバです．局発を減らすために逆ダイヤルを容認し，CWのキャリア発振をSSBキャリア発振の片側で行っています．LSB，USBの切り替えは自動でできますが，CWを送信するためには一部のバンドで逆サイドバンドを選択する必要が出ました．

しかし増幅型AGCやVOX，CWブレークイン，CWサイドトーン，キャリブレータなど，その後必須とされた付属回路をすべて装備していたためか，とても息の長いリグとなりました．もちろん1kHz直読，VFOはバリコンの温度変化も考慮した2重温度補償，真空管式リグとは思えない安定度を実現しています．入力は240Wpep，パワーも十分です．

本機のデビュー時，パネルは金属色のシルバーでした．このため前期型はシルバー・パネルと呼ばれています．1970年頃，ブラック・パネルの後期型に切り替えられますが，この時にファイナル回りの設計も変更されています．シルバー・パネルは基本的に100Wのみで10Wタイプは特注，ブラック・パネルは出力100WのFT-200と出力10WのFT-200Sの2種類があります．

なお余談ですが，福島県に八重洲無線が作った長沼工場(1973年開設の須賀川工場とは別の工場)の最初の量産品はこのFT-200で，後にFT-50が加わりました．

マイク別

FP-200S 17,000円　FT-200S 67,500円

FT-200 正価 ¥69,000
AC電源・スピーカ付 ¥18,000

トリオ(JVCケンウッド) **JR-310 TX-310**

50MHzまでをカバーするセパレート型SSB機です．JR-310はダブルコンバージョンのHF受信機に50MHz帯のクリコンを付けたもので，クリコン部とVFO，BFOのみが半導体化されています．455kHzのIFには簡易型のメカニカルフィルタが実装されており，通信仕様のメカフィルはオプションでした．

TX-310はVXO式のSSB送信機です．50MHz帯に対応するためか10W専用機でありながら終段にはS2001を採用しています．28MHz帯，50MHz帯ではドライバ12BY7Aを2段重ねにした3段増幅で10Wを取り出しています．

このラインはデザインが良く受信機のVFOでトランシーブできるなど連動性もFBなため，初級対象のリグとしては広く受け入れられました．

新製品

通信機用スピーカー SP-10型 現今正価 3,260円　通信型受信機 JR-310型 現今正価 39,800円　SSB送信機 TX-310型 現今正価 49,800円

スバル電気　3SB-1

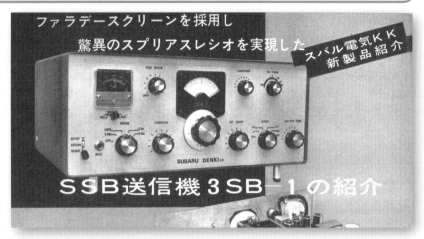

　スプリアス・レシオ80dBという驚異的な公称値を持つSSB送信機です．不要サイドバンド−50dBなど，他の数値も抜きん出ています．

　メーカーではファラデー・スクリーン採用をPRしていますが，これは今日でいうところのファラデー・ゲージと微妙に違う製品のようであり，バンド別コイルの横に銅箔板を置いたような構造となっています．

　500kHz幅のVFOを内蔵しており28MHz帯は任意の500kHz幅2バンドとなっています．SSB発生は455kHzのメカニカルフィルタ，9MHzのIFを経てバンド別MIX，VFO　MIXという構成です．VFOを最後に混合しているのは各段の同調を複同調としているためでしょう．

八重洲無線　FT-400S

　これはFTDX400ベースの10Wトランシーバです．

　AMには対応していませんが，それ以外の付属回路はほぼ網羅していて実用的なSSB機に仕上がっています．

　FTDX400と違ってファイナルは6JS6Aです．他にも送信クラリファイアの省略，固定チャネルの廃止，外付けVFO対応などの変更点がありますが，アンテナ回路にTVIフィルタを入れたり，電源にライン・フィルタを入れるなどの改良も行われています．

　本機は電源に余裕がありシャーシに穴を開けてあるため，ファイナルをパラレルにして電源電圧を変更することで100W機にすることが可能でしたが，100W機そのものは発売されていません．

マイク別

SP-400	FT-400S	FV-400S
4,300円	89,000円	19,500円

トリオ（JVCケンウッド） **JR-599 TX-599**

　トリオが当時最高級を目指して作ったラインです．受信機　JR-599は1.9～144MHz帯をカバーするもので FM 検波回路も持っていました．最高級バージョンの Custom Special では各モード別のフィルタも装備しています．高級バージョン Custom Great では144MHz帯クリコンと AM フィルタがオプション，Custom Deluxe では AM，CW フィルタと VHF 帯がオプションというようにグレードごとに差がありますが，HF-SSB 機としての性能はどれも変わりません．フロントエンドには 3SK22 を使用し，フィルタを通過した後は TA7045 で増幅をしています．

　送信機，TX-599 は S2001 パラレルの入力160W（DC），出力80W（DC）の送信機です．3395kHzのクリスタルフィルタを使用した IF の後に 5.5～4.9MHz の VFO を混合し，その後バンド別局発を混合する構成となっています．

　これは TS-510 や TS-520 など，当時のトリオの HF トランシーバと同じ周波数構成です．

　JR-599 と TX-599 の間は16ピンのケーブルで接続しますが，ここには VFO や VOX のアンチ・トリップ信号だけではなくバンド別局発信号も流れています．受信側の VFO を送信時に使用してもバンド別局発水晶の状態によっては送受信の周波数がずれてしまうことがありますが，それを防止するためにバンド別局発の出力も受け取っているのです．ただしコイルの切り替えなどがあるので，バンド・スイッチそのものが自動連動しているわけではありません．

フロンティアエレクトリック **SUPER600GT A**

　SUPER600GT の受信感度並びに送信時の音質を改善した製品です．ファイナルは RCA の 6146B をパラレルで使用しています．

八重洲無線 **FR-50B FL-50B**

　大ヒットのライン構成機 FR-50/FL-50 の改良版です．受信機 FR-50B はスピーカを内蔵し，キャリブレータ回路を組み込み，BFO を可変にして CLARIFIER 代わりに使えるようにしています．また送信機 FL-50B では送信出力部に TVI フィルタを追加し VOX 回路を組み込めるようにシャーシに穴を空けています．

マイク別

FL-50B　FR-50B
34,500円　29,800円

　外付け VFO もデザインを合わせるために FV-50C にモデルチェンジしました．

　高い周波数を直接 VFO が発振するため，さすがに28MHz帯では安定度に難がありましたが，本機は低価格であり入門級 SSB 機として高い評価を受けました．

Column　USB, LSB の使い分けができた理由

SSBのサイドバンドの使い分けの件は皆さんもご承知のとおりです．おおよそ7MHz帯と10MHz帯の間を境にして上はUSB，下はLSBを使います．ではなぜこのような使い分けが始まったのでしょうか．IF周波数が原因であるという話を聞くことはありますが，決定的な解説はないようですので，改めて筆者が推測してみました．初期の話なのでシングルコンバージョンで考えてみます．

表Aをご覧ください．SSBジェネレータが9MHzの場合，5MHzの場合について考察しました．9MHzの場合に5～5.5MHzのVFOを使用すると3.5MHz帯と14MHz帯でVFOが共用できます．でも側波帯の反転は起こりません．さらに7MHz帯だけはスプリアスの都合で上側へテロダインにしないとまずいのですが，そうすると側波帯が反転してしまいますから3.5MHz帯，7MHz帯でLSB/USBが違ってしまいます．28MHz帯のスプリアスも致命的です．IFが9MHzの場合，一番作りやすいのは全バンドLSB，もしくは14/21MHz帯だけUSBで他はLSBのリグです．IFが5MHzの場合も14MHzを上側へテロダインにしないとスプリアスが出ますが，そうすると14MHz帯は3.5/7MHz帯と同じ側波帯になってしまいます．結局のところ9MHzIF，5MHzIFではLSB/USBの使い分けは説明がつきません．この使い分けは1945年からの10年間で定まったようです．というのは，アマチュア無線のSSBは第2次大戦後に始まったのですが，1955年発売の初のアマチュア向けSSB送信機KWS-1（コリンズ社）にはもうLSBが装備されていたか

らです．コマーシャル・ステーションはUSBしか使わないので，送信機のLSBはアマチュア無線機特有の装備です．この時代のジェネレータはジャンクのFT-243型水晶発振子を利用していたはずなのですが，この水晶の上限周波数はあまり高くなく，米軍放出水晶を利用した八重洲無線の「SSBゼネレータ」も2MHz台（～3.2MHz）でした．そこで**表B**のように2.5MHzで改めて考察をしてみますと，7MHzまでは上側（反転），それ以上は下側（非反転）とすると極めて都合が良いことがわかります．市販機のない手作りの時代ですし実験的な試みですから回路はシンプルであることが望まれ，2.5MHz台のジェネレータにVFO，もしくはVXO出力を混合して目的周波数にするという設計だったと思われます．ジェネレータのフィルタにラダー型を使う場合はUSBの方が作りやすいということも忘れてはなりません．上側へテロダインではサイドバンドの逆転が生じますから，上側へテロダインをするローバンドではLSBが発射され下側へテロダインのハイバンドではUSBが発射されるということになって現在に至ったのではないでしょうか．

さて，ここまでは送信の観点から見てきましたが受信ではどうだったのでしょう．当時使われていたのはBFOを併用したAM受信機だったはずです．BCLラジオでSSBを受信してみればすぐに気がつきますが，AMの帯域でBFOが中心周波数にセットされていればLSB，USBの切り替えは必要ありません．つまり受信側では気にせず受信できたということのようです．

表A　IFと局発の関係（IF 9MHz, 5MHzの場合）

IF	送信周波数	局発（下側）	判定	反転	局発（上側）	判定	反転
9MHz	3.5MHz帯	5.5～5MHz	○	なし	12.5～13MHz	○	あり
	7MHz帯	2～1.5MHz	×	なし	16～16.5MHz	○	あり
	14MHz帯	5～5.5MHz	○	なし	23～23.5MHz	○	あり
	21MHz帯	12～12.5MHz	○	なし	30～30.5MHz	△※2	あり
	28MHz帯	19～20.7MHz	×※1	なし	37～38.7MHz	△※2	あり
5MHz	3.5MHz帯	1.5～1MHz	×	なし	8.5～9MHz	○	あり
	7MHz帯	2～2.5MHz	×	なし	12～12.5MHz	○	あり
	14MHz帯	9～9.5MHz	×※1	なし	19～19.5MHz	○	あり
	21MHz帯	16～16.5MHz	○	なし	26～26.5MHz	○	あり
	28MHz帯	23～24.7MHz	○	なし	33～34.7MHz	△※2	あり

判定　×：局発の高調波が送信周波数に入り込む
　　　×※1：局発の2倍からIFを引いたスプリアスが致命的　△※2：周波数が高くて局発が作りにくい

表B　IFと局発の関係（IF 2.5MHzの場合）

IF	送信周波数	局発（下側）	判定	反転	局発（上側）	判定	反転
2.5MHz	3.5MHz帯	1～1.5MHz	×	なし	6～6.5MHz	○	**あり**
	7MHz帯	4.5～5MHz	×※1	なし	9.5～10MHz	○	**あり**
	14MHz帯	11.5～12MHz	○	**なし**	16.5～17MHz	○	あり
	21MHz帯	18.5～19MHz	○	**なし**	23.5～24MHz	○	あり
	28MHz帯	25.5～27.2MHz	△※2	**なし**	30.5～32.2MHz	△※3	あり

判定　×：局発の高調波が送信周波数に入り込む　×※1：局発の2倍からIFを引いたスプリアスが致命的
　　　△※2：局発と送信周波数が近い　△※3：局発と送信周波数が近い．周波数が高くて局発が作りにくい

第4章　VHF通信の始まり

時代背景

　VHFの実用化はレーダーとテレビ放送が大きな力になりました．テレビの実験放送は1939年に始まっていますし，レーダーの実用化に目途が立ったのも同じ頃です．第2次世界大戦を経て，1953年には白黒テレビの本放送が始まりテレビ受像機も発売されます．VHF用部品が一般に出回り始めたのです．

　アマチュア無線再開は1952年ですが，**表4-1**のように当初からアマチュアバンドは10GHzまで割り当てがな

表4-1　アマチュア無線再開時の周波数割り当て

日本アマチュア無線外史より引用　JA1CA 岡本次雄氏、JA1AR 木賀忠雄氏著　電波実験社

1952年(昭和27年)6月19日割り当て

周波数	電波型式	空中線電力
7032.5kHz, 7065kHz, 7075kHz	A1	500W以下 無周測器の場合 10W以下
7050kHz, 7087.5kHz	A3	
14010〜14340kHz（有周測器）	A1, A3	
14080〜14270kHz（無周測器）		
21013〜21437kHz（有周測器）	A1, A3	
21120〜21330kHz（無周測器）		
28025〜29675kHz（有周測器）	A1, A3, F1, F2, F3	50W以下
28200〜29500kHz（無周測器）		
50.35〜53.65MHz	A1, A2, A3, F1.F2, F3	
145〜147MHz	A1, A2, A3, F1.F2, F3	
1231〜1284MHz	A1, A2, A3, F1.F2, F3	
2340〜2410MHz	A1, A2, A3, F1.F2, F3	
5730〜5770MHz	A1, A2, A3, F1.F2, F3	
10140〜10360MHz	A1, A2, A3, F1.F2, F3, P	

1953年(昭和28年)5月13日追加割り当て

周波数	電波型式	空中線電力
3520kHz, 3524kHz	A1	上記の7MHzに同じ
3504kHz, 3510kHz	A3	

1954年(昭和29年)5月12日改正

周波数	電波型式	空中線電力
3500〜3575kHz	A1, A3	500W以下 無周測器の場合 10W以下
7000〜7100kHz		
14000〜14350kHz		
21000〜21450kHz		
28〜29.7MHz	A1, A2, A3, F1, F2, F3	50W以下
50〜54MHz	A1, A2, A3, A4, F1, F2, F3, F4	
144〜148MHz		
1215〜1300MHz	A1, A2, A3, A4, F1, F2, F3, F4, F9, P0, P1, P2D, P2E, P2F, P3D, P3E, P3F	制限なし
2300〜2450MHz		
5650〜5850MHz		
10000〜10500MHz		
4200kHz（非常用）	A1	

注)kc, McはkHz, MHzに修正している

されています．144MHz帯までは当時すでに用途を想定しはじめていたのかガードバンドを多めにしていたようで，50MHz帯は350kHz，144MHz帯では1MHzを取っているように見受けられます．しかしアマチュア無線の再開時からSHFまでアマチュアに周波数割り当てがあったというのは，今思えば画期的なことで，当時の文献では多くの先進的ハムが高い周波数に挑戦していたこともわかります．

メーカー製リグによるVHFの活性化はもう少し後になります．1960年ぐらいから機器が発表され始め，1963年ごろからはそれが出揃うようになります．HFでのAM機についてその売れ筋がはっきりしてきたあたりで，新規に参入する会社が50MHz帯を足掛かりにするようになったのです．

写真4-1　IFがあまりにも低いのでVFOと高周波同調を連動させているリグも多かった　写真のFDAM-2は第1IFが2MHz

本章は1967年までを区切りとしていますが，この頃はちょうどメーカーごとの優劣がはっきりしてきた時期に当たります．といっても1強が誕生したわけではないところが興味深いところで，結果的に分野をすみ分けつつ複数社が次の時代へと進んで行きました．

免許制度

1959年から電信級，電話級の試験が始まります．HF帯と違ってVHF帯で通信をする限りでは上限は50Wでしたし，実際には10Wを超えるリグもなかなか発売されなかったため，VHF帯は初心者も上級者と同様に楽しめる場所でした．

業務無線でVHF帯の需要が増えたため1960年に144MHz帯は半分に削減されています．そしてその代替に435MHzがスポット周波数で割り当てられました．430MHz帯は1964年に430〜440MHzのバンド割り当てに変わっています．

受信機

簡単な構成で高感度が得られることから初期の受信機の多くは超再生です．選択度は悪いのですが，まだバンドがガラガラだった時代ですから十分実用性があったようです．選択度が悪いということは，送受信で周波数がずれていても困らないということにもつながります．

その後はシングルスーパーの製品も出始めます．いきなり低い周波数に落としてしまうとイメージ比が取れませんが，やはりバンドが空いていればそれはあまり問題にはなりませんから極めて低い第1IFが設定されていました（**写真4-1**）．

扱いやすい低い周波数に早く落とすということが優先されていたわけです．

受信設備に力を注いでいる局はクリコン（水晶発振を局発に持つコンバータ）でHFに落とす手法も利用していました．親機に高1中2の受信機を使った場合はコリンズ・タイプのダブルスーパーが構成されFBな性能が得られましたが，AM受信機はFMの検波器を持たないのである時期からは使われなくなり，その後VHF-SSBのためのトランスバータという形で復活します．

送信機

初期の頃は回路が簡単な自励発振が主流でした．安定度は悪かったようですが，前述のように受信側は超再生ですから，バンドを逸脱しなければ良いという考え方もあったようです．

その後は安定度を改善した自励発振や水晶発振が使われるようになりますが，どちらも一長一短でさまざまなリグが生まれました．車載であれば水晶発振が有利で，FM機の場合は低い周波数でベクトル合成変位変調を掛けてから逓倍して50MHz帯なり144MHz帯なりに持っていく構成が普通でした．

写真4-2　初期のリグの多くが送信は水晶発振(左つまみ)，受信はVFO(右つまみ)の形式だった

送受信機

　VHF帯の特徴はアンテナが短いことですからポータブルや車載を考慮したリグがいくつも発表されますが，これらの用途では送信機と受信機をコントロール・ケーブルでつなぐという運用形態は無理があります．このため早くから送信機と受信機を1筐体に収めた送受信機(トランシーバ)が作られるようになりました．

　しかし送信機は逓倍式ですから受信回路を送信機の周波数構成に合わせることはできず，受信機はイメージ混信覚悟の構成ですから，受信機に合わせた送信機を作るわけにもいきません．このため筐体は1つでも回路は別々という共有部分のないトランシーバが生産されます．

　HF帯のAM送受信機と同様に送受信周波数を一致させるキャリブレーション操作を行っての通信が一般的となりました．

　ハンディ機の場合，当初，送信は自励発振，受信は超再生だったものが，送信は水晶発振，受信はVFO(**写真4-2**)となり，最後には送受信別々のVFOへと進化していきます．

　しかし車載機での運転中のキャリブレーション操作は危険を伴います．このため送受信共に水晶制御の車載用トランシーバが開発されます．送信と受信で回路構成が違っていても1つのスイッチで送受信それぞれの水晶発振子を切り替えられれば問題はないわけです．操作性が良いのでFMトランシーバではこの構成が一般的となりました．

　当初は1chの製品もありましたが，時代の終わりごろには6ch切り替え，実装2〜4chというのが標準的になります．

　周波数が高いので，リグ内部の配線は最短にする必要があります．このため空中配線があるのは珍しくありませんでした(**写真4-3**)．またゲルマニウム・トラン

写真4-3　空中配線はあたりまえの時代だった

写真4-4　アース切り替え
間違えて動かすと大変なことになった！

ジスタを安定して動かすためにはプラス・アースの方が有利でしたので，プラス・アースのリグも数多くありました．当時の自動車のアース(フレーム)の極性も統一されていなかったため，アースの極性(**写真4-4**)に気を配るのが当たり前だったのです．

　この時代の重要なパーツとしてはファイナルに使われた6360という真空管が挙げられるでしょう．この真空管はカソード共通の双4極管でプレート損失合計14W　最大周波数200MHz，入力容量 6.2pF，出力容量2.6pF，帰還容量 0.1pFという優れものでした．このためDC-DCコンバータを搭載したうえで横置きした6360をファイナルに使用したモービル機が50MHz帯／144MHz帯双方でいくつも発表されています．6360が使われなくなったのはトランジスタの価格が低下し性能が向上した1968年頃からです．

VHF通信の始まりの時代の機種 一覧

発売年	メーカー	型番	種別	価格(参考)
		特徴		
1948	電元工業狛江工場	RUA-478	受信機	
	30～100MHz　AM，FM　サインVHFスーパー　　BFO付き			
1956	三田無線研究所	50/144Mc送信機	送信機	5,900円(キット)
	50/144MHz　平行線を利用したオープン型送信機　終段832A　変調器別			
1957	山七商店	TXV-1	送信機	19,000円(真空管付き)
	50MHz　AM　出力は10～15W　300Ω平衡　ファイナルは2E24			
1958	山七商店	TXV-1A	送信機	19,000円
	75Ω　他はTXV-1と同じ			
	江角電波研究所	R33	送受信機	不明
	50MHz　AM 送受信共自励式			
1959	江角電波研究所	RG-22	送受信機	14,500円
	28 or 50MHz　自励発振・超再生受信　電池式移動用			
	江角電波研究所	RS-22	送受信機	17,900円
	28 or 50MHz　自励発振・シングルスーパー　電池式移動用			
	江角電波研究所	RA-234	送受信機	19,500円
	28 or 50MHz or 144MHz　自励発振・シングルスーパー　電池式移動用			
	湘南高周波研究所	TXV-10N	送信機	2,200円(完成品)
	50MHz　3ステージ送信機，アルミ・シャーシ・タイプ，変調器を含まず.			
	宮川製作所	VHT-10	送信機	7,500円(完成品)
	50MHz　10W　12AT7-5763の3ステージ送信機，変調器付き　300Ω			
1960	江角電波研究所	RT-1	送受信機	14,800円(キット)
	50MHz　AM　200～500mW　超再生検波　水晶発振式　終段3A5			
	江角電波研究所	RX-2	送受信機	9,800円(キット)
	50MHz　AM　200～500mW　超再生検波　水晶発振式　終段3A5			
	高橋製作所	6TS-8A	送信機	9,000円(完成品)
	50MHz　AM　終段6AR5　変調器付き			
	高橋製作所	6TS-8B	送信機	4,800円(完成品)
	50MHz　AM　入力12W　終段6AR5，変調器別　水晶発振式			
	江角電波研究所	RT-1S	送受信機	18,000円(キット)
	50MHz　AM　RT-1のシングルスーパー・タイプ			
	トヨムラ電気商会	TSR-6A	送受信機	5,600円(完成品)
	50MHz　AM　電池管5676とトランジスタ3石を使用した超再生トランシーバ			
1961	神戸電波	KH-206	送信機	18,000円
	50MHz　10～13W　終段は6AQ5　AM，CW　水晶発振			
	江角電波研究所	RX-2A	送受信機	16,500円(完成品)
	50MHz　AM　200～500mWのハンディ・トーキー　送信水晶　受信は超再生			
	江角電波研究所	RT-1A	送受信機	不明
	50MHz　AM　1.5W　超再生検波			
	江角電波研究所	RT-1SA	送受信機	不明
	50MHz　AM　1.5W　IF　4.3MHz　3A5×2以外はトランジスタ化			
	東海無線工業	FTX-51	送信機	6,500円(球なし)
	50MHz　AM　電源・変調器別　終段は6AR5			

第1章

第2章

第3章

第4章

第5章

第6章

第7章

第8章

発売年	メーカー	型 番	種 別	価格(参考)
		特 徴		
1961	トヨムラ電気商会	TEC-6(TEC-SIX)	送信機	6,200円(完成品)
	50MHz　AM　23W入力　電源・変調器別　終段は2E26			
	湘南高周波研究所	TXV-24	送信機	2,525円(配線済み)
	50MHz送信機基板　24W入力　ケース他なし，パネル付き			
	神戸電波	KH-206A	送信機	19,800円(完成品)
	50MHz　CW，AM　10W　マイク，水晶1つを含む			
1962	湘南高周波	TXV-24B	送信機	11,400円(完成品)
	50MHz　AM　21W入力			
	高橋通信機研究所	HVX-50-B	送信機	5,800円(完成品)
	50MHz　終段は5763　変調器別			
	高橋通信機研究所	HVX-144-B	送信機	7,000円(完成品)
	144MHz　終段は5763　変調器別			
	高橋通信機研究所	HVXM-50-B	送信機	9,500円(完成品)
	50MHz　AM　終段は5763　変調器付き			
	高橋通信機研究所	HTRV-50-B	送受信機	16,000円(完成品)
	50MHz　AM　8W　電源内蔵　シングルスーパー			
1963	江角電波研究所	MS-6BA	送受信機	9,800円(完成品)
	50MHz　AM　100mW　受信は超再生　7石			
	江角電波研究所	MS-7A	送受信機	11,200円(完成品)
	50MHz　AM　200mW　受信は超再生　7石			
	徳島通信機製作所	MZ65A	送受信機	7,200円(水晶別)
	50MHz　AM　300mW　受信は超再生　オールTr			
	高橋通信機研究所	HTRV-50-D	送受信機	16,000円(完成品)
	50MHz　AM　8W　電源内蔵　ダブルスーパー			
	江角電波研究所	MR-3S	送受信機	22,900円(完成品)
	50MHz　AM　0.8W　4.3MHz/455kHzのダブルスーパー　オールTr			
	トリオ	TX-26	送信機	12,200円(キット)
	50/144MHz　2E26シングル　10W　電源変調器なし			
1964	福山電機研究所	FM-50P　FM-50/P	送受信機	不明
	50MHz　FM　0.5W　オールTr　ポータブルを想定　1ch　2SC31ファイナル			
	福山電機研究所	FM-50V　　FM-50/V10	送受信機	59,900円(完成品)
	50MHz　FM　10W　モービルを想定　1ch　6360ファイナル			
	福山電機研究所	FM-50M(初期型)	送受信機	69,000円(完成品)
	50MHz　FM　10W　固定運用を想定　1ch　6360ファイナル			
	福山電機研究所	FM-144P	送受信機	不明
	144MHz　FM　0.5W　ポータブルを想定　1ch			
	福山電機研究所	FM-144V	送受信機	59,900円(完成品)
	144MHz　FM　10W　モービルを想定　1ch　'65/1 広告表記では5W			
	福山電機研究所	FM-144M(初期型)	送受信機	不明
	144MHz　FM　10W　固定運用を想定　1ch　'65/1 広告表記では5W			
	トヨムラ電気商会	TSR-6C	送受信機	8,600円
	50MHz　入力0.2W　AM　超再生受信　6石　ファイナルは2SC38			

発売年	メーカー	型　番	種　別	価格（参考）
	特　徴			
1964	江角電波研究所	**RS-45B**	送受信機	33,600円（完成品）
	28or50MHz AM　1.5W　21石　キットはユニット，ケース，マイクのセット			
	江角電波研究所	**MS-15A**	送受信機	19,800円（完成品）
	28or50MHz AM　0.2W　15石　キットはユニット，ケース，マイクのセット			
	江角電波研究所	**FR-1**	送受信機	47,600円（完成品）
	28or50MHz FM　1.5W　33石　キットはユニット，ケース，マイクのセット			
	井上電機製作所	**FDAM-1**	送受信機	25,000円（完成品）
	50MHz　AM　0.8W入力　0.5W出力　オールTr　ダブルスーパー			
	江角電波研究所	**RS-45V**	送受信機	41,800円（完成品）
	50MHz　AM　1.5W　VFO，スケルチ付き　18V,12V,6Vの3電源　オールTr			
1965	福山電機研究所	**FM-50A（初期型）**	送受信機	43,500円（完成品）
	50MHz　FM　2W　オールTr　モービルを想定　1ch			
	福山電機研究所	**FM-144VS**	送受信機	64,900円（完成品）
	144MHz　FM　10W　オールTr　モービルを想定　1ch操作部分離			
	三田無線研究所	**50/144Mc送信機**	送信機	11,800円（完成品）
	50/144MHz　平行線を利用したオープン型送信機　終段832A　変調器別			
	江角電波	**MR-4S**	送受信機	32,900円（完成品）
	50MHz AM　1.2W　18石　4ch（水晶内蔵）電池は単2形12本			
	福山電機研究所	**FM-50A（量産型）**	送受信機	43,500円（完成品）
	50MHz　FM　10W　セパレート　1ch			
	福山電機研究所	**FM-50W**	送受信機	69,000円（完成品）
	諸元不明			
	井上電機製作所	FDFM-1	送受信機	32,000円（完成品）
	50MHz　FM　1〜2W入力　オールTr　　ダブルスーパー			
	井上電機製作所	**FM-10**	ブースタ	12,000円（完成品）
	50MHz　終段6360　10〜15W入力			
	井上電機製作所	**FRFM-1**	受信機	15,000円（完成品）
	50MHz　FM　1ch　オールTr　　ダブルスーパー			
	西崎電機製作所	**6-VW10**	送受信機	39,000円（完成品）
	50MHz　10W　AM　送受別VFO付き　ダブルスーパー			
	西崎電機製作所	**6-XW10**	送受信機	36,000円（完成品）
	50MHz　10W　AM，送信3ch，受信VFO　ダブルスーパー			
	西崎電機製作所	**6-XS5**	送受信機	32,000円（完成品）
	50MHz　10W　AM　送信1ch，受信VFO　シングルスーパー			
	西崎電機製作所	**2-XW10**	送受信機	39,000円（完成品）
	144MHz　AM　ダブルスーパー　3ch			
	江角電波	**ED-1410F**	送受信機	68,000円（完成品）
	144MHz　FM　10W　1ch　ドライバ，ファイナルは球　DC-DC付き			
	江角電波	**ED-141F**	送受信機	49,000円（完成品）
	144MHz　FM　1W　1ch　電池式　携帯用弁当箱ケース入り			
	江角電波	**ED-530F**	送受信機	63,000円（完成品）
	50MHz　FM　30W　1chまたは2ch　ファイナルは6146　DC-DC付き			

第1章
第2章
第3章
第4章
第5章
第6章
第7章
第8章

発売年	メーカー	型 番	種 別	価格(参考)
		特 徴		
1965	江角電波	ED-501	送受信機	45,000円(完成品)
	50MHz　FM　1W　1chまたは2ch　電池式　携帯用弁当箱ケース入り			
	江角電波	ED-510	送受信機	53,900円(完成品)
	50MHz　FM　10W　1chまたは2ch　オールTr			
	江角電波	MR-51A	送受信機	不明
	50MHz　AM　1.5～2W			
	江角電波	ED-6A	送受信機	不明
	50MHz　AM　1～1.5W　送信4ch　受信VFO　油冷式(広告より)			
	トヨムラ電気商会	OE-6　OE-6F	送受信機	33,000円(完成品)
	50MHz　AM　1W　送受信5ch　受信VFOあり			
	多摩コミニケーション	TCC-6/VRC10	送受信機	55,000円(完成品)
	50MHz　FM　10W　ファイナルは6360　X'TAL2ch　DC-DC付き			
	多摩コミニケーション	TCC-15/VRC10	送受信機	58,000円(完成品)
	144MHz　FM　10W　FM　ファイナルは6360　X'TAL2ch　DC-DC付き			
	多摩コミニケーション	TCC-6/VRC30	送受信機	70,000円(完成品)
	50MHz　FM　30W　ファイナルは2B83C　X'TAL2ch　DC-DC付き			
	多摩コミニケーション	TCC-15/VRC30	送受信機	76,000円(完成品)
	144MHz　FM　30W　FM　ファイナルは2B83C　X'TAL2ch　DC-DC付き			
	多摩コミニケーション	TCC-6F/VRC10	送受信機	59,000円(完成品)
	50MHz　FM　12W　ファイナルは6360　X'TAL2ch　電源付き			
	多摩コミニケーション	TCC-15F/VRC10	送受信機	59,000円(完成品)
	144MHz　FM　12W　FM　ファイナルは6360　X'TAL1ch(翌月広告では2chに)，電源付き			
	江角電波	ES-210F	送受信機	68,000円(完成品)
	144MHz　FM　10W　ファイナルは2E26　モービル用　1ch			
	江角電波	ES-601F	送受信機	45,000円(完成品)
	50MHz　FM　1W　オールTr　1ch			
	江角電波	ES-610F	送受信機	59,000円(完成品)
	50MHz　FM　10W　オールTr　1ch			
	江角電波	MR-8	送受信機	7,800円(完成品)
	50MHz　AM　0.8W　オールTr　超再生　スティック型　1ch			
	江角電波	MR-18	送受信機	22,800円(完成品)
	50MHz　AM　0.5W　オールTr　シングルスーパー　1ch			
1966	トリオ	TR-1000	送受信機	27,500円(完成品)
	50MHz　AM　1W　ファイナル2SC609			
	極東電子	FM50-10A	送受信機	58,000円(完成品)
	50MHz　FM　10W　車載用　オールTrだがDC-DC内蔵40V動作			
	井上電機製作所	FRFM-2	受信機	19,500円(完成品)
	144MHz　FM受信機　20石　1ch			
	井上電機製作所	FDFM-25A型	送受信機	49,500円(完成品)
	50MHz　FM　15W　1ch　ファイナルは6360　ドライバ12BY7A			
	井上電機製作所	FDFM-25B型	送受信機	56,500円(完成品)
	50MHz　FM　15W　2ch　ファイナルは6360　ドライバ 12BY7A			

発売年	メーカー	型　番	種　別	価格(参考)
		特　徴		
1966	井上電機製作所	FDFM-25C型	送受信機	57,000円(完成品)
	144MHz　FM　10W　1ch　ファイナルは6360　ドライバ 12BY7A			
	井上電機製作所	FDFM-25D型	送受信機	64,000円(完成品)
	144MHz　FM　10W　2ch　ファイナルは6360　ドライバ 12BY7A			
	井上電機製作所	FM-100A	ブースタ	40,000円(完成品)
	FDFM-1用ブースタ　6146P-P　出力100W　DC-DC付き			
	井上電機製作所	FM-100B	ブースタ	39,000円(完成品)
	FDFM-25　A/B用ブースタ　6146P-P　出力100W　DC-DC付き			
	トリオ	TR-2000	送受信機	33,100円(完成品)
	50MHz　AM/FM　AC100V/DC12V両動作　出力不明			
	極東電子	FM50-01A	送受信機	38,500円(完成品)
	50MHz　FM　1W　車載用　オールTr			
	極東電子	FM144-01A	送受信機	44,500円(完成品)
	144MHz　FM　1W　車載用　オールTr			
	プロエース電子研究所	TF-6	送信機	13,800円(ケースなし)
	50MHz　FM　10W　シャーシ・ユニット　AM変調器別売　1ch			
	福山電機工業	FM-50M(後期型)	送受信機	48,500円(完成品)
	50MHz　FM　出力12W　75Ω　1波　固定用　12V動作			
	福山電機工業	FM-144A	送受信機	57,000円(完成品)
	144MHz　FM　2ch　車載用			
	福山電機工業	FM-50A(後期型)	送受信機	43,500円(完成品)
	ダークグレー色　IDC回路パターン付き　出力12W			
	共信電波	620F	送受信機	54,500円(完成品)
	50MHz　FM　20W　2ch　12V動作　ファイナルのみ球			
	井上電機製作所	FDAM-1(最終型)	送受信機	23,000円(完成品)
	50MHz　AM　1W(増力)　1波			
	井上電機製作所	TRA-60	送受信機	32,000円(完成品)
	50MHz　AM　10W　ファイナル6360			
	ライカ電子製作所	A-610	送受信機	37,800円(完成品)
	50MHz　AM　10W　13球　送受別VFO　アンテナ, アース棒付属　300Ω			
	ユニーク無線	URC-6	送受信機	29,500円(完成品)
	50MHz　1W　AMポータブル　送信2波, 受信VFO　キット27500円			
	江角電波研究所	ED-65	送受信機	32,500円(完成品)
	50MHz　1W　AMポータブル　送信5波, 受信VFO			
	福山電機工業	FM-144M(後期型)	送受信機	58,500円(完成品)
	144MHz　FM　2ch　固定用			
	福山電機工業	FRC-6	送受信機	20,000円(完成品)
	50MHz OR 144MHz　AM　ポータブル			
	福山電機工業	TROPICOM	送受信機	不明
	50MHz　FM　常用50W　最大100W　6146パラ　6波内蔵　大型　電源220V			
	ABC無線商会	QQ-5A	送受信機	10,900円(完成品)
	50MHz　AM　0.5W　シングルスーパー　DC動作　スティック型			

第1章
第2章
第3章
第4章
第5章
第6章
第7章
第8章

発売年	メーカー	型　番	種　別	価格(参考)
		特　徴		
1966	ABC無線商会	**QQ-10**	送受信機	20,500円(完成品)
	50MHz　AM　1.5W　ダブルスーパー　DC動作　スティック型　3ch			
	ABC無線商会	**QQ-20**	送受信機	25,500円(完成品)
	50MHz　AM　2W　ダブルスーパー　DC動作　スティック型　5ch			
	ライカ電子製作所	**A-210**	送受信機	31,800円(完成品)
	144MHz　AM　10W　13球　送受別VFO　アンテナ，アース棒付属　300Ω			
	ABC無線商会	**QQ-4S**	送受信機	2,750円(完成品)
	50MHz　AM　1ch　板状の一体型　4石			
	井上電機製作所	**FDAM-2**	送受信機	25,000円(完成品)
	50MHz　AM　1W　5ch			
	井上電機製作所	**FDFM-5**	送受信機	38,500円(完成品)
	50MHz　FM　4W　オールTr			
	江角電波	**ED-108**	送受信機	22,900円(完成品)
	50MHz　AM　2W　一体型　受信はバーニア・ダイヤルVFO　送信は水晶差し替え			
	江角電波	**ED-605**	送受信機	32,800円(完成品)
	50MHz　AM　2.5W　一体型　受信は52MHzまで直読　送信は5ch　バリウ電池(詳細不明)採用			
	江角電波	**SSBトランシーバ**	送受信機	69,000円(完成品)
	50MHz　SSB　10W　PSN方式　ダブルスーパー　12BB14使用　10W			
	極東電子	**FM50-10B**	送受信機	76,500円(完成品)
	50MHz　FM　10W　モービル用　2ch水晶内蔵　オールTr			
	鈴木電機製作所	**AMR-6**	送受信機	30,000円(完成品)
	50MHz　AM　6360使用　DC，AC両用　2VFO式			
	鈴木電機製作所	**AFR-6**	送受信機	45,000円(完成品)
	50MHz　AM/FM　6360使用　DC，AC両用　2VFO式			
	江角電波	**ED-45C**	送受信機	41,500円(完成品)
	RS-45C(諸元不明)の改良品　受信は固定チャネルが可能			
	湘南電子製作所	**50MHz車載用**	送受信機	46,000円(完成品)
	50MHz　FM　10W　車載用　6360使用　2ch　1chは42,500円　本体別筐体			
	湘南電子製作所	**50MHz固定用**	送受信機	49,000円(完成品)
	50MHz　FM　10W　固定用　6360使用　2ch　1chは45,500円			
	福山電機工業	**FM-150C**	送受信機	不明
	50MHz　FM　30W　2B52　2波内蔵　車載用			
	江角電波	**ED-45F**	送受信機	69,000円(完成品)
	50MHz　5W　FM　2ch，AM5ch切り替え　受信は水晶orVFO　12&24V			
	極東電子	**FM50-05B**	送受信機	59,500円(完成品)
	50MHz　FM5W　モービル用　2ch水晶内蔵　オールTr			
	井上電機製作所	**FDFM-2(S)**	送受信機	42,500円(完成品)
	144MHz　1W　3ch(送受共水晶式)　DC12V　Sタイプは5Wで54,000円			
1967	クラニシ計測器研究所	**MARKER66**	送受信機	49,000円(完成品)
	50MHz　FM　4ch(水晶付き)　6360使用			
	超短波工業	**2M701P**	送受信機	29,900円(完成品)
	144MHz　FM　1W　ニッカド電池　2ch実装　PORTA-MOBIL 2M/FMは同社による愛称			

発売年	メーカー	型　番	種　別	価格(参考)
		特　徴		
1967	超短波工業	2M701V	送受信機	29,900円(完成品)
	144MHz　FM　1W　　2ch実装　愛称「PORTA-MOBIL 2M/FM」			
	超短波工業	2M705V	送受信機	44,900円(完成品)
	144MHz　FM　5W　2ch実装　愛称「PORTA-MOBIL 2M/FM」			
	超短波工業	2M710V	送受信機	59,900円(完成品)
	144MHz　FM　10W　2ch実装　愛称「PORTA-MOBIL 2M/FM」			
	ABC無線商会	QQ-7S	送受信機	13,500円(完成品)
	50MHz　AM　0.7W　シングルスーパー　DC動作　スティック型　メータ付き			
	オリエンタル電子	OE-6F	送受信機	29m500円(完成品)
	50MHz　AM　1W　5ch(受信VFO付き)　2chタイプは26,500円　単1電池か車の12V			
	サンコー電子	T-6	送受信機	16,700円(キット)
	50MHz　AM　1W　5つの基板を組み合わせて作る			
	日新電子工業	PANASKY mark6	送受信機	36,900円(完成品)
	50MHz　AM　10W　6360,ニュービスタ6CW4使用　送受別VFO　DCDC付き			
	ライカ電子製作所	A-610K	送受信機	35,000円(完成品)
	50MHz　AM　10W　2E26,送受別VFO			
	ライカ電子製作所	A-210J	送受信機	37,000円(完成品)
	144MHz　AM　10W　6360,送受別VFO			
	福山電機工業	FM-50MD	送受信機	57,000円(完成品)
	50MHz　FM　18W　4ch実装　固定局用　受信感度0.5μV　100V電源内蔵			
	福山電機工業	FM-144MD	送受信機	59,000円(完成品)
	144MHz　FM　13W　4ch実装　固定局用　受信感度0.5μV　100V電源内蔵			
	福山電機工業	FM-50A2	送受信機	49,000円(完成品)
	50MHz　FM　18W　2ch　モービル用　セパレート・タイプ			
	福山電機工業	FM-144A2	送受信機	57,000円(完成品)
	144MHz　FM　10W　2ch　モービル用　セパレート・タイプ			
	福山電機工業	FM-50C	送受信機	99,500円(完成品)
	50MHz　FM　50W　2ch　モービル用　FM-50A2のハイパワー・タイプ			
	福山電機工業	FM-144C	送受信機	99,500円(完成品)
	144MHz　FM　40W　2ch　モービル用　FM-144A2のハイパワー・タイプ			
	福山電機工業	FRC-6A	送受信機	27,000円(完成品)
	50MHz　AM　1W　5ch(実装1ch)　充電式アルカリ電池(単2)8本			
	福山電機工業	FM-50P	送受信機	39,000円(完成品)
	50MHz　FM　1W　4ch(実装1ch)　充電式アルカリ電池(単2)8本			
	福山電機工業	FM-144P	送受信機	44,000円(完成品)
	144MHz　FM　1W　4ch(実装1ch)　充電式アルカリ電池(単2)8本			
	極東電子	FM50-10C	送受信機	49,500円(完成品)
	50MHz　FM　10W　モービル用　6ch(2ch実装)　オールTr			
	ABC無線商会	QQ-1200	送受信機	20,300円(完成品)
	50MHz　AM　1.2W　3ch　車載/ハンディ両用			
	江角電波	ED-201F	送受信機	49,000円(完成品)
	144MHz　FM　1W　諸元不明			

発売年	メーカー	型　番		種　別	価格(参考)
		特　徴			
1967	大栄電機商会	FRT-605		送受信機	39,500円(完成品)
	50MHz　FM　7W　3ch(実装2ch)　車載用				
	サクタ無線電機	FBS-501		送受信機	63,800円(完成品)
	50MHz　FM　10W　5ch　モービル用　75Ω				
	クラニシ計測器研究所	MARKER22		送受信機	49,000円(完成品)
	144MHz　FM　4ch(実装3ch)　6360使用 AC専用タイプあり				
	三協電機商会	SC-62		送受信機	27,500円(完成品)
	50MHz　AM　2W　送受別VFO付き　ロッドアンテナ				

※ Wで表記してある数値は，入力と明記していない限り出力(W).

VHF通信の始まりの時代の各機種 発売年代順

1948年

電元工業狛江工場 RUA-478

　第1章でも紹介した，30〜100MHzをターレット（回転式コイル切り替え）3バンドでカバーするBFO付きAM/FM受信機です．

　市販されていればアマチュア無線機器第1号だったのですが，残念ながらその形跡はありません（第1章に画像あり）．

1956年

三田無線研究所 50/144Mc送信機

　戦前から三田無線電話研究所の名称で受信機などを製造・販売していた三田無線研究所が約10年間にわたり販売した息の長い送信機です．図のようにオーバートーン発振器と逓倍器（×2と×3），そしてVHF用双5極送信管832Aによるファイナルという構成でした．

　途中段のコイルはプラグイン，そして144MHz帯のファイナルの同調は平行線で取り，これに近づけたリンク・コイルで出力を得ています．見かけは特殊な実験機材のようですが，配線長を短くするために工夫がされていることを除けば案外常識的な回路構成の機器です．変調器は含まれていません．

　本機は1956年の発売時はキットだけでしたが，1965年に完成品が追加されています．

VHFを手軽に楽しめる！ DELICA $\binom{50Mc}{144Mc}$ VHF送信機

VHF帯のハムバンド専用の送信機です．
周波数の切替は，プラグインコイルにより行い，水晶式のため，安定に動作します．12AT7，5763，832Aの3球式で，出力は18W以上です．
上の807電源部及び変調器がそのまゝ使えます．

完　成　品（球別）　11,800円　〒900
主要部品キット（球別）　5,900円　〒500

株式会社 三田無線研究所

図　三田無線研究所のVHF送信機の一般的な構成

1957年

山七商店 **TXV-1（A）**

主に部品や輸入機器を販売していた山七商店の自社製品で製造元は湘南高周波研究所です．本機に限って分割払いの相談に応じていました．

水晶のオーバートーン発振，ダブラー，2E26によるファイナルという10〜15W出力の50MHz帯AM送信機です．HF用送信機，TXH-1とケースを共用し変調器も内蔵しています．出力回路は300Ω平衡でした．

TXV-1AはTXV-1の出力を75Ωにしたものです．TV放送の受信では広く300Ωの平衡フィーダが用いられていたので，TXV-1はそれに合わせたものと推察されますが，これは周囲の影響を受けやすいので75Ωの同軸ケーブルを使用するTXV-1Aが作られたと考えられます．

1．50Mc送信機　TXV1-A

当時はちょうどポリエチレン充填の同軸ケーブルの価格がこなれはじめた時期です．300Ωの平衡信号を不平衡に直すと75Ωとなるので，このマイナ・チェンジでの大きな回路変更は必要なかったはずです．

1958年

江角電波研究所 **R33**

送信は自励式，受信は超再生の50MHz用トーキー型トランシーバです．

本機と同じ頃，467MHz　0.7Wの実験用発振器の完成品を江角電波研究所は発売します．430MHz帯の第1号リグになりそうですが，残念なことにこの周波数はまだアマチュア無線用には認可されていませんでしたので本書では扱いません．

1959年

江角電波研究所 **RG-22　RS-22　RA-234**

1959年始めに江角電波研究所はいくつもハンディ・トーキー（スティック状のトランシーバ）を発表します．

27.12MHzもしくは40.68MHzの免許不要の製品として，RSA-22（27MHz），RSA-33（40MHz），RGA-22（27MHz），RGA-33（40MHz）がありました．一方アマチュアバンド用としてはRS-22，RG-22があり，28MHzもしくは50MHzで200〜300mW出力の製品が用意されていました．これらは二文字目がSだと受信がシングルスーパー，Gだと超再生です．

同社の場合，発注時に周波数を指定するとそれに合わせて回路を調整して販売するという形態でしたので，購入時にはすべての調整が終わっているという点ではFBでしたが，たとえば28MHz帯もしくは50MHz帯と表示されている場合にはそのどちらか1バンドのみの対応となります．

　RA-234は上位機種になります．発振は3A5を使い，変調器にトランジスタを3石使用した28MHz，50MHz，144MHz（と27MHz）対応のトランシーバです．キャリブレータ回路を内蔵し2〜3kmの相互通話が可能とされていました．

　電池管を用いていたため，この時代の同社のハンディ機は1.5V電池と45V電池を用いるのが一般的でしたが，RA-234ではB電源電圧が高い上にトランジスタも使っていたので，1.5Vのほかに，90V，12Vの2つの積層電池を必要としていました．

湘南高周波研究所　TXV-10N

　複合管12AT7でオーバートーン発振とダブラー，5763が電力増幅という2球の50MHz帯送信機です．シャーシの上に真空管が立っている状態で販売されていました．

　ファイナルの5763は入力容量が9.5pF，出力容量が4.5pFと小さく，50MHz帯で使いやすかった球で，最大プレート損失は12Wでしたので普通に使うとCWでちょうど10Wになります．変調器MOD-6は別売（完成品2,000円）でした．

　また，同社は受信機用のクリスタル・コンバータCV-6シリーズも同時に発売しています．これは50MHz帯を7〜11MHzに落とすものでした．

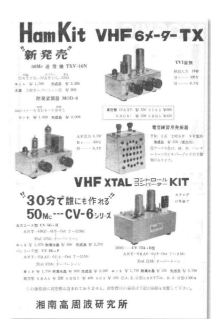

宮川製作所　VHT-10

　TXV-10Nと同一構成の送信機に変調器をセットした50MHz帯AM送信機です．メタル・ケース入りメータ付きで出力は10W，300Ωです．

1960年

江角電波研究所　RT-1　RX-2　RT-1S

　どの機種も送信は水晶発振のポータブル型トランシーバです．21〜50MHz対応で，コイルは必要バンドのものを別途購入するキットでした．電池は2種類必要ですが，受信のみなら20時間連続で動作するとのことでした．

　RT-1は電話機型のヘッドセットを持つ，横長の，置いて使う超再生受信のポータブル・トランシーバ，RX-2は縦型スティック・タイプの超再生のトランシーバです．RT-1SはRT-1の受信部をシングルスーパーにしたもので，RT-1の倍の距離（2〜4km）交信できるとメーカーでは広告に記載しています．

高橋製作所 **6TS-8A　6TS-8B**

　50MHz帯のAM送信機です．大きなメータがパネル面についているのが特徴で，終段は6AR5，変調器，電源付きの完成品です．送信水晶には8MHz台を使用し，入力は10〜12Wです．

　6TS-8B は6TS-8Aの3ステージ送信機だけを抜き出した製品で，複合管12AT7を使用している2球3ステージ構成です．入力は12W，外部変調器からの入力をハイシング変調するようになっている廉価版ですが，本機は6TS-8BCの表記も見られ，すぐに広告から消えています．

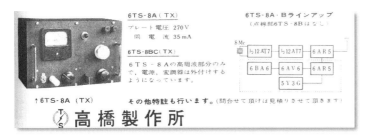

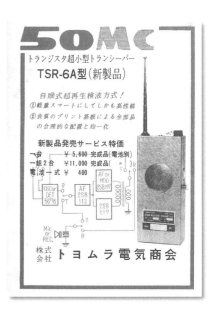

トヨムラ電気商会 **TSR-6A**

　トランジスタ3石と電池管5676を使用したスティック型50MHz帯AMトランシーバです．送信は自励式，受信は超再生となっています．QRHが激しくても本機同士であれば大丈夫で，実際，2台1組11,000円というセット販売もされていました．

1961年

神戸電波 **KH-206（A）**

　50MHz帯で入力10〜13WのAM，CW送信機です．この時代のリグには珍しく水晶発振子が1つ付属してきます．また，電鍵もしくはマイクロホンも付属します．回路はプレート・スクリーングリッド同時変調です．

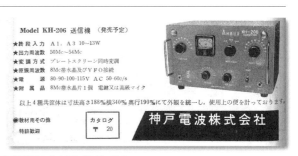

　1961年に販売されたKH-206Aは，KH-206の出力を10Wに上げた製品です．

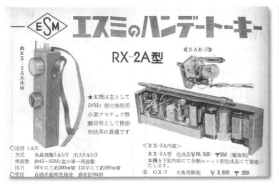

江角電波研究所 **RX-2A　RT-1A　RT-1SA**

　RX-2Aは双三極電池管3A5を1本送信部に使い，三極の電池管5676を超再生受信に使い，変調器をトランジスタ3石で構成したスティック状の50MHz帯AMトランシーバです．ただしスティックと言っても，長さは30cm，幅は7.5cmあり，電池は1.5V，45V 2本，9V（または6V）の4本を必要とします．

第1章　第2章　第3章　第4章　第5章　第6章　第7章　第8章

RT-1Aは電話のヘッドセットを上に置くタイプです．受信はRX-2Aと同じく超再生ですが，送信部は3A5をもう一本追加し，プッシュプルで使用することで出力1.5Wを得ています．RT-1SAはRT-1Aの受信部をシングルスーパーにした上位機種です．なお，この頃から江角電波研究所は各機種の基板ごとの販売もするようになりました．

東海無線工業　FTX-51

水晶，真空管，電源部のいずれも付属しない3ステージ構成の送信機キットです．シャーシとパネルで外装が作られていて箱状のケースもありませんがその分安価です．

電源付き変調器FTX-12（8,500円）と組み合わせると50MHz帯のAM送信機が出来上がります．

筐体が二つに分かれるのは不便なようですが，HF送信機であるFTX-11やFTX-90と電源，変調器を共用できるというメリットがありました．

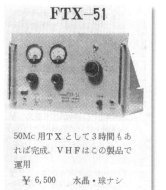

FTX-51

50Mc用TXとして3時間もあれば完成，VHFはこの製品で運用

¥ 6,500　水晶・球ナシ

トヨムラ電気商会　TEC-6（TEC-SIX）

50MHz帯，入力23WのAM送信機です．複合管12AT7で発振と逓倍，ファイナルは2E26の2球で構成されています．

電流計が2つ装備され，ファイナルへのドライブ状況とファイナルの動作状況の両方を監視することが可能です．電源や変調器は別売，出力は300Ωです．

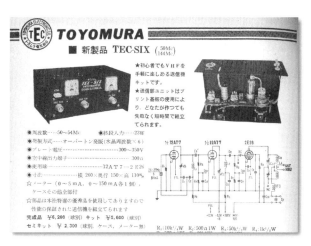

湘南高周波研究所　TXV-24(B)

終段入力24Wの2球送信機で，50MHz帯をカバーします．プリント基板にパネルだけが付属して，ケ

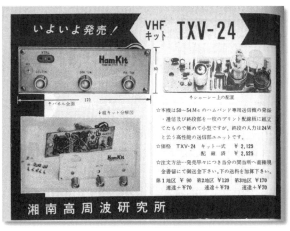

ースなどはユーザーが作る形になっています．OSC TUNE，DBR TRIM，PA TUNEの3つのつまみと水晶発振子のソケットがパネルについていますが，この配置はTEC-6のメータ以外の部分がそっくりです．当時トヨムラは湘南高周波研究所の販売代理店をしていて，クリコンのCVシリーズのように同研究所の製造でトヨムラが発売していた製品もありました．TXV-24BはTXV-24に変調器をつけたもので，入力21WのAM送信機です．6逓倍水晶を前面パネルに差して使用するようになっていました．ケース入りですが球は別売，電源部は別に用意する必要があります．

1962年

高橋通信機研究所 HVX-50-B HVX-144-B HVXM-50-B HTRV-50-B

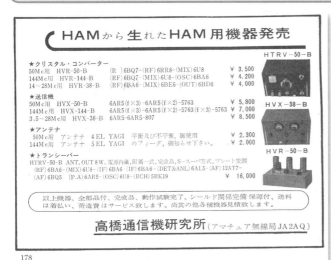

HAMから生れたHAM用機器発売

★クリスタル・コンバーター
50Mc用 HVR-50-B　　(R) 6BQ7-(RF) 6RR8-(MIX) 6U8　　¥ 3,500
144Mc用 HVR-144-B　　(RF) 6BQ7-(MIX) 6U8-(OSC) 6BA6　　¥ 4,200
14～28Mc用 HVR-38-B　　(RF) 6BA6-(MIX) 6BE6-(OUT) 6BD6　　¥ 4,000

★送信機
50Mc用 HVX-50-B　　6AR5 (f×3)-6AR5 (f×2)-5763　　¥ 5,800
144Mc用 HVX-144-B　　6AR5 (f×3)-6AR5 (f×2)-5763 (f×3)-5763　　¥ 7,000
3.5～28Mc用 HVX-38-B　　6AR5-6AR5-807　　¥ 8,500

★アンテナ
50Mc用 アンテナ 4 EL YAGI　平衡及び不平衡，御使用
144Mc用 アンテナ 5 EL YAGI　のフィーダ，御知らせ下さい。　　¥ 2,300
　　　　　　　　　　　　　　　　　　　　　　　　　　　　　　　　　¥ 2,000

★トランシーバー
HTRV-50-B ANT, OUT 8W，電源内蔵，附属一式，完成品，S-スーパ方式，プレート変調
(RF) 6BA6-(MIX) 6U8-(IF) 6BA6-(IF) 6BA6-(DET&ANL) 6AL5-(AF) 12AT7-
(AF) 6BQ5　(P.A) 6AR5-(OSC) 6U8-(RCH) 5RK19　　¥ 16,000

以上機器，全部部品付，完成品，動作試験完了，シールド関係完備保障付，送料
は着払い，荷造費はサービス致します。尚其の他各種機器見積致します。

高橋通信機研究所 (アマチュア無線局 JA2AQ)

178

HVX-50-Bは6AR5（×3）－6AR5（×2）－5763の50MHz帯送信機，HVX-144-Bは6AR5（×3）－6AR5（×2）－5763（×3）－5763の144MHz帯送信機です．いずれも変調器は付いていません．HVXM-50-BはHVX-50-Bに変調器をつけたものです．HTRV-50-Bは受信がシングルスーパー，送信は6AR5ファイナルの50MHz帯8Wトランシーバで，電源も内蔵した完成品です．

MS－6BA型
オールトランジスタ
トランシーバ50Mc帯
出力100mW（7石式）
水晶式 超再生検波
完成品（電池別）
¥ 9,800 〒250
　　出力200mW(MS-7A)
　　完成品（電池別）
　　¥ 11,200 〒250

1963年

江角電波研究所 MS-6BA MS-7A

　トランジスタ7石，真空管を使用していないロッドアンテナ付き，スティック・タイプのトランシーバです．

　50MHz帯のAMで，MS-6BAは出力100mW，MS-7Aは出力200mW，送信は水晶発振，受信はどちらも超再生となっています．

徳島通信機製作所 MZ65A

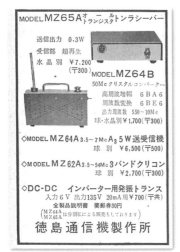

MODEL MZ65A オールトランジスタトランシーバー

送信出力 0.3W
受信部 超再生
水晶別 ¥7,200
（〒300）

MODEL MZ64B
50Mc クリスタルコンバーター
高周波増幅　6BA6
周波数変換　6BE6
出力周波数　550～10Mc
球・水晶別 ¥1,700 (〒300)

◇MODEL MZ64A 3.5～7Mc A3 5W送受信機
　球別　¥6,500 (〒500)

◇MODEL MZ62A 3.5～54Mc 3バンドクリコン
　球別　¥2,700 (〒300)

◇DC-DC インバーター用発振トランス
　入力6V 出力135V 20mA用 ¥700 (〒共)
　全製品説明書 要郵券30円
　(MZ64A・MZ65Aは分割による販売もしております)

徳島通信機製作所

　アタッシュ・ケースのような取っ手付きのケースに入った50MHz帯AMのオール・トランジスタ・トランシーバです．送信は水晶発振で出力は300mW，受信は超再生となっています．

高橋通信機研究所 HTRV-50-D

　HTRV-50Bの受信部をダブルスーパーにした50MHz帯のAMトランシーバで出力は8Wとなっています．

　電源，スピーカ，マイクロホン付きのためアンテナをつなげばすぐにQSOが可能なようになっていました．

BLANK

江角電波研究所　MR-3S

5つのユニットを組み合わせて作るようになっている50MHz帯オール・トランジスタのAMトランシーバです．終段は2SC30プッシュプルで0.8W出力です．電源は単2電池10本と6Vの積層型電池を併用します．発売後すぐに価格が1,500円値上げされ，1965年には28,000円になりました．

トリオ(JVCケンウッド)　TX-26

しゃれたデザインのケースを使用した50MHz帯，144MHz帯の2バンドを発射できる送信機です．球なし，クリスタルなし，変調器なしでの販売で，そのままならCW，変調器を接続すればAMの送信機となります．

6逓倍(50MHz帯)，もしくは18逓倍(144MHz帯)ということで8MHz台のVFOを接続することも可能で，6BA6単球のVFO-2(球なしキットで4,990円)が用意されていましたが，単球構成のためか電源ON直後のドリフトが公表値で1kHzありましたので，逓倍するとかなりのドリフトになったものと思われます．なおこの時代の送信機用VFOはほぼすべて，受信妨害を防ぐため受信時はヒータ以外の電源を落とすようになっています．50MHz帯はπマッチ，144MHz帯はリンク結合出力を取り出しています．出力は8Wですが入力が20Wなので10W機として申請ができるとの注意書きが付いていました．

1964年

福山電機研究所　FM-50P　FM-50/P　FM-50V　FM-50/V10 FM-50M(初期型)　FM-144P　FM-144V　FM-144M(初期型)

ドッキング型のFMトランシーバです．Pはポータブル，2SC31のファイナルで0.5W出力ですが，固定用のM，モービル用のVは6360ファイナルで出力は10Wです．6360を使用したブースタ・アンプはポータブル仕様の本体の後方に接続するようになっています．送信は水晶制御1ch，受信はダブルスーパーで10W機のファイナル以外はすべてトランジスタ化されたFM機です．

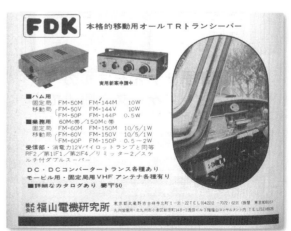

FM-50PとFM-50/P，FM-50VとFM-50/V10は同じ製品ですが1967年ごろに発売されたFM-50Pは別の製品です．

「-50」は50MHz帯，「-144」は144MHz帯を表しています．また，FM-50M，FM-144Mは翌1965年に出力がいったん5Wに修正された上で，後に12W機(50Mの場合)として新たに発売されています(別掲)．

トヨムラ電気商会 **TSR-6C**

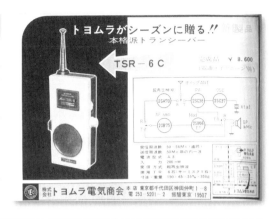

送信は水晶発振2ステージで200mW入力，受信は超再生で構成されている50MHz帯のAMトランシーバです.

スピーカを前面に持ち，ケース横のPTTスイッチで送受信を切り替える，かまぼこ板を大きくしたようなデザインです.

メーカーでは6石とうたっていますが，そのうちの1個はサーミスタのため実質的には5石でした.

江角電波研究所 **RS-45B MS-15A FR-1**

ユニット式トランシーバー

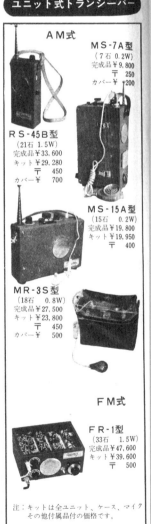

AM式

MS-7A型
(7石 0.2W)
完成品 ¥ 9,800
〒 250
カバー ¥ 200

RS-45B型
(21石 1.5W)
完成品 ¥33,600
キット ¥29,280
〒 450
カバー ¥ 700

MS-15A型
(15石 0.2W)
完成品 ¥19,800
キット ¥19,950
〒 400

MR-3S型
(18石 0.8W)
完成品 ¥27,500
キット ¥23,800
〒 450
カバー ¥ 500

FM式

FR-1型
(33石 1.5W)
完成品 ¥47,600
キット ¥39,600
〒 500

注：キットは全ユニット，ケース，マイク
その他付属品付の価格です.

各型式共分割ユニットで発売中
又，各型式の詳細説明書 〒50

RS-45B，MS-15Aはユニット式の可搬型トランシーバで，28MHz帯，もしくは50MHz帯を指定して発注するようになっていました. RS-45Bは21石，1.5W出力のAM大型ハンディ機で，弁当箱というよりも菓子箱を縦にしたような製品です. もちろん肩から担ぐように作られています.

MS-15Aは15石，0.2W出力のAM小型ハンディ機で，弁当箱を横向きに立てて上に操作部を付けた形のデザインです. FR-1は同社初のFM機で28MHz帯もしくは50MHz帯，33石，1.5Wの出力となっています.

江角の製品としては珍しくユニットを縦置きにしています. このため高さ(厚さ)のあるケースが用いられていて普通にデスクトップに置けるようになっていました.

江角電波研究所 **RS-45V**

日本初の送信用VFO付きの50MHz帯のAMトランシーバです. VFOは±500kHzをカバーしますが，バーニア・ダイヤルを用いているため周波数直読にはなっていません. 大きさはB4版よりちょっと小さいぐらい，厚さは11cmありました. コンパクトとは言い難いのですが，VFOユニットの厚みに電池の厚みが加わっているのがこの厚さの原因のようです. 出力は1.5Wあります.

電池は終段と変調器用に単1電池12本(18V)，励振部に積層型6V電池2本(12V)，受信部に積層型6V電池と3電源必要です.

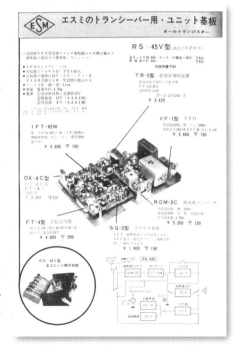

井上電機製作所（アイコム）　**FDAM-1**

　井上電機製作所(I.E.W.)の最初の製品です．50MHz帯AMの弁当箱型ハンディ機で，送信は水晶発振1chで入力0.8W効率60%，すなわち出力は0.5Wでした．受信は4MHzフルカバーのVFO付きダブルスーパーで，電源は単1電池9本，消費電流の少なさも魅力のひとつでした．オール・キット，パーツ・キットもありと広告されていましたが，価格は公表されていません．なお一部広告に完成品2,500円とありますがこれはミス・プリントです．

　内蔵アンテナは持たず，M型コネクタ付きのロッドアンテナをこのコネクタに差すようになっていましたので，コネクタはパネル面に付けられていました．最初期型のメータは2つで，後に切り替え式に変わりました(FDFM-1の項の製品が最初期型)．

　このリグは発売後にも改良が重ねられ，1965年6月には受信VFOつまみは糸かけになり，周波数表示が大きな円盤型に変わっています．更に翌月にそのパネル面左側のスライド・スイッチがロータリ・スイッチに置き換わりました．

　出力も発売後すぐに0.8Wまで増力され，入力1.5W，出力0.9Wを経て1966年5月には出力1Wとなりました．

● FDAM-1（最終型）

　キャリブレート・スイッチ，イヤホン・ジャックが付きました．それまではキャリブレーションができず，CQを出したら受信機の周波数を動かしてみて応答があるかどうか確認するという運用だったのが，送受信周波数を一致させてからCQを出せるように変わったわけです．他社が複数チャネル機を出したためでしょうか，最終型には4ch切り替え改造用スイッチ金具も付いています．

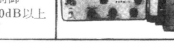

1965年

福山電機研究所 **FM-50A（初期型）　FM-144VS**

　約1年前に発売したFM-50，FM-144シリーズの追加モデルです．FM-50Aは出力を2Wとして価格を抑えたモービル機で他はFM-50Vと同等です．

　FM-144VSはFM-144Vの新バージョンにあたります．どちらも操作部はセパレートになるように作られています．ポータブル・タイプはこの時点で販売停止となりました．

　なお，同社は1965年春ごろの広告で「株式会社　福山電気製作所」としています．広告体裁の組み直し後の表記であることから単なるミスだと思われますが，複数の広告ページで同じ記述が見られることから，一時的に社名変更をした可能性もあります．

● FM-50A（量産型）　FM-50W

　FM-50A（量産型）はセパレート・タイプの50MHz帯10W FMトランシーバです．初期型よりも出力が増えています．一方FM-50Wは同社の広告の片隅に価格だけ掲載された機種です．「A」タイプより5割以上高い価格設定であることを考えるとハイパワー・タイプではないかと思われます．

CQDXCQDXCQDXCQ DXCQ DXCQ DXCQ DXCQ DXCQ DXCQ DXCQ DX

 **FDK** 本格的移動用トランジスターライズ・トランシーバー

実用新案申請中

● 新 発 売

FM-144V

FM-50V

RF2 第1IF1 第2IF4. リミッター2. スケルチ付
ダブルスーパー　受信時総消費電力　12V 0.8A
送信時 3.9A

FM−50A　¥43,500（アンテナ別）送料¥2,000	FM- 50V　¥59,900 ANT付	車載用アンテナ（144.400Mc帯は車に開穴の必要なし）
普及型　50Mc　車載用TRトランシーバー	FM- 50M　¥69,000 ANTナシ	50Mc用…………¥ 4,500
■定格　出　力：2W	FM- 50A　¥43,500　〃	144Mc〃…………¥ 5,500
感　度：S/N 2μV 20db	FM-144VS ¥64,900　〃	400Mc〃…………¥ 5,000

■ ハム用
　固定局FM−50M（FM-144M）　10W（5W）
　移動局FM−50V（FM-144V）　10W（5W）
■ 業務用　60/150/400Mc帯

固定局	FD-150CB5.	FD-150V
移動局	CBバンド用	業 務 用
兼　用		（タクシー等）

江角電波 **MR-4S**

　50MHz帯AM，1.2W出力のポータブル・トランシーバです．型番的には0.8WのMR-3Sの増力版ですが，ケース・サイズなどRS-45Bに近い部分もあります．送信は4ch切り替え式，ロッドアンテナとM型コネクタの同居や単2電池のみでの動作など工夫の跡が見られますが，ファイナルが18V動作なので電池は12本必要です．パネル面が正面になるようにケースを立てた状態で，背面のM型コネクタに差したロッドアンテナと前面のロッドアンテナ

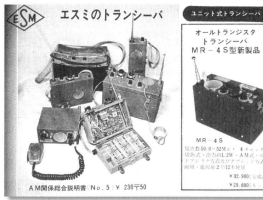

を伸ばすとダブレットになるというのもウリの一つです．受信VFOがバーニア・ダイヤルなのは従来どおりですが，カバー範囲を52MHzまでに留めてチューニングをしやすくしています．また，本機の発表の頃から社名から"研究所"が取れ，江角電波株式会社となりました．

井上電機製作所（アイコム）　**FDFM-1　FM-10　FRFM-1　FM-100A**

　FDFM-1は2SC32パラレルで入力は1〜2Wの50MHz帯FM機です．外観は後期型のFDAM-1そっくりですが，受信も水晶制御，51MHz固定のため周波数表示はありません．FM-10はFDFM-1用のブースタ・アンプです．6360を使用し，出力は10W，6146パラレルの100WブースタFM-100A（40,000円）も後に追加されました．FRFM-1は水晶制御1chの50MHz FM受信機です．FDFM-1の受信部を活用しているものと思われます．当初15石でしたが，翌年には回路が変わったようで，18石に変化しています．

西崎電機製作所（西崎電機） 6-VW10 6-XW10 6-XS5 2-XW10

いずれも縦150mm横275mm奥行き230mmの, この時代の50MHz帯のリグには珍しい出力10W, AMの固定専用機です.

6-VW10は送信受信別々のVFOを持ち50MHz帯のどこにも出ることが可能, 受信はダブルスーパーでマーカも付いています.

6-XW10は送信は水晶制御3ch, 受信はVFO付きダブルスーパーになっています. また6-XS5は送信は1ch, 受信はVFO付きシングルスーパーです.

2-XW10は144MHz帯の3chダブルスーパー・トランシーバですが, 詳細は不明です.

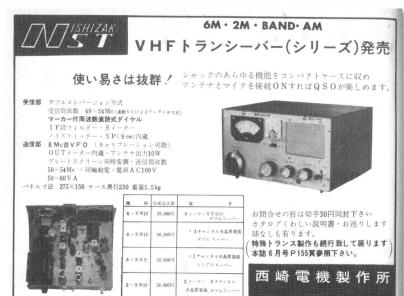

メーカーの西崎電機製作所はもともとトランス・メーカーで, 300mほど移転はしましたが, 2020年の時点でもトランスを製造しています.

江角電波 ED-1410F ED-141F

電池動作のAM機が主力だった江角電波が1965年に発売した144MHz帯用FMトランシーバです. 車載用のため13.5V動作でDC-DCコンバータを内蔵しています.

1410Fは真空管3本を使用し出力10W, 141Fは1W, どちらも水晶制御1chとなっています.

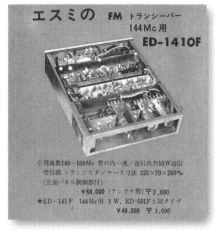

江角電波 ED-530F ED-510

いずれも50MHz帯のFMで530は30W, 510は10Wのモービル機です. 30W機は終段が6882または6146でDC-DCコンバータも内蔵しています. 510はオール・トランジスタです.

どちらの機種も1chですが, 水晶発振子を交換して他の周波数に出られるようになっています.

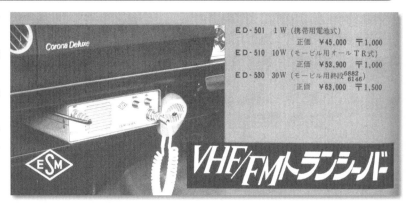

江角電波 **ED-501　MR-51A**

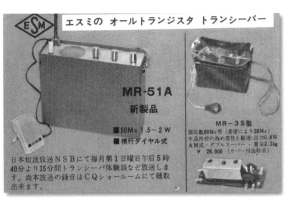

ED-501は50MHz帯1WのFM，MR-51Aは50MHz帯1.5～2W出力のAMハンディ機です．厚めの弁当箱を横に立てて，上面にスピーカと操作つまみそしてアンテナ・コネクタを取り付けた構造をしています．

江角電波 **ED-6A**

MR-51Aを改版したと思われる弁当箱型50MHz帯AMハンディ機です．受信用VFOにはバリキャップを使用しRF段同調も連動させたフロントエンド，バーニア・ダイヤルや横長式の周波数表示，18Vで1.5W，12Vで1Wの油冷式ファイナルなど，斬新な設計になっています．送信は25MHzのオーバートーン水晶を利用した4ch切り替え式です．

本機発売の頃にはたくさんあったAM機がいったん整理され，本機とMR-3S，MR-4S，MS-7Aのみとなりました．

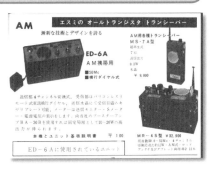

トヨムラ電気商会 **OE-6**

オリエンタル 50Mc OE-6
初回金 13000円　　月払金 2600円×10回

50MHz用1WのAMハンディ機です．移動先に据え付けてアンテナを伸ばして使うことを想定しているため，本体を横置きしたときにホイップ・アンテナが上に伸びるように作られています．

電源は単1電池9本，送受信別々の水晶発振子を5ch内蔵できますが，受信のみVFOを利用することも可能です．当初トヨムラ電気商会の名前で発売されましたが，後に製造元のオリエンタルの名前が前面に出てきます．

オリエンタル電子 **OE-6F**

トヨムラ電気商会が発売していたOE-6の改良版で，トヨムラ電気商会が総代理店であることは同じですが製造元の名前が出るようになりました．1967年に販売されています．

50MHz帯AM，出力1W，単1電池9本という基本スペックは変わらず，送受信5ch，受信VFO付きのタイプの価格は29,500円と3,500円価格が下がりました．新たに2ch＋受信VFOのタイプが追加されています．

多摩コミニケーション TCC-6/VRC10 TCC-15/VRC10 TCC-6/VRC30 TCC-15/VRC30 TCC-6F/VRC10 TCC-15F/VRC10

TCC-6は50MHz帯，TCC-15は144MHz帯のFMトランシーバです．VRC10は10Wタイプ，VRC30は30Wタイプで，ファイナルは真空管ですが，車載動作が可能なようにDC-DCコンバータを装備しています．水晶発振2ch式で，2ch分の水晶発振子が付属していて周波数を指定して作ってもらうようになっていました．

TCC-6Fは50MHz帯，TCC-15Fは144MHz帯のFM 12Wトランシーバです．こちらも水晶発振2ch式で，2ch分の水晶発振子が付属していました．

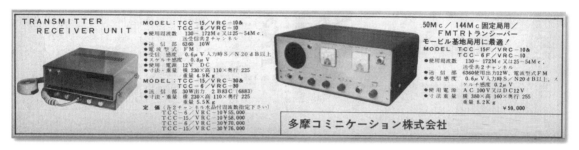

江角電波 ES-210F ES-601F ES-610F

EDシリーズFM機の後継となるモービル用FM機です．ES-210Fは144MHz帯1chの10W機でファイナルは2E26を使用しています．

ES-601Fは50MHz帯の1W FM機，ES-610FはES-601Fにブースタを付けて10Wにしたものです．

この頃から付属するマイクロホンがごつい角型から卵型に変わっています．

江角電波 MR-8

スティック型の0.8W AMトランシーバです．送信は水晶1ch，受信は超再生の安価な製品です．

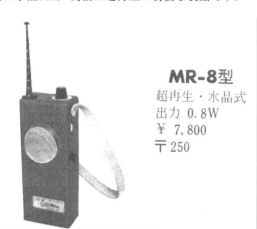

江角電波 MR-18

少々薄めの弁当箱の形をしたケース入りの0.5WAMトランシーバです．送信は水晶1ch，受信はバーニア・ダイヤル式VFO付きシングルスーパーで内蔵ロッドアンテナ，肩かけベルト付きでした．

トリオ（JVCケンウッド）　TR-1000

　50MHz，AM 1Wの横長トランシーバです．14石，送信は水晶発振5ch，受信はVFOで50〜52MHzをカバーしていました．送信水晶は交換しやすいようにケースの一部に小さい窓が開くようになっています．受信VFOのつまみは小さめですが，ここにはボールドライブ・メカが組み込まれているためチューニングは容易です．また受信部はコリンズ・タイプのダブルスーパーとなっており，十分な安定度を得ていました．

　本機の発売年にトリオは9R-59D/TX-88Dのラインを発売し，HFのAMをほぼ独占する勢いを持っていました．その会社が他社より低価格で本格的なハンディ機を発売したわけで本機は大ヒットします．

　本機は2回ほど使用素子が変更されています．また，モデル末期の1968年6月に本機は50.4MHz，50.55MHzの水晶発振子内蔵での販売となりました．

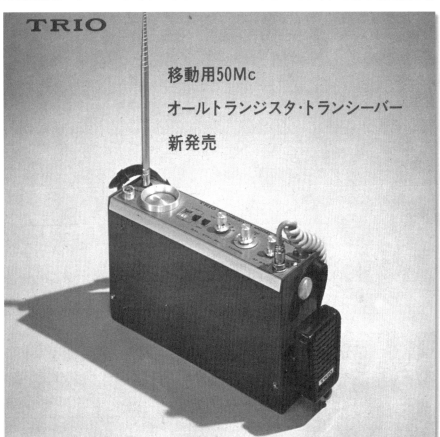

移動用50Mc
オールトランジスタ・トランシーバー
新発売

移動用50Mcオールトランジスタ・トランシーバーTR-1000型　現金正価27,500円　月賦定価29,900円

　50Mcバンドが盛んになってきました．多くのハムがモビールやローカルで50Mcを楽しんでいます．

　TR-1000型は，50Mcの移動局用として特に開発された，オールトランジスタ・トランシーバーです．

●1/4λのロッドアンテナ内蔵．容易にオン・エアーできます．外部アンテナも使用できます．

●送・受信の切替えは，マイク付属のプレス・トーク・スイッチで簡単に行うことができます．

●送受信周波数の切替えは，5チャンネルのX-TALセレクター・スイッチにより希望の周波数を選択できます．

●受信部は，クリスタル・コントロールの第1ローカル発振と，VFOタイプの第2ローカル発振を使用した本格的ダブル・コンバージョン方式．高感度・高安定度を誇ります．

●送信出力及び受信強度がモニターできるメーター付です．

●携帯に便利な肩掛けのバッグ式になっています．

新製品 50Mcトランシーバー TR-2000型
TR-2000型は50Mc帯のAM，FM両用の車載用もしくはホームシャック用トランシーバーです．電源は2WAY，AC-100V，DC12Vです．

トリオ株式会社／トリオ商事株式会社　東京都渋谷区美竹町13　カタログは宣伝部EC-3係へ

極東電子　FM50-10A

50MHz 10Wの車載用FMトランシーバで極東電子最初の製品です.

同社ではDC-DCコンバータ以外すべてシリコン・トランジスタを採用していることをPRしています.

● FM50-01A　FM144-01A

モービル用の小型FMトランシーバでFM50-01Aが50MHz帯,FM144-01Aが144MHz帯,どちらも1W出力です.1ch機ですが,メーカーでは2ch対応可能としています.

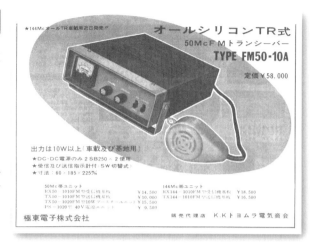

井上電機製作所（アイコム）　FRFM-2

20石の水晶制御1ch,144MHz帯FM受信機です.

BLANK

井上電機製作所（アイコム）　FDFM-25A型　FDFM-25B型　FM-100B

50MHz FMのトランシーバで,25A型は1ch,25B型は2ch切り替え式となっています.終段は6360,出力は15Wあります.DC-DCコンバータを内蔵しているため12V動作が可能で操作部と本体は別筐体となっています.FM-100Bはこの両機用のブースタ・アンプでDC-DCコンバータ付き6146パラレル,出力は100Wです.

● FDFM-25C型　FDFM-25D型

144MHz FMのトランシーバで,25C型は1ch,25D型は2ch切り替え式となっています.終段は6360,出力は10Wあります.DC-DCコンバータを内蔵しているため12V動作が可能です.本機もセパレート型です.

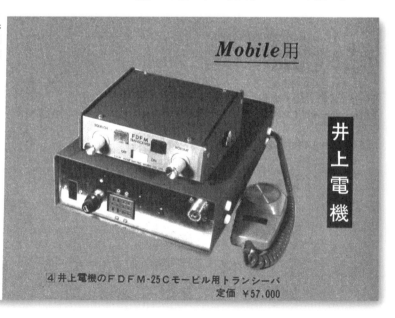

このページでは、主に50、144Mc用のモービル用トランシーバをご紹介します。周波数、電波型式に注意してください。

④井上電機FDFM-25Cの規格
電波型式；F3
周波数；144Mc帯
発振方式；水晶制御（144Mc帯のうち一波）
空中線出力；10W
終段；6360
電源；12V DC
受信方式；ダブルスーパヘテロダイン方式
感度；S/N20dBで1μV
低周波出力；0.8W
使用石数；30石

④井上電機のFDFM-25Cモービル用トランシーバ
定価　￥57,000

トリオ（JVCケンウッド）　**TR-2000**

50MHz帯のAM，FM両用トランシーバで固定ではAC100V，移動時はDC12V動作が可能です．正方形パネルに長い奥行き，食パンのような形をしたリグでした．

VFOは送受別で50～52MHzをカバーしています．AMの送信に限り水晶発振子も使用できました．ファイナルは6AQ5です．受信IFは4MHzそして455kHzのダブルスーパー．なお，本機は国内販売されたかどうかが不明です．

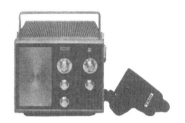

TR-2000型
トランシーバー

50Mc・AM－FMにも使え
AC－DC共用の2WAYです．
（VFO内蔵）モビールでもホームシャックでも使えます．

プロエース電子研究所　**TF-6**

全半導体式50MHz　10W送信ユニットです．水晶（別売）は12逓倍でFM変調回路が組み込まれています．AM変調器は別売でした．耐圧の高いトランジスタ　2SC290をファイナルに使用することで高いコレクタ電圧を掛けられるようにしたところに特徴があります．

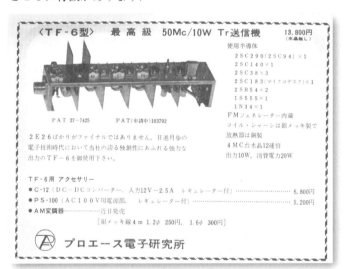

共信電波　**620F**

50MHz帯2chのFMトランシーバです．最大の特徴は出力が20Wであることで，DC-DCコンバータを内蔵しています．出荷時には51.0MHzと51.2MHzを実装していました．

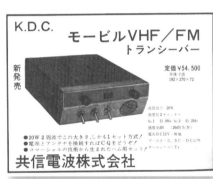

福山電機工業　**FM-144A　FM-50A（後期型）　FM-50M（後期型）**

FM-144Aは，144MHz帯2ch対応の車載用トランシーバです．同バンドのリグとしては57,000円という低価格で発売されました．

同じ頃，FM-50A，FM-50Mは出力12Wの後期型となり，定価も43,500円，48,500円に改定されています．

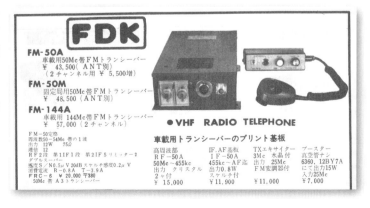

井上電機製作所（アイコム） **TRA-60**

50MHz帯で出力10WのAMトランシーバです。ファイナルは6360，受信はダブルスーパー・ヘテロダインで，大き目のケースに収められていました。本機のキャッチ・コピーは「FDAM-1とのコンビでお使いください」，いかにFDAM-1が売れていたかがわかります。

TRANSISTOR TRANSCEIVER **I.E.W**

TRA-60
50Mc A,10Wトランシーバー
固定用のA3トランシーバーです。
FDAM-1とのコンビでお使い下さい。

規格 受信部 ダブルスーパーヘテロダイン　オールトランジスター
　　　周波数範囲　　　50～54Mc
　　　感度　　1μV　　S N 20 dB
　　　ダイオードノイズリミッター
　　送信部出力　　終段6360　10W
　　変調　　6BQ5PPプレート

価格　¥32,000

ライカ電子製作所 **A-610**

トランジスタ化の波に逆らうかのような13球の50MHz　AMトランシーバです。送信のVFOを内蔵しているだけでなく，マイクロホン，折り返し型ダイポール・アンテナ，イヤホン，そして接地棒までセットに含まれています。

横型の周波数直読ダイヤルが2つ並んでいて，左の受信，右の送信周波数を自由に設定できるようになっていました。本機はトランスレス，AC100V専用機で，終段にはヒータ電圧16Vの16A8（の，5極管部分）をプッシュプルで用いています。なお，本機は発売直後に8,000円値下げし，差額は返金をしたようです。

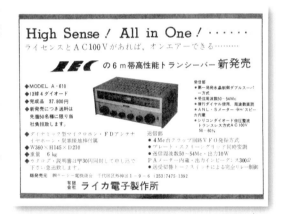

High Sense！ All in One！‥‥‥
ライセンスとAC100Vがあれば，オンエアーできる‥‥‥

IEC の6m帯高性能トランシーバー新発売

◆MODEL A-610
◆13球4ダイオード
◆完成品　37.800円
◆新発売につき送料は
　先着50名に限り当
　社負担致します

◆ダイナミック型マイクロホン・FDアンテナ
　イヤホーン・碍子接地棒付属
◆W360×H145×D210
◆重量　6kg
◆カタログ・説明書は〒30円同封にて申し込み下
　さい。急送致します。

受信部
■単一局発水晶制御ダブルスーパー方式
■受信周波数範囲50～54Mc
■横行ダイヤル使用，周波数直読
■ANL・Sメーター・スピーカー内蔵
■シリコンダイオード倍圧電源トランスレス方式AC100V 50～60サ

送信部
■4Mc台クラップ回路VFO発振方式
■プレート・スクリーン・グリッド同時変調
■送信周波数50～54Mc・出力10W
■PAメーター内蔵・出力インピーダンス300Ω
■送受切換トーンスイッチによる完全リレー制御

総発売元　㈱キーヤー電機商会　千代田区外神田1-9-6（253）7475・1392

有限会社 **ライカ電子製作所**

ユニーク無線 **URC-6**

同社は本来ユニットを販売していますが，そのユニットを組み合わせて作る50MHz AMハンディ・トランシーバとしてURC-6を発売しました。キットの場合でもユニットは完成品なので3時間で作れるとPRされています。電源は12Vもしくは単1電池9本，送受信2chですが，受信はVFOを選択することも可能でした。本機のロッドアンテナは角度が変えられるようになっていますが，ローディング・コイルはないため1.4mの長さがありました。

本機は発売の翌年には最大2割ほど値引きした状態で販売されています。

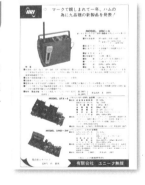

江角電波 **ED-65**

送信は5ch切り替え，受信はVFO式ダブルスーパーという50MHz AMの1W機です。

ED6Aと同様に，横長のダイヤル表示を使用しています。

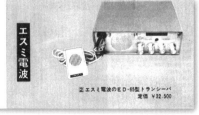

②エスミED-65の規格
電波型式　A3
発振方式　水晶制御（5ch切替式）
終段　2SO106
受信方式　ダブルスーパーヘテロダイン方式
受信周波数　50～54Mc
感度　0.5μV で S/N 15dB
低周波出力　1W
使用石数　18石8ダイオード

②エスミ電波のED-65型トランシーバ
定価　¥32.500

福山電機工業　**FM-144M（後期型）**

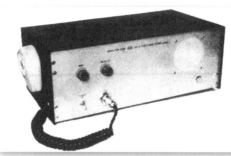

型番からわかるように144
MHz帯の固定機です.

この当時の福山電機工業は
固定機に「M」の添え字を付け
ています.

出力は10～15W, 2ch機は
144.5MHzの水晶付きで5,000
円増でした.

● 固定局

FM-50M 固定局用
50Mc帯 FMトランシーバー
　　　　　　¥48.500（ＡＮＴ別）
FM-144M固定局用
144Mc帯FMトランシーバー
　　　　　　¥53.500（ＡＮＴ別）

福山電機工業　**FRC-6**

ＦＲＣ-6　ＡＭ50Ｍｃ帯トランシーバー
　　　¥20,000（ＡＮＴ付）送料¥380

50MHz帯のポータブル用AMトランシーバです.

福山電機工業　**TROPICOM**

50MHz帯, もしくは144MHz帯を周波数指定する50W FMトランシー
バです. 常時50W, 非常時出力は100Wとなっており, 6chを切り替える
ことができます. 受信部はダブルスーパーで第1IFは4.3MHz（50MHz帯
の場合）, 10.7MHz（144MHz帯の場合）に設定されています. 極めて大きな筐体が特徴的で, 基地局用とし
て設計されたものです. 輸出用を主とするため電源は220V, もしくは110Vとなっています.

ABC無線商会　**QQ-5A　QQ-10　QQ-20**

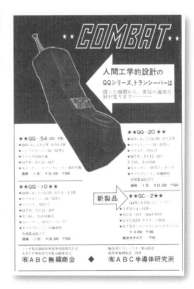

縦33cm, 電話の受話器を大きくしたような筐体に50MHz帯AM機
の本体回路とアンテナを組み込んであります. 操作部はマイクとス
ピーカの間, 内側にあります. 電池は単2の9本ですが電源（12～18V）
外付けも可能で, 重さは2.2kg（QQ-5A）, 2.4kg（QQ-10）ありました.

QQ-5Aは0.5W出力1ch　シングルスーパーの14石トランシーバで
す. QQ-10は1～1.5W出力, ダブルスーパーの23石トランシーバ,
QQ-20は2W出力, ダブルスーパーの26石トランシーバです.

● QQ-7S

QQ-7Sは0.7W　シングルスーパーの50MHzトランシーバです. 発
売は1967年です.

QQ-10と同じ受話器を大きくしたようなケースに組み込まれてい
るので, 寸法, 重さ共にQQ-10とほぼ同じです.

ライカ電子製作所 **A-210**

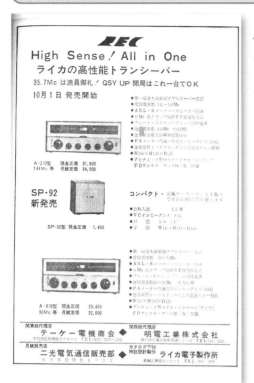

A-610と同様に6360を使用した144MHz帯の10W AM送信機です．送受信別々のVFOを持っており，送受信別々に自由な周波数で運用できるようになっていました．こちらもマイク，イヤホン，アース棒，折り返し式ダイポールアンテナまでセットのオールインワンでした．

ABC無線商会 **QQ-4S**

4石1ダイオード，シンプルな50MHz帯AMトランシーバです．送信は水晶発振1ch固定，受信は超再生で，50～51MHzの範囲の信号であれば特に同調を取ることもなくAM，FMどちらでも復調できました．このため筐体にはAFボリュームとPTTスイッチしか取り付けられていませんが，その分価格も安価でした．

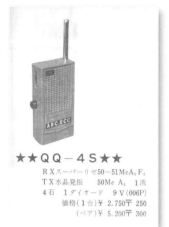

★★QQ－4S★★

RXスーパーリゼ50～51McA₃F₃
TX水晶発振　50Mc A₃　1波
4石　1ダイオード　9V（006P）
価格（1台）¥ 2,750〒 250
（ペア）¥ 5,200〒 300

井上電機製作所(アイコム) **FDAM-2**

FDAM-1が好評だった同社の第2弾AMハンディ機ですが，FDAM-1の細かい改修をまとめたうえでデザインを一新したものと考えることもできます．

50MHz帯AM1Wのトランシーバです．送信は水晶発振5ch，25MHz台のオーバートーン水晶を2逓倍しています．受信はダブルスーパー，第1IFを2MHzと低く取っているところが特徴的です．こうすると54MHzを受信する際に50MHzがイメージ周波数になるので，受信VFOと連動

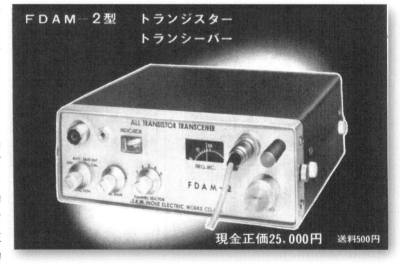

する高周波同調を2段入れてイメージ信号を落としています．電源は単1を9本もしくは12V，発売時に同社では最小の1W機とPRしています．

なお，本機は前期型と後期型でマイク端子とM型コネクタの位置が入れ替わっていますが，これはマイク・アンプへの周り込み対策ではないかと思われます．3Pのマイク端子の隣にロッドアンテナがあるのが前期型です．

第1章
第2章
第3章
第4章
第5章
第6章
第7章
第8章

井上電機製作所（アイコム）　**FDFM-5**

50MHz帯の4W FMトランシーバで，周波数選択は3ch，送受信共水晶発振です．ファイナルは2SC106，マイク・アンプにはIDCが採用されています．受信部は5.25MHz，455kHzにIFを持つダブルスーパーで，トップには2SC371によるベース接地のRFアンプを2段重ねにして感度を稼いでいます．

回路はほぼすべてシリコン・トランジスタで作られていますが，本機もまだ内部回路的にはプラス・アースで，マイナス・

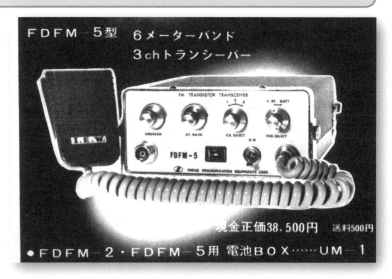

アース車でトラブルが生じないようにアンテナ端子などをアースから浮かした構造となっていました．

● FDFM-2（S）（1967年）

50MHz帯のFDFM-5とほぼ同じ内容で主要部のプリント基板が共通の144MHz帯　FMトランシーバです．終段は2SC320で当時同社が得意としていたコレクタ容量を直列共振で打ち消す回路が採用されています．無印の出力は1W，Sタイプは5Wでファイナル素子は2SC702でした．

RFアンプは2SC384のベース接地で，FDFM-5同様，これを2段入れて感度を稼いでいました．受信局発には当時上限周波数が上がったオーバートーン水晶発振子を用いて直接45MHzを発振

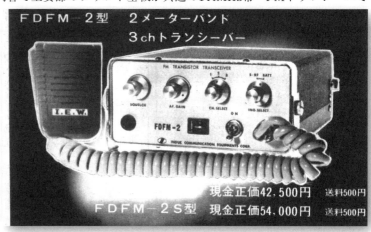

させています．出荷時には144.48MHzの水晶が付属していました．

なお，本機もFDFM-5と同様にプラス・アース，マイナス・アース共用設計となっています．

江角電波　**ED-108**

50MHz帯2WのAMハンディ機です．大き目の筐体の上面に受信用VFOのバーニア・ダイヤルとスピーカがついていて，送信周波数は水晶発振子をソケットで差し替える方式となっていました．

構造が簡単なのでわかりやすく電池の消耗も少ないと同社はPRしています．

江角電波 ED-605

本機は1966年7月に一度，2.5W，送信5ch，受信VFO（50～52MHz）の50MHz帯トランシーバとして発表されたもので，これを1ch 0.8WとしたED-601も発表されています．しかし同年10月に定価が消えて「説明書 50円」とだけ書かれた広告が打たれました．

翌年には充電できる「バリウ電池」（詳細不明）採用で性能が飛躍的に上がった1.2W機として復活した，少々変わった遍歴を持つリグです．

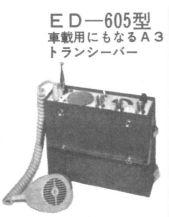

ＥＤ—605型
車載用にもなるＡ３トランシーバー

● 入力 2.5W／5ch 切替式
● ダイヤル直読式／ＡＮＬコントロール付Ｗスーパー
説明書 〒50 ￥32,900

江角電波 SSBトランシーバー

50MHz帯10W，送信はPSN式，終段は12BB14というSSBトランシーバで，受信は4～8MHzに第1IFを持つコリンズ・タイプです．従来の江角電波とは大きく違って信号系統は全部真空管で構成された製品となっています．

本機は定価は決まっていましたが型番はなく，実際に発売されたかどうか定かではありません．後に発振部（SSBジェネレータ）だけが発売されました．

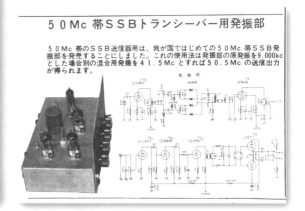

５０Mc帯ＳＳＢトランシーバー用発振部

５０Mc帯のＳＳＢ送信器用は，我が国ではじめての５０Mc帯ＳＳＢ発振部を発売することにしました．これの使用法は発振部の原発振を9.000kcとした場合別の混合用発振を４１.５Mcとすれば５０.５Mcの送信出力が得られます．

極東電子 FM50-10B

出力10Wの50MHz帯モービル用FMトランシーバです．51.0MHzと51.2MHzを出荷時から内蔵しています．マイクロホン，電源ケーブル，外付けスピーカ，3C-2Vケーブルが付属していて，DC電源とアンテナがあれば運用できるようになっていました．

本機の価格は高めですが，これはファイナルを含む全回路がシリコン・トランジスタで組まれていたためで，横幅は185mm，奥行きは225mmと小型化にも成功しています．

● FM50-05B（1967年）

FM50-10BはDC-DCコンバータで高電圧を作りトランジスタから10W出力を得ていたのに対し，このリグは13.5Vを直で5Wを出力することで低価格にしたものです．このため定価は17,000円下がっています．

水晶内蔵の2ch切り替え式など，他の諸元は変わりません．

FM50-10Aを
改良した
極東電子のＦＭ50-10B

定価 ￥76,500

鈴木電機製作所　**AMR-6　AFR-6**

AMR-6はファイナルに6360を用いた10Wの50MHz帯AMトランシーバです．送信はVFO，水晶の切り替え式，受信は受信用VFOを使用します．バーニア・ダイヤルを採用していて49.5〜54.5MHzを動作範囲としています．

AC電源，DC-DCを内蔵しているため，AC100V，DC12Vのいずれでも動作させることができました．

AFR-6はAMR-6にFM回路を付加した製品です．送信は水晶発振で2ch対応し，VFOも使用できます．

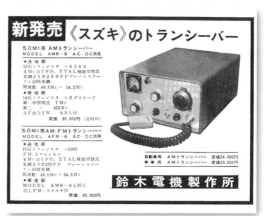

江角電波　**ED-45C**

本機はRS-45C（諸元不明）をデザイン，回路ともに改良した製品と広告に記述があります．受信には水晶発振，VFOの両方が使えファイナルは2SC106パラレル，出力は2〜3Wです．類似機，RS-45Bのスペックからすると，50MHz帯もしくは28MHz帯のトランシーバで受信部はダブルスーパーということになります．

● ED-45F

ED-45Cの筐体にFM回路を追加し出力を5Wにしたものです．送信用にAMは5ch，FMは2ch分の回路を内蔵しています．受信は水晶，VFOどちらでも動作できます．ロッドアンテナは内蔵しておらず外部アンテナを使用するようになっています．

本機は内部に電池（充電式？）を内蔵していて，12V運用時にこの電池が直列で入ることで送信時にファイナルが24V動作となるように工夫されていました．

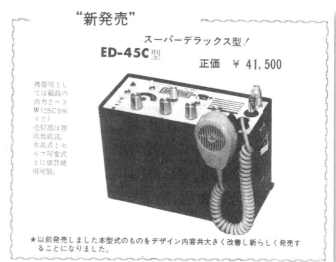

湘南電子製作所
50MHz車載用
50MHz固定用トランシーバー

どちらも50MHz帯のFM機です．車載用は操作部と本体がセパレートになるタイプで51.0MHzと51.2MHzを内蔵する2チャネル機は46,000円，51.0MHzだけの1チャネル機は42,500円です．固定用は最大4ch内蔵できるようになっており，2ch実装機が49,000円，1ch機が45,000円，車載用・固定用共に終段は6360を使用し10W出力でした．

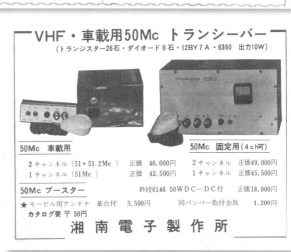

福山電機工業　FM-150C

　東京・上野で販売店をやっていたハムセンターの広告に出てくる車載用トランシーバで，50MHz帯30W出力のFM専用機と解説されています．とはいえ福山電機工業の当時の命名法ではこれは150MHz帯の業務機であり，144MHz帯用と考えるのが自然かと思われます．

1967年

クラニシ計測器研究所　MARKER66

　50.85，51.00，51.12，51.2MHzの4chを実装した50MHz帯モービル用FM機です．ファイナルは6360，ダブルスーパーの受信部はメカフィルを採用しており受信感度も十分とれています．

　本機はほぼ縦横20cm高さは7cmでトランジスタ化トランシーバとほぼ同じところまで小型に作られています．内部の半分近くはファイナル部とπマッチ，そしてDC-DCコンバータで占めていますから，ファイナルに球を用いたモービル機としてはほぼ限界のサイズでしょう．

　信号基板は送受信それぞれ1枚にまとめられたものを背中合わせに取り付けてあり，その後のリグとほぼ同様の作りになっています．

　本機はアースに直流を流さない(アース極性を問わない)設計となっています．

　姉妹機MARKER22発売時には本機のAC専用タイプも発表されました．

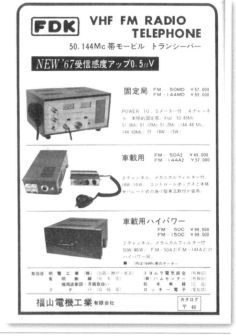

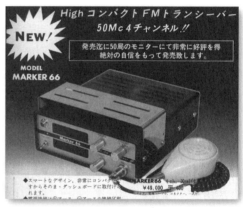

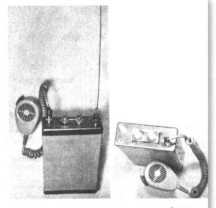

PORTA-MOBIL 2M/FM

携帯，車載兼用で気ままに使え
2チャンネル切替で楽なQSO

超短波工業　2M701P　2M701V　2M705V　2M710V

　2ch切り替え式の144MHz帯FMトランシーバです．ベース・マシンである1Wモービル機2M701Vのパネル面は142mm×54mm，奥行きは200mmと他社のリグの2/3ぐらいの容積に作られています．1Wのポータブル機，2M701Pは別売のニッカド電池BOX付キャリング・バック5,500円を取り付ける必要があります．

　また2M701Vの背面にブースタを取り付けたのが2M705V(5W)や2M710V(10W)です．2ch切り替え式ですので，パネル面にはつまみが2つしかありません．M型コネクタもパネル面に取り付けられていてハンディ型ではここにコネクタ付きのホイップ・アンテナを差し込む構造でしたので，モービル機をハンディ機に変身させることが可能でした．

サンコー電子 **T-6**

ユニット・メーカーのサンコー電子が発表した5つのユニットを組み合わせて作る50MHz帯AMトランシーバです．送信機基板(SX-6)は2chの1Wの製品で，これに変調器兼オーディオ・アンプ基板(SM-1)を組み合わせて送信部を構成します．

受信系はコンバータ(SV-6)，10.7MHz→455kHzユニット(SC-107)，455kHzアンプ(SIF-45)を組み合わせます．ケースも付属していますがあくまでも自作用ケースで印字，穴あけなどはありません．

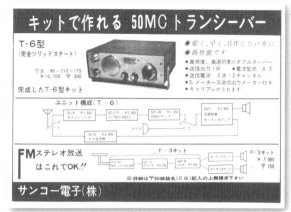

日新電子工業 **PANASKY mark6**

送受信別VFOを内蔵した50MHz帯AMトランシーバです．終段は2E26を使用していますがAC電源，DC-DCコンバータの両方を装備しているため，AC100V，DC12Vのいずれでも運用ができます．カバー範囲は50〜52.5MHzでメイン・ダイヤルにはボールドライブ減速機能を入れることで微調整を可能にしています．出力は10Wです．

受信トップはニュービスタ(超小型真空管)6CW4を使用して高感度低ノイズとなり，ダブルスーパーの第1IFには当時としては高めの5745kHzを採用することで良好なイメージ比を得ています．

なお，本機は1969年11月にSKYELITE 6と改名していますが，この時点で本体の内容に変化はありません．しかし翌1970年にはマイナ・チェンジされFMアダプタが接続可能になりました．

ライカ電子製作所　A-610K　A-210J

A-610Kは50MHz，A-210Jは144MHzの固定用AMトランシーバで，前者にはシックステンキング，後者にはツーテンジャックの愛称がつけられていました．仕様は共通です．受信部は10.65MHzを第1IFとするダブルスーパー，送信部は6360を使用した10W出力となっています．

前機種A-610，A-210同様，この2機種の最大の特徴は横長に並んだ二つのVFOダイヤルにありますが，前期種と違ってアンテナは付属していません．出力インピーダンスも75Ωになりました．

シックステンキング
(MODEL A-610K)
周波数範囲　50～54Mc（送受信共）
現金正価　35,000円
月賦定価　39,000円

ツーテンジャック
(MODEL A-210J)
周波数範囲　144～146Mc（送受信共）
現金正価　37,000円
月賦定価　42,000円

受信部
◆ RF 1，IF 2，ダブルスーパー方式
◆ 第1IF 10.65Mc　第2IF 455kc
◆ 感度 入力1μV でSN 20dB
◆ AF出力1W
◆ ANL・Sメーター，SP内蔵

送信部
◆ 4Mc（2m 6Mc）台バッカー回路，VFO発振方式，XTAL発振切替式
◆ 終段陽極しゃへい格子同時変調
◆ 送信出力最大10W，終段管6360
◆ A₃，出力インピーダンス75Ω

ライカ電子製作所

福山電機工業　FM-50MD　FM-144MD

福山電機のFM4ch固定機でFM-50MDは50MHz帯，FM-144MDは144MHz帯です．50MDはクラニシのMARKER66と同じく4chすべてを実装して出力18W，144MDは144.48MHz，144.6MHzの2chのみ実装で出力13Wでした．本機は当時としては異例のハイパワーですが，後に公称出力は「10W以上」と表現が変わります．

JARLが発表した保証認定を行わないリグのリストにも両機種は載っていますので，本当に10Wを超える出力があったようです．ファイナルは6360です．

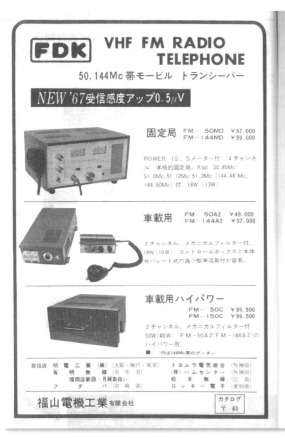
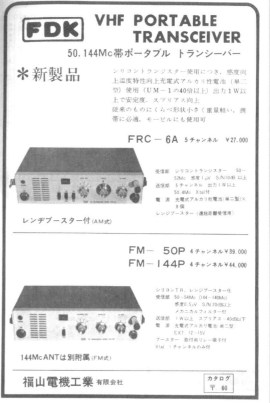

● FM-50A2　FM-144A2

2chのモービル機で，FM-50A2は50MHz帯18W，FM-144A2は144MHz帯用10Wです．本体とコントロール部は分離していてケーブルでつなぐようになっていました．

● FM-50C　FM-144C

ハイパワー・モービル機で，FM-50Cは50MHz帯50W，FM-144Cは144MHz帯40Wを出力します．コントローラはFM-50A2，FM-144A2と同じ製品を使用します．FM-144CとFM-150Cは同等品と思われます．

● FRC-6A

受信は50～52MHzのVFO式，送信は5ch（50.4MHzのみ実装）の50MHz帯AMハンディ・トランシーバで，仕様，ケースの形などはTR-1000に似ています．電源は単2型充電式アルカリ乾電池8本を使用しますが，これは同社型番AM-2Rという製品で現在のアルカリ乾電池とは異なります．

● FM-50P　FM-144P

4ch（実装1ch）のFMハンディ・トランシーバです．どちらも充電式アルカリ乾電池8本を使用し1W出力でした．FM-50Pはロッドアンテナ付きの50MHz帯用，FM-144Pはコネクタ付きアンテナを取り付けるタイプの144MHz帯用です．

極東電子　**FM50-10C**

同社のFM50-10Bを改良して6ch（実装2ch）対応としたモービル用FMトランシーバです．

オール・トランジスタながら出力は10W，そして前期種の2/3の価格となっています．

それまで高価だったオール・トランジスタ機ですが，本機は真空管ファイナルの10W機と価格を揃えています．そして翌年になるとライバル各社からもオール・トランジスタ機が発売され真空管ファイナルの製品は激減しました．

他社との再差別化のためでしょうか，本機は翌年末に実装4chとなりました．

NEW MODEL 新発売!!

オール シリコンTr　MODEL FM50-10C

6 チャンネル方式　ローパスフィルター付　¥49,500

パイロットランプ
送，受指示計
電源・スケルチ
ボリューム
チャンネル
マイクロホン

特　徴
☆チャンネル…6チャンネル方式
　　　　　（50.8～50.5の範囲、
　　　　　50.0,51.2MC取付済）
☆スプリアス…−60dB 以上
☆変調方式……可変リアクタンス位相
　　　　　変調　（IDC付）
☆電源回路……ノイズフィルター内蔵
☆指示計………送信、受信自動切替式
　　　　　（照明付）
☆逓倍段………ダブルチューニング方式

ABC無線商会 QQ-1200

今までのQQシリーズとは全く違う，普通の弁当箱型ハンディ機です．送信はAM 3ch，受信は50～52MHzのVFO式で第1IFを5MHzに持つダブルスーパーとなっています．

江角電波 ED-201F

144MHz FM 1Wのトランシーバです．広告の端に記載されただけの製品のため詳細は不明です．

BLANK

モービルの決定版!!

51Mc F3 トランシーバー
Model FRT-605 ￥39,500

総代理店
大栄電機商会

大栄電機商会 FRT-605

50MHz帯 FM 3ch（51.0, 51.2MHz実装）の車載用7Wトランシーバです．パネル面は15cm×5cmととても小型ですが奥行きは23cmあります．そして本機のパネル面を見ると何となく足りない物があるように思えると思います．実は本機にはメータが付いていません．

このリグの出力は少々低めですが価格も安く，この後50MHz帯では各社から5W・FM機が発表されます．

サクタ無線電機 FBS-501

エニーブランドの市民ラジオ（合法CB）の製造発売元であり「全国のCBクラブご推薦を得ております」というキャッチコピーを使用していたサクタ無線電機が出した50MHz帯FMトランシーバです．

5ch内蔵可能でスプリアス抑圧量は70dB（公称）とTVIを強く意識した設計になっていますが，10Wで63,800円と価格は少々高めでした．

Model FBS-501

定価 ￥63,800

■性能および特長
全シリコン化の送信部・受信部は一体化されています．
DC-DC コンバーターを使用せず，12Vで10W以上の出力が保証されます．
－70dBにも及ぶ商業局なみの規格でTVIをシャットアウトします．
変調歪の少ないクリヤーな音質です．
5チャンネル水晶制御式でTVIの少ない広いバンドをカバーします．

■定格
周波数範囲　50～54Mc 帯域中の 1 Mc の5チャンネル
周波数安定度　±50×10⁻⁶ 以内
スプリアス　－70dB 以上
入出力インピーダンス　75Ω 不平衡M型
電波形式　F3
通話方式　プレストーク方式
送信部
　送信出力　10W以上（12Vにての位相）
　回路方式　水晶制御変調方式，16てい倍
　最大周波数偏移　±15kc（IDC付）

全国のCBクラブご推薦を得ております
サクタ無線電機㈱

代理店（ショールーム開設）
エステー電機商事

クラニシ計測器研究所　MARKER22

MARKER66の144MHz帯バージョンで，終段が6360であること，4ch機であること，DC-DCコンバータを搭載したモービル機であること，アース極性フリーであることなどは全く変わりません．出力は10Wです．

定価も同じですが実装は3chと一つ減っています．なお，本機にはAC専用タイプもあり，価格などは同じです．

三協電機商会　SC-62

HAMY HUNTERの愛称を持つ弁当箱型50MHz帯AMハンディ・トランシーバです．送受信別々ながら50～52MHzのVFOを内蔵し，2Wの出力があります．ダイヤル機構は少々変わっていて，ウォーム・ギアを介して指針を糸かけで動かすことで横長の周波数表示を行っています．

送信は水晶発振にも対応し，50.5MHzの水晶が付属していました．

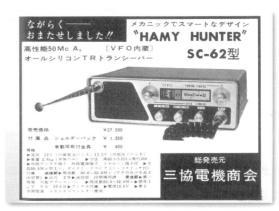

Column　受信回路のフィルタの話

HF では混信問題があり早い時期から選択度が重視されてきましたが，混雑しているとはいえないVHF帯では選択度はあまり重視されていませんでした．その最たるものが超再生受信で50MHz帯では1MHz近い範囲の信号をAM/FM問わず検波してしまうような受信方式です．CQ を出した後でだれか呼んでいないかバンド中を確認した時代ですから，これでもあまり困らなかったのでしょう．

スーパーヘテロダインのAM 機の場合でも受信回路はVFO なので安定度が取れず，選択度をあまりシャープにするわけにはいかないという事情があったものと思われます．

このためHF機がQ5erを使ったりメカニカルフィルタを使用するようになっても，VHF機では少々工夫を加えた集中型IFTとするのが普通でした．

この工夫はスタガ同調と呼ばれる調整時の技です．具体的には中心周波数から微妙にずらした信号でIFT を調整するのです．IFT を半分ずつに分けて，たとえば＋2kHzと−2kHzで最大感度になるように調整します．こうするとスカートは

ほぼそのままでIF の平坦な帯域が広がります．同調がピッタリ合った時は側波帯が削られることがないので良好な音質で相手の声が聞こえ，それが多少ずれてきてしまっても搬送波が3dB 以上削られない限りはA3H になるだけですから，相手局を見失うこともなくまだまだ明瞭に信号が聞こえてくるというわけです．

VHF 機でメカフィルが使われるようになったのは意外なことにFM モービル機からです．というのは，このタイプのリグは受信も水晶発振だったのでドリフトを考慮する必要がなかったからです．

AM 受信回路でFM も受信するスロープ検波を採用したリグが1970 年ごろに現れます．これはこのIFT の帯域外の特性をうまく利用して周波数変化を振幅変化に変えて受信するもので，スタガ同調よりも調整の難易度は上になります．

もしもレストアをするのでしたら，このタイプのリグのIFT はできるだけいじらないほうが無難でしょう．受信回路全体の利得が変わってしまうためAGC にも悪影響が出る場合があります．

第5章　HFはSSBトランシーバ全盛

時代背景

　本章が対象にしている1970年～1976年というのはアナログ技術が輝いていた時代ではないかと思われます．1969年にFMラジオ放送が本放送に移行しました．この頃は真空管ラジオがトランジスタ・ラジオに置き換わりはじめ，テレビ放送はカラーが当たり前になりだした時期でもあります．こうしていろいろな家電製品が進化していきますが，これらは皆アナログ回路で組まれていて，電子技術では後発の日本が世界の中で肩を並べるようになったタイミングでもありました．テレビがその代表例でしょうか．アナログではありませんが電卓の開発競争のように終わってみれば世界中を見渡しても日本の数社だけが生き残っていたという例すらあったのです．

　日本製電子機器の評価が高くなったこの頃，海外では次の動きが始まっていました．1971年に世界初のマイクロプロセッサといわれる4004が誕生していますし，逆にこの時代の終わり，1976年は名CPUのZ80が生まれた年，そしてその翌年はアップル社が設立された年となります．デジタル時代の始まりです．

　1972年の頃に新規のHF機がほとんど発表されない時期がありますが，これはVHFのモービル運用がブームになり開発力の多くがそちらに投入されたためです．1972年は車載機だけでも22機種発表されています．同じ頃発表された新規のHF機は八重洲無線のFT-75だけ，これも車載機でした．hi.

免許制度

　1974年5月にJARL保証認定機種制度が始まりました．これにより10W機を購入し保証認定を受ける場合に，送信機系統図の記載が省略できるようになりました．また実際にはアマチュア無線技士の各級ごとの比率と実際のリグの販売数の違いから，出力を偽っている局がいるのではないかという問題が公然と指摘されるようになったのもこの頃ですが，その裏にはHFのSSB機の多くが100W／10Wの2グレードになったことが影響していた可能性があります．

　1975年1月には3.8MHz帯の割り当てが決定しました．3.5MHz帯で運用可能なほとんどのリグが初めからこの周波数でも動作可能だったので，この点での混乱はありませんでしたが，アナログVFOの時代に14kHz幅しかない狭いバンドでSSB運用をするのですからオフバンドには注意が必要でした．

　1972年5月にはHFでF1（RTTY）が免許されるようになり，1973年4月にはF5（SSTV）の免許が下りるようになっています．1970年代前半は電話，電信以外の通信方式がはじめて出現した時期でもあるわけです．

受信機・送信機

SSB機ではVFOやフィルタなどコストのかかる部分が送受信で共用できること，送受信の連携が重視されるようになったことから，この時代の機器は基本的に送受信機，すなわちトランシーバです．しかし，例外的にセパレート・

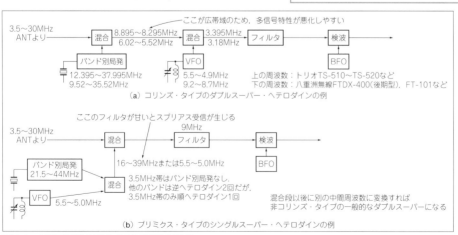

図5-1　1970年代中盤までのSSB機の構成

タイプの製品も存在します.

　トリオのR-599, T-599のラインは最高性能を目指したものです. 送受信で共用しなければ切替回路による性能低下が防げますし, 強い信号と弱い信号の分離も可能です. 一方, 八重洲無線のFR-101, FL-101のラインは受信機FR-101の受信範囲が非常に広いのが特徴です. 1バンド500kHz幅という造りは普通のHF機と同じですが, なんと最大21バンド装備可能で放送受信や業務通信の受信もできるようになっていました. 組になる送信機FL-101はトランシーバFT-101に比べて優位な点が少なかったようで, メーカーでもトランシーバFT-101と受信機FR-101の組み合わせでトランシーブ操作ができることをカタログなどではPRしていました.

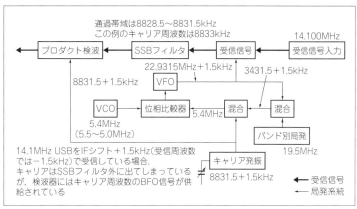

図5-2　トリオTS-820のPLL回路

送受信機

　この時代のSSB機の回路構成はほぼ2種類に集約されています(図5-1). 一つはコリンズ・タイプのダブルスーパーで, 受信系でたどるならば, クリスタルコンバータで変換された500kHz幅, もしくは600kHz幅の第1IF, 特性の良いフィルタが作れる3MHz台の第2IFで構成されています.

　もうひとつはハイフレ(High Frequency)型と呼ばれる9MHz付近のSSBフィルタを用いたシングルコンバージョン・タイプです. このタイプは局発が回路の鍵になります. 直接局発周波数を発振させるタイプもありましたが, 水晶発振とVFOを事前に混合しておいて1回の周波数変換で済ませるプリミクス・タイプと呼ばれるものが後に主流となりました. ミキサが少ないので低歪の製品が作れるというメリットがありますが, スプリアスが出やすいという欠点も持っています.

写真5-1　TS-820のサブ・ダイヤルはギアをうまく利用して100kHz台も表示

　1976年頃からPLLが使われるようになって, シングルコンバージョン方式のスプリアス問題が解決されると, 各メーカーのリグは新しい時代を迎えます. 本章終わりごろのTS-820(図5-2, 写真5-1)はその先駆けとなるリグでした. この時期は日本製リグが海外で高い評価を受け始めた時期でもあります. 価格が安いということでAM時代には各社がOEMでの輸出をしていましたが, 1970年代に入るとその性能が認められ日本のメーカー名を前面に出したmade in JAPANが世界中に出回りました. 高級機が海外で先に発表されるようになったのもこの頃からで, トリオのTS-900や八重洲無線のFT-501がその代表例です.

HFはSSBトランシーバ全盛の時代の機種 一覧

発売年	メーカー	型　番	種　別	価格(参考)
		特　徴		
1970	フロンティアエレクトリック	SUPER600GT B	送受信機	99,800円
	HF5バンド　出力100W　VFO内蔵　600GTAのプリント基板化版			
	八重洲無線	FT-200(S)ブラックパネル	送受信機	69,000円(電源別)
	HF 5バンド　出力100W　10W(Sタイプ　67,500円)　VFO内蔵　1kHz直読　シングル9MHz			
	八重洲無線	FT-101(S)	送受信機	138,000円
	HF 5バンド　出力100W　10W(Sタイプ　136,500円)　VFO内蔵　1kHz直読			
	フロンティアエレクトリック	Skylark 5	送受信機	89,500円(電源別)
	HF5バンド　入力500Wpep　VFO内蔵　6KD6パラ			

発売年	メーカー	型　番	種別	価格（参考）
		特　徴		
1970	フロンティアエレクトリック	SUPER　1200GT	送受信機	105,000円
	HF5バンド　入力500Wpep　VFO内蔵　600GTBのパワーアップ版			
	フロンティアエレクトリック	SUPER　1200GTS	送受信機	103,000円
	HF5バンド　出力10W　VFO内蔵　1200GTの10Wタイプ			
	トリオ	TS-511D（511X）	送受信機	94,800円（電源別，Dタイプ）
	HF5バンド　入力180WDC　VFO内蔵　S2001パラ　1kHz直読　Xは10W出力			
	フロンティアエレクトリック	DIGITAL500	送受信機	158,000円（電源別）
	HF5バンド　入力500Wpep　VFO内蔵　6KD6パラ　周波数デジタル表示			
1971	トリオ	TS-311	送受信機	77,000円
	HF5バンド　出力10W　VFO内蔵　S2001　1kHz直読　ネオ・ロード・チューニング			
	フロンティアエレクトリック	DIGITAL500S	送受信機	不明
	HF5バンド　入力20W　VFO内蔵　周波数　1kHzまでデジタル表示			
	トリオ	TS-511S	送受信機	115,000円（電源別）
	HF5バンド　入力450Wpep　VFO内蔵　6LQ6パラ　NB，CWフィルタ入り			
	八重洲無線	FTDX401	送受信機	128,500円
	HF5バンド　入力430WDC　VFO内蔵　6KD6パラ　NB，CWフィルタ入り			
	トリオ	TS-801	送受信機	89,800円
	HF5バンド　出力10W　TS-311にDC-DCコンバータ，ダイヤル・ロックを追加			
	日本電業	KAPPA・15	送受信機	57,000円
	21MHz　SSB　出力10W　10kHz間隔24ch内蔵＋VXO　NB RIT入り			
	八重洲無線	FT-401D（401S）	送受信機	99,800円（Dタイプ）
	HF5バンド　SSB，CW　出力100W（10W）　VFO内蔵　400SにNBを追加			
	フロンティアエレクトリック	DIGITAL500D	送受信機	189,000円（電源別）
	HF5バンド　入力500Wpep　VFO内蔵　6KD6パラ　100Hzデジタル表示　後に電源付きで同価格			
	日本電業	Liner 10	送受信機	57,000円
	28MHz　SSB　出力10W　10kHz間隔24ch内蔵＋VXO　NB RIT入り			
1972	八重洲無線	FT-75	送受信機	62,400円（電源別）
	HF5バンド　SSB，CW　出力10W　各バンド3ch（計15ch，4ch実装）VXO式　当初は54,000円（電源別）			
	トリオ	TS-511DN（511XN）	送受信機	98,800円（電源別）
	TS-511D，TS-511Xにノイズブランカを装備			
1973	ミズホ通信	FB-10	送受信機	17,800円（キット）
	28MHz　AM　出力2W　1ch　超再生受信　外付けVFOでFM送信可能			
	トリオ	R-599S（599D）	受信機	126,000円（Sタイプ）
	HF6，VHF 2バンド　SSB，CW，AM，FM　600kHz幅VFO　ノイズブランカ装備			
	トリオ	T-599S（599D）	送信機	117,000円（Sタイプ）
	HF5バンド　SSB，CW，AM，FM　入力160W　ダイヤル1回転100kHz　600kHz幅VFO			
	トリオ	TS-900S（900D,900X）	送受信機	264,000円（Sタイプ電源別）
	HF　入力240W　プラグイン・モジュール　付属回路フル装備　4X150A			
	八重洲無線	FT-101B（BS）	送受信機	149,000円
	HF6バンド　出力100W　10W（Sタイプ　147500円）　DC-DC内蔵　8素子フィルタ			
	トリオ	TS-520D（520X）	送受信機	129,800円（Dタイプ）
	HF5バンド　入力160W　入力20W（Xタイプ）　AGC　ALC切り替え			

発売年	メーカー	型番	種別	価格(参考)
	特徴			
1973	フロンティアエレクトリック	DIGITAL200S	送受信機	185,000円(電源付)
	HF5バンド　入力20W　VFO内蔵　100Hzデジタル表示			
1974	八重洲無線	FR-101	受信機	109,500円(スタンダード)
	HF 6バンド+通信, 放送バンド(opあり)　SSB, CW, AM, FM　トランシーブ可能			
	コリンズ(日本)	KWM-2A	送受信機	350,000円
	HF5バンド　SSB入力175Wpep　CW入力160W　出力100W			
	東京電子工業	SS-727C	SSTVカメラ	不明
	SSTV用カメラ　FSTVにも対応			
	東京電子工業	SS-727M	SSTV受像機	不明
	SSTV用モニタ　FSTVにも対応			
	八重洲無線	FT-75B(75BS)	送受信機	62,400円(電源別)
	HF5バンド　SSB, CW　出力50W(10W)　各バンド3ch(計15ch, 4ch実装)VXO式			
	八重洲無線	FT-501(S)	送受信機	169,000円(電源別)
	HF5バンド　SSB, CW　入力560W　6KD6パラ　100Hzまでデジタル表示			
	八重洲無線	FT-201(S)	送受信機	129,800円
	HF5バンド　SSB, CW, AM　入力240Wpep　プリミクス方式			
	新日本電気	CQ-110(N)	送受信機	248,000円
	HF5バンド　SSB, CW, AM　入力240W　100Hzまでデジタル表示			
	SWAN・カツミ電機	SS-15	送受信機	250,000円(記念特価)
	HF5バンド　入力15Wpep　VFO内蔵　全固体化			
	八重洲無線	FL-101(S)	送信機	135,000円
	HF6バンド　SSB, CW, AM, FSK　入力180WDC			
1975	ミズホ通信	DC-7	受信機	9,800円(キット)
	7MHz　ダイレクトコンバージョン　CW　2W送信キットあり			
	ミズホ通信	DC-701	送受信機	36,800円
	7/14/21MHz　ダイレクトコンバージョン　CW　出力2W			
	八重洲無線	FT-101E(ES)	送受信機	176,000円
	HF6バンド　出力100W(10W)　RFプロセッサ内蔵			
	松下電器産業	RJX-1011D(P)	送受信機	430,000円
	HF6バンド　出力100W(10W)　デジタル表示　マイク・コンプレッサ　S2002パラ			
	ユニデン	Model 2020(P)	送受信機	169,000円
	HF5バンド　SSB, CW, AM　入力180Wpep　100kHzVFO　プリミクス			
	ミズホ通信	DC-7D	受信機	14,800円(キット)
	7MHz　ダイレクト・コンバージョン　CW　DC-7DTX, 3,300円(出力1W)あり			
1976	八重洲無線	FT-301S	送受信機	119,800円(電源別)
	HF6バンド　出力10W　オールTr　一部バンドは水晶オプション			
	トリオ	TS-820S(V,D,X)	送受信機	230,000円(Sタイプ)
	HF6バンド　出力100W(10W)　PLLシングル・コンバージョン　RFプロセッサ内蔵			
	新日本電気	CQ-210	送受信機	298,000円
	HF6バンド　SSB, CW, AM　入力240W　100Hzまでデジタル表示　DC-DC付			
	八重洲無線	FT-301SD	送受信機	177,000円(電源別)
	HF6バンド　出力10W　オールTr　デジタル表示　一部のバンド水晶はオプション			

第1章

第2章

第3章

第4章

第5章

第6章

第7章

第8章

HFはSSBトランシーバ全盛の時代の各機種 発売年代順

1970年

フロンティアエレクトリック SUPER600GT B

SUPER600GT Aの回路をプリント基板化したもので，回路も若干手直しされているとのことです．

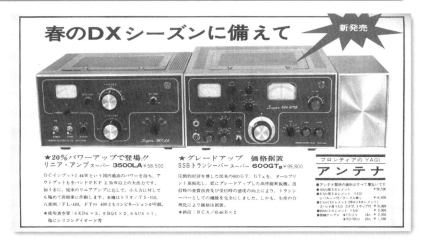

八重洲無線 FT-200(S)ブラック・パネル

第3章にも記載したリグで，FT-200　シルバー・パネルのマイナ・チェンジ版です．100W，10W（Sタイプ）の2種類があるのですが，なぜか10Wタイプが積極的にPRされました．

ブラック・パネルの初期型はシルバー・パネルと同様に固定チャネルを4ch装備できるようになっていましたが，後期型ではこれがなくなり，そのスイッチは外付けVFOを使用した際のたすきがけ動作の切り替えに置き換わっています．

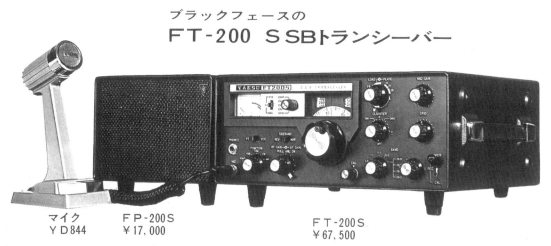

八重洲無線　FT-101（S）

　後に世界的名機となったFT-101シリーズの最初の製品です．安定感のあるコリンズ・タイプのダブル
スーパーに6JS6Aパラレルのファイナルを組み合わせたもので，真空管は送信ドライバとファイナルだ
け，積極的にFETを取り入れています．

　受信のRF同調はμ同調として選択度を上げ，回路はプラグイン・モジュール化してありました．発熱
の多い真空管機FT-200で好評だった二重温度補償のVFOはさらに立ち上がりから安定となり，ウォーム
アップ時のドリフトですら500Hz（公称値，後に300Hz）に抑えられています．1回転16kHzまで減速され
ていますから同調も容易です．

　ノイズブランカや100kHz／25kHz切り替えのマーカも装備しています．πマッチのプレート同調やプ
リセレクトつまみには減速機構がついているのも特筆される部分です

　本機の特徴としては，発売後にどんどん手直しを受けたということが挙げられるでしょう．たとえば
RFアンプは2SK19のカスケードと2SC372のミキサの組み合わせだったのが，RFアンプは3SK39を経て
3SK40に，最後にミキサが2SK19に変わっています．

　内部妨害を止めるトラップは4から10に，CWの送信音にハムが乗れば整流部の配線変更や1.9MHz帯
対応，ファイナルの冷却ファン装備などの改良も行われています．

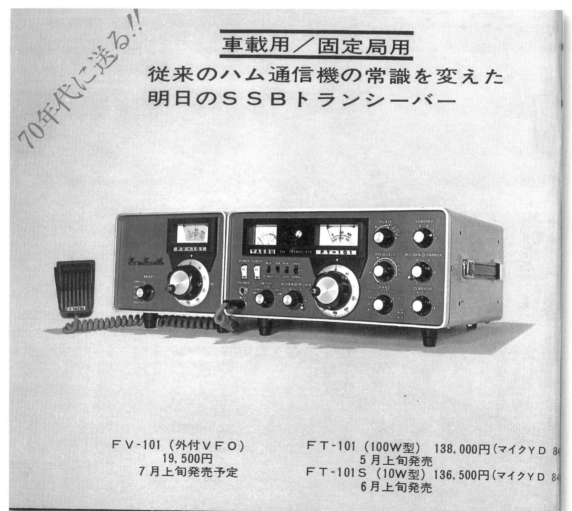

70年代に送る!!

車載用／固定局用
従来のハム通信機の常識を変えた
明日のＳＳＢトランシーバー

　ＦＶ-101（外付ＶＦＯ）　　　　ＦＴ-101（100Ｗ型）138,000円（マイクＹＤ 84
　　　　19,500円　　　　　　　　　　　　5月上旬発売
　　7月上旬発売予定　　　　　　ＦＴ-101Ｓ（10Ｗ型）136,500円（マイクＹＤ 84
　　　　　　　　　　　　　　　　　　6月上旬発売

フロンティアエレクトリック　**Skylark 5**

IF以後を半導体化し，高周波回路に真空管を7本使用した入力500Wpepのハイパワー・トランシーバです．回路はプリミクス，600kHz幅のVFOを使用し3.5MHz帯から28MHz帯までをフルカバーしています．受信のIFアンプはなんと4段，利得不足にならないように考えられていました．

終段は6KD6(**写真**)パラレルです．冷却ファンは付いておらず，ファイナル・ボックスの鉄板のすぐ脇に横置きの6KD6を2本縦に並べています．放熱に若干の不安がある設計です．

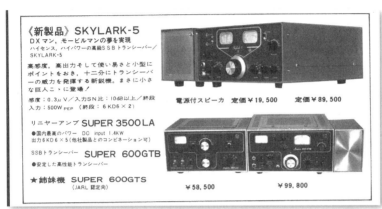 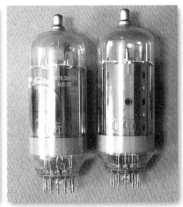

フロンティアエレクトリック
SUPER 1200GT(S)

これはSUPER600GT Bの高周波アンプ部分をSkylark5と同様にしたものです．終段入力500Wpepのハイパワー機で他は600GT Bと同様となっています．

SUPER 1200GT Sという10W機も翌月に追加されましたが，すぐに市場から見られなくなりました．

トリオ(JVCケンウッド)　**TS-511D(X)**

同社のTS-510の改良型です．周波数関係は同じで信号系統の半導体化を推し進めた以外は細部の改良が主ですが，デザインは大きく変わりました．スプリアス特性が改善されたこと，ギアを用いてドライブ段とファイナル段を電気的に切り離したこと，ファイナルにクーリング・ファンを実装したことなどをメーカーではPRしていましたが，もう一つ大きな改善点がありました．CW送信時のキャリア周波数をSSBのオーディオ・センター(LSBとUSBのキャリア周波数の中央)に持ってきたのです．この設計はセパレート機JR-599，TX-599には例がありましたが，トランシーバとしては初めてで，以後の同社機の標準的な姿となります．511Xは10W機で価格は2,000円安に設定されていました．

フロンティアエレクトリック **DIGITAL500(S)**

　周波数をkHzオーダーまでデジタル表示する入力500Wpepのトランシーバです．周波数表示部にはニキシー管が使われ，オフレンジ表示（オフバンドではない）も付いています．

　本機は高価格でしたが，SSB機と必要なアクセサリを全部備えているリグとメーカーはPRしていますし，空電ノイズの帯域が広いことを利用した特殊なノイズブランカも装備していました．500Sは出力10W機です．なお，本機の発売でSUPER 600シリーズおよびSkylark5は生産中止となり，フロンティアのHF機はSUPER 1200と本機のみに整理されています．

● DIGITAL500D

　入力500Wpepのデジタル表示SSB機，DIGITAL 500のマイナ・チェンジ機です．100Hz台もデジタル表示するようになり，RITのON/OFFがRITつまみから独立し，TUNINGつまみがPRESELECTつまみに改称されました．パネル面の色がブラックからホワイト（銀）に変わったのも変化の一つですが，最大の変化はその価格で，31,000円値上げされています．しかしさすがに値上げしすぎたと考えたのでしょう．数カ月後には同じ価格で電源込みとなり，値上げ幅は14,000円圧縮されました．最終的な本体定価は172,000円です．

　カウンタはキャリア周波数をカウントしますので通常の回路ではLSB，USBで表示がずれてしまいますが，この対策として本機はLSB，USBで別々のフィルタを備えています．

　また，本機専用のDigital 1（69,500円））という外付けVFOも発売されました．もちろんこちらもデジタル表示です．

● DIGITAL200S
　（1973年）

　DIGITAL500Dをベースにしたと思われる10W出力のトランシーバです．

■パワーのフロンティア

エレクトロニクスの花形コンピューター技術を導入

SSBトランシーバー
DIGITAL 500
（意匠登録・実用新案・商標登録申請中）

新発売!!

【11月中旬発売予定】本　体　¥158,000
電源及びSP　¥17,000
DC・AC両用
電源及びSP　¥27,000

ADVANCED SSB TRANSCEIVER DIGITAL 500

FRONTIER ELECTRIC CO.,LTD.

● 正確な周波数でコンタクト
● 送受周波数の読み取りが一目瞭然。
● キャリブレートが不要。
● 1KHz直読。
● オフレンジ標示装置つき。
● 小型軽量で大出力(500 WATTS PEP)高感度。
● SSBトランシーバーとしてのアクセサリーを全部備えている。

トリオ（JVCケンウッド）　TS-311

TS-511の下位機種にあたる10W専用機です.
SSB初心者にターゲットを絞った製品で,
LOADバリコンを固定コンデンサに置き換え,
出力計をランプ表示にしています. この「ネオ・
ロード・チューニング」の採用により, DRIVE
とPLATEの二つのつまみをランプが一番光る
ように調整すれば送信調整が終わるというのが
本機の最大のPRポイントでした. 他にも側波
帯の自動切り替えやRFゲイン調整の省略など,
初心者に難しい部分をシンプルにしています.
電源やスピーカも内蔵したオール・イン・ワン
で, パネル面のつまみは必要最小限に抑えられ
ている使いやすい無線機でした.

本機は信号系統のほとんどを真空管で構成
しています. 本機は上位機種TS-511と周波数
関係はほぼ同じで基板が共通の部分もありま
すが, TS-510と同様にCWのキャリア水晶は
USB側発振器と共用にしてコストダウンした
りもしています. 愛称はワールドスリーイレ
ブンです.

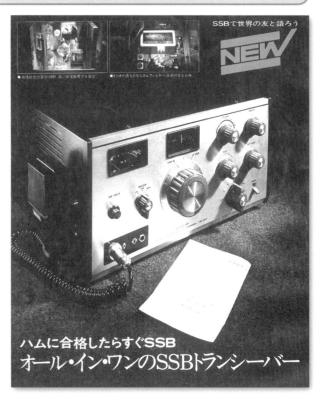

トリオ（JVCケンウッド）　TS-511S

TS-511Dの終段を6LQ6パラレルにして最大入力450Wpepとしたトランシーバです. ノイズブランカ,
CWフィルタ, クーリング・ファンを内蔵しています. ワールドファイブイレブンの愛称が付いていま
した.

● TS-511DN（XN）

TS-511D, TS-511Xのマイナ・チェンジ・バージョンです. ノイズブランカを装備しSSBフィルタが6
素子から8素子になりました. 外観はほぼ同じ, 定価は4,000円のアップです.

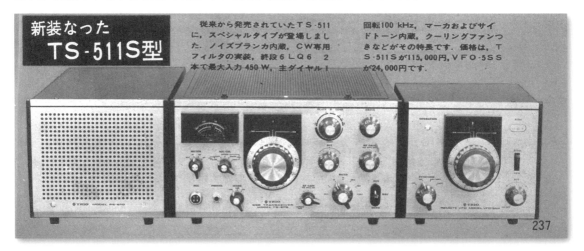

八重洲無線　FTDX401

　FTDX400のモデルチェンジ機です．外観は旧機とよく似ていますが，これは当時の八重洲無線が400番台のHF機すべてでデザインを共通にしていたためでしょう．ノイズブランカ，CWフィルタ，クーリング・ファン，JJY受信，AC電源だけでなく，TVI防止用LPFも組み込まれています．

　公称入力は430Wです．数字だけ見ると他社のハイパワー機より劣るように見えますが，この数値はDCでありpepでは入力560Wあります．

　本機はその内容の割に小型で高さは16cmしかありません．電源トランスの大きさとファイナルの高さからするとこれが限界のようです．電源回路のセラミック・コンデンサを倒して配置するといった薄くするための工夫も見られます．

　なお本機は旧機と同じくSSBを主眼にしたリグですが，401になってからはCWのキーイング特性も改善されています．また，モデル最終期にはAMモードも追加されました．

● FT-401D（401S）

　FTDX-401から派生した100W（401D），10W（401S）機です．外見上はFT-400Sにノイズブランカを組み込んだものですが，実際は回路も改良された実用的なリグに仕上がっています．

　Sタイプは7,000円安です．ファイナルの本数が減るだけでなく，JJYバンドとキャリブレータの水晶発振子もオプションにして価格を抑えていました．

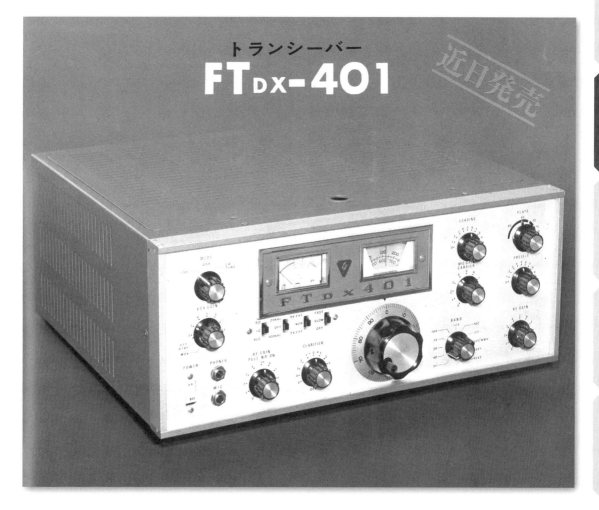

トリオ(JVCケンウッド) **TS-801**

　TS-311と同様の発想で作られた移動用トランシーバです．モービルでの使用も考慮してあり，HFのSSB機ではあまり見かけない本体左横にマイクをかける金具が付いています．

　TS-311の回路にノイズブランカと固定チャネル，バッテリ動作用DC-DCコンバータを追加し機械的なダイヤル・ロックも装備しました．愛称はワールドエイトオーワンです．

日本電業　**KAPPA・15**

　21MHz帯10Wのモービル用SSB機で，日本電業のアマチュア向け第1弾のリグです．周波数シンセサイザを利用した10kHzステップ24chとVXOを組み合わせて21.21〜21.44MHzを連続カバーしています．オール・トランジ

スタのため13.5Vでの送信時の電流はわずか2.2AとVHFのFMトランシーバよりも低い消費電力となっていました．

　RITやノイズブランカも内蔵し，SSB機として必要な機能はすべて持っていますが，周波数範囲からも分かるようにCW回路は組み込まれていません．

　KAPPA(カッパー)というのはギリシャ文字の「K」のことで，天に向かって手を広げるような動作を意味しています．また北米では「優等生」を意味するスラングでもあります．でもどうしても日本語では「河童」のイメージが強くなってしまうようで本機は後にLiner 15　と改称しています．

● Liner 10

　Liner 15(KAPPA・15)同様，10の水晶を6×4という形にした周波数シンセサイザで24チャネルを作り出し，VXOを併用することで28.48〜28.71MHzをフルカバーした28MHz帯モノバンドSSBトランシーバです．

　モービル運用を強く意識しているためか，ノイズブランカ以外の付属回路を省いていますが，その分小型軽量(2.2kg)です．真空管を使用していないため13.5V時に2.2Aしか必要としない低消費電力のリグでした．

1972年

八重洲無線　FT-75

　日本電業のLinerシリーズと同様にモービル運用に主眼を置いたリグですが，内容は全く違っています．本機はHF5バンド機です．各バンドごとに3chの水晶発振子が実装でき，VXOで3〜20kHz周波数を動かすことができるようになっていました．この可変幅はバンドによって違います．また，購入時は3.565MHz，7.085MHz，21.400MHz，28.550MHzの水晶発振子が実装されていました．本機はドライバとファイナルのみ真空管で，12BY7A，12DQ6Bを使用しています．12Vヒータの真空管を使用することでDC電源の負担を減らしているわけです．真空管式ではありますが，バンドごとにプリセットした回路を使用することでチューニングの必要をなくしました．ボタン1つでQSY可能です．

　14MHz帯，28MHz帯では主要部のみのカバー範囲となっていますが，再調整は可能なので実用上の問題はなかったようです．AC用電源FP-75，DC用電源DC-75共にスピーカ内蔵です．本体は車のダッシュボード付近に，DC-75はシート下にといった設置も可能でした．なおFT-75はノイズブランカを内蔵しており，CW運用も可能でしたがサイドトーンやブレークインには対応していません．

● FT-75B（75BS）

　車載用HFトランシーバ　FT-75のモデル・チェンジ機です．最大の特徴は出力がアップされたことで，FT-75Bは12GB7をパラレルで用いて50W出力を実現しています（75BSは10W）．

　消費電力の少なさも魅力の一つで，DC-75Bを使用したDC13.5V動作の場合，送信無信号時は6.7A，50W出力時でも15.5Aで済みます．ヒーターOFFの受信時なら0.3Aです．もちろん外付けVFOにも対応しFP-75Bを用いればAC電源動作も可能です．

　前機種からの改良点としてはVXO可変幅の修正があります．旧機では±1.5〜±10kHzとバンドによって大きく可変幅が変わっていましたが，本機では±3〜±6kHzの範囲に収めて操作性を改善しています．

本機は各バンド3chまでVXO用水晶が実装できますが，メーカーでは15chのオプション水晶発振子を常時在庫としていました（**表**）．またオプションでルーフサイド用モービル・アンテナも用意し，八重洲無線の機材だけでHFモービル運用が可能なように配慮していました．

FT-75B（BS）用水晶発振子　組み合わせ一覧

中心周波数		可変幅	実装可能数	送信可能範囲
3.535MHz	オプション	約6kHz		
3.550MHz	オプション	約6kHz	このうち	
3.565MHz	標準実装	約6kHz	3波	バンド内
3.574MHz	オプション	約6kHz		
7.050MHz	オプション	約6kHz		
7.075MHz	オプション	約6kHz	このうち	
7.085MHz	標準実装	約6kHz	3波	バンド内
7.097MHz	オプション	約6kHz		
14.150MHz	オプション	約6kHz		
14.200MHz	オプション	約6kHz	3波とも	150kHz幅
14.250MHz	オプション	約6kHz	実装可能	
21.250MHz	オプション	約8kHz		
21.300MHz	オプション	約8kHz	このうち	
21.400MHz	標準実装	約8kHz	3波	240kHz幅
21.420MHz	オプション	約8kHz		
28.350MHz	オプション	約12kHz		
28.450MHz	オプション	約12kHz	このうち	
28.550MHz	標準実装	約12kHz	3波	400kHz幅
28.600MHz	オプション	約12kHz		

1973年

ミズホ通信　FB-10

　同社のFB-6Jの28MHz帯バージョンです．HFの主流がSSBになった後のAM機のため，第2章のp.51でも紹介しています．画像もそちらを参照してください．受信は高周波増幅付き超再生，送信は2ステージで入力5Wとなっています．

　前面パネルに水晶発振子を差し込むようになっていて，28.3MHzの水晶発振子が付属していました．3球の安価になるように設計されたリグですが，超再生の発振信号の漏れを最小に抑えていたり，無理してVFOを内蔵しないで安定度を確保したりといった基本的な部分はきちんと押さえられています．

　送信出力段は共振回路にカップリング・コイルを付けるタイプですが，入力5Wに対して出力は2Wとなっているので，ファイナルのQがとても高かった可能性があります．

トリオ(JVCケンウッド)　R-599S(D)　T-599S(D)

　セパレートHF機JR-599，TX-599のマイナ・チェンジ機です．AMがA3になり，フィルタは8素子化，トランスバータ対応となりましたが，一番喜ばれたのはメイン・ダイヤルの減速機構の変更でしょう．従来は1回転25kHzで目盛りも同様だったのが，目盛りだけ1回転100kHzに変わりました．パネル面の色はシルバーからブラックに変化しています．なおT-599Sの入力は160W DCです．

　R-599SとR-599Dの違いはAM，CWフィルタの実装と50MHz帯＆144MHz帯クリコンの有無でR-599Dは99,800円，T-599SとT-599Dの違いは出力で10W出力のT-599D（Xではない）は112,500円でした．

トリオ(JVCケンウッド)　TS-900S(D, X)

　前年より輸出の始まっていたTS-900の国内向け機です．TS-900Sは終段に4X150Aを使用し入力300Wpep（240W DC），TS-900Dは6146Bパラレルで入力160W DC（240,000円，電源別），TS-900Xは6146シングルの入力20W機（23,5000円，電源別）です．

　本機の最大の特徴はフィルタの構成で，キャリア周波数を一定にするためにLSB，USBで別々のSSB

フィルタを用いるようになっています．CWフィルタはオプションです．機構的にはプラグイン・モジュールが採用されていることが挙げられます．コイルパックの都合があるため高周波部はモジュール化されていませんでしたが，正面から見て本体左側には同じ大きさの基板が8枚順序良く並んでいます．

　回路的には検波段までの受信信号系にデュアルゲートMOS-FET 3SK35を採用したことが最大の特徴でしょう．コリンズ・タイプですが第1IFのフィルタも同調型として多信号特性を改善しています．高価格でしたが高性能なリグでした．

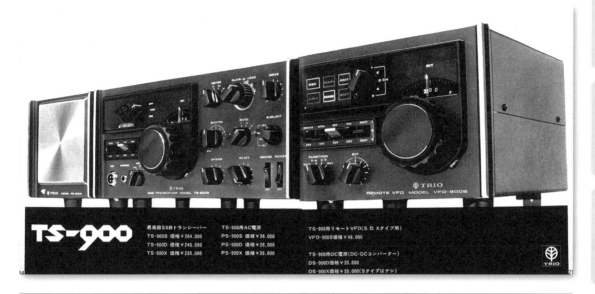

八重洲無線　FT-101B(BS)

　大人気機種FT-101(無印)のマイナ・チェンジ版です．固定チャネル用水晶発振子のタイプが変更になり，2軸つまみの外側がプラスチック・レバーになったり，使用VFO表示が付いたりという細部の変更しかありませんが，これは無印の時代に細かく手直しがあったためで，Bタイプは無印の集大成ということができます．

　ちなみに無印初期型と比較すると1.9MHz帯対応，受信アンテナ端子の追加，冷却ファンの装着，ノイズブランカの改良，SSBフィルタの8素子化，6JS6Aから6JS6Cへのファイナルの変更といった改良がなされています．

　本機ではさらにアンチトリップ入力，サイドトーン出力端子が追加されていますが，これは後に発売されるFR-101などの受信機との連動をスムーズにするために必要な装備でした．

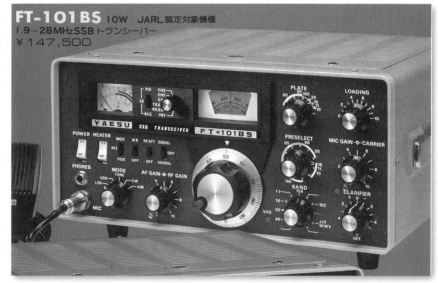

トリオ（JVCケンウッド） **TS-520D（X）**

　トリオが満を持して投入したHF5バンドのSSBトランシーバです．TS-510で始まった周波数構成を使いTS-900を原型としていますが，その設計は細部まで見直されてコストダウンがなされています．コストのかかるプラグイン・モジュールは普通の横置き基板となりフィルタはLSB/USB兼用，IF同調のVFO連動もなくなりました．ファイナルは安価なS2001に変わっています．

　FT-101Bを意識していたのでしょうか，TS-520DはTS-900ベースでありがながらDC-DCコンバータを省いてライバルより約2万円安に設定されています．またマーカもオプションにした10W機，TS-520Xは114,800円と当時の高級機の中では極めて安価に設定されていて，本機は大ヒット機種となります．ライバルFT-101Bと共に世界中を席捲しました．

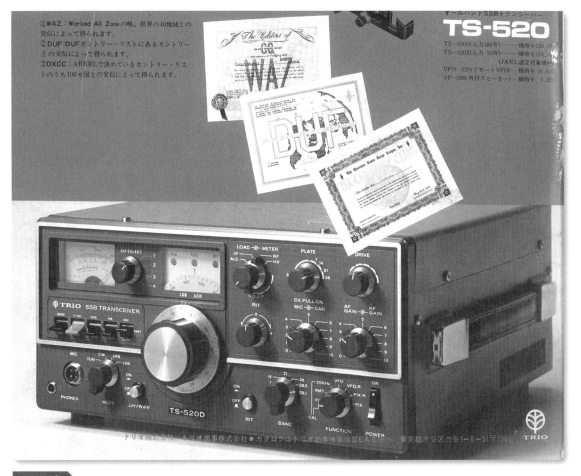

1974年

八重洲無線 **FR-101**

　FT-101と同じデザイン，同じ周波数構成の受信機です．ただしメイン・ダイヤルは縦に回転するドラム表示となっています．MOS-FETで信号系統を構成しダブル・バランスド・ミキサICを採用するなどの改良によって真空管式以上の大振幅特性を得ているとメーカーではPRしています．

　VFOは500kHz幅でアマチュアバンドだけでなく放送バンドもカバーしています．さらにオプションで4つのバンドを選ぶことができるので，最大21バンドの受信機になります．そしてFMの検波回路はも

ちろんスケルチも装備，50MHz帯と144MHz帯のクリコンも入っています．

　オプションバンド水晶以外すべて入っているのがデラックス・タイプで148,000円，HFのハムバンド水晶7個とSSBフィルタだけが入っていてクリコンもオプションのスタンダード・タイプが109,500円という価格設定でした．なお，本機は後に発売される送信機FL-101だけではなく，FT-101シリーズとのトランシーブ操作も可能です．

L・BCLに最適なオール
ブ・オールウエィブ受信機

スタンダード型 ￥109,500
デラックス型 ￥148,000

FR-101

コリンズ（日本）　KWM-2A

　1973年1月に米国コリンズ社の日本法人として日本コリンズが創立され，翌年からKWM-2Aの生産が始まります．本機は米国コリンズ社の手順書に沿って日本コリンズが軽井沢に作った工場で生産したトランシーバです．

　455kHzでSSB波を作りVFOで3.155～2.955MHzに展開し各バンドに変換します．VFO（PTO）の可変幅は200kHzです．CWは1500HzのトーンをSSB送信回路に入れて送信しSSBと同様に受信するという構成になっているため，高いトーンで受信する必要があります．しかしSSB機としての性能はとても優れていて，米国生産品は高価でしたが日本国内で高い人気がありました．そこで日本での生産に踏み切ったものと考えられます．

　総代理店の極東貿易の紹介文では，"KWM-2Aを手始めに将来はコリンズのアマチュア機器は日本で生産され　～

COLLINS **KWM-2A**
Transceiver

いよいよ日本で生産発売.!!
￥350,000

中略～　世界中へ輸出されることになります"と記述されていましたが，コリンズが次のリグを発売するまでに時間を要してしまったためか，国内生産はこの機種のみとなりました．KWM-2Aの日本での生産台数は500台です．

東京電子工業（東芝テリー） **SS-727C　SS-727M**

SSTV（スロー・スキャン・テレビジョン）用カメラ（SS-727C）と受像機（SS-727M）です．

愛称はHAMVISIONとHAMVISION mateで，カメラの出力をSSB送信機に入れればSSTVが送信でき，SSB受信機の音声出力を受像機に入れればSSTVが受信できます．

それまでアマチュア無線とは何の関係もなかった会社ではありますが，同社はこの当時は工業用テレビ・カメラから放送用テレビ・カメラまで幅広い映像製品を作っていたので，1973年4月のSSTVモード免許開放を受けて，テレビ・カメラを利用したSSTV機器の生産，販売に踏み込んだと思われます．

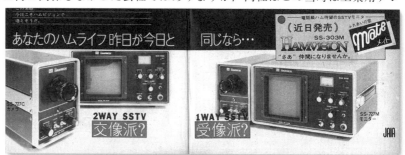

八重洲無線 **FT-501（S）**

1972年末から輸出されていたデジタル表示の5バンド入力560Wpepのトランシーバで，1974年半ばに国内販売が始まりました．緑色の数字表示管を使用し1kHz目盛りのアナログ表示も持っています．このため，たとえば3kHz移動するときなど，頭の中で計算をしなくてもアナログ目盛りで簡単にQSYできるようになっていました．FT-501は9MHz IFでプリミクス・タイプのシングルコンバージョンです．キャリア周波数を正確にデジタル表示するために，フロンティアの機器同様SSBジェネレータ部のキャリアはひとつにして，クリスタルフィルタをLSB用，USB用別々にしています．終段は6KD6パラレルです．送信最終ミキサ以後と受信ミキサ以前は真空管で構成され，PRESELECTORで調整されるRF同調のQを高めにしてスプリアスを軽減する工夫もなされています．

FT-501Sは入力20W，出力10Wの初級用リグでファイナルは6JS6Cシングルです．100W改造キットがあったのでFT-501Sを100Wにすることは可能でしたが，200Wにするためのキットはありませんでした．

FT-501 3.5〜28MHz SSB/CWデジタルトランシーバー ¥169,000　**FP-501** スピーカー付AC電源 ¥23,800

八重洲無線 FT-201(S)

　プリミクス方式の5バンドSSBトランシーバです．1.9MHz帯に対応していないだけでスペック上は
FT-101と同一ですが，FT-101より廉価に，そしてTS-520Dと同一価格に設定されていました．

　ダイヤル機構はFR-101と同じドラム型メイン目盛りと円盤型サブ目盛りの組み合わせでドライバとフ
ァイナル以外全半導体化されています．回路的にはFT-200に近いのですが，局発水晶を追加したり周波
数変更したりすることで逆ダイヤルを解消しています．とはいえ真空管機と同様の回路をそのまま半導
体で実現しようとしたところに多少無理があり，筆者が使用した際にもPRESELECTが甘いという感触

がありました．IF妨害
も同様で定格値はFT-
101と同じ−50dBです
が，受信周波数を変え
れば妨害から逃げられ
るダブルスーパー機と
逃げようのないシング
ルスーパー機では妨害
によるダメージが大き
く違います．

　本機は残念ながら約
1年で製造が打ち切ら
れたようで，翌1976年
6月の八重洲無線"今こ
こに勢ぞろい"の広告
に本機は見当たりませ
ん．

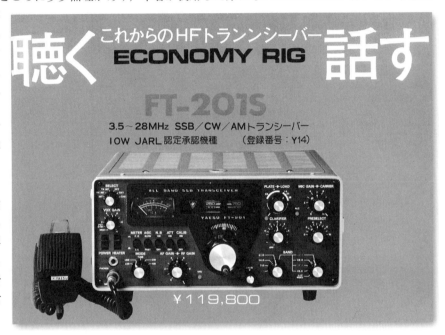

新日本電気 CQ-110(N)

　大手通信機メーカーの日本電気の家電部門，新日本電気のラジオ音響事業部が発売した8セグメントの
LEDを使用したデジタル表示の6バンドSSBトランシーバです．同社は1974年に144MHz帯のポータブル
トランシーバCQ-P2200とモービル機CQ-M2100，そして本機でアマチュア無線の世界に参入しました．

　本機は受信ミキサまで，そして送信ミキサ以後を真空管で構成し，他を半導体化しています．ファイ

ナルは6JS6Cで入力240Wpep
（110Nは10W出力）となって
います．

　フロンティアや八重洲無
線のデジタル表示機と同様
に本機もLSB，USBで別フィ
ルタを用いています．たす
き掛け，固定チャネル運用
（2ch）も可能です．RTTY，
SSTV，FAX用の入出力端子
も付いたAC電源内蔵のオー
ル・イン・ワン機です．

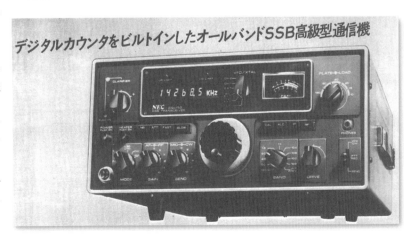

SWAN・カツミ電機 **SS-15**

米国SWAN社の5バンドSSB，CWトランシーバです．
SS-200（入力200Wpep），SS-100（入力100Wpep）といった
半導体化機の入力15Wpepバージョンで，VOX，逆サイ
ドバンド，25kHzキャリブレータ，サイドトーン付き
CWセミブレークインといった付属回路を備えています．

IFは5.5MHzのシングルコンバージョン．SWANはハ

オールバンド　オールソリッドステート
トランシーバー

SS-15	15W	¥280,000
SS-200A	300W	¥375,000
PS-20（20A専用電源）		¥ 75,000

イバンドでも直接VFOを発振させるタイプの回路が得意で，見かけ上は21MHz帯まで各バンド同じ目盛
りを使っていますが，実際の発振周波数は全バンド違います．調整の妙です．

本機は米国製，QRP機として主に米国で販売されたものですが，日本総代理店のカツミ電機がJARL
の保証認定機（SW1）としていますので本書の対象としました．

八重洲無線 **FL-101(S)**

FR-101と対を成すHF6バンドの送信機です．135,000円（出力10Wの101Sは125,000円）とトランシーバ
並みの価格が設定されていますが，ケース，電源，フィルタ，VFOが送受信で共用できるSSB機で送信
機が割高になるのはやむ負えないのでしょう．

本機にはオプションでRFスピーチ・プロセッサ（9,800円）が設定されています．

第1章
第2章
第3章
第4章
第5章
第6章
第7章
第8章

1975年

ミズホ通信　DC-7

　7MHz帯のダイレクトコンバージョン受信機のキットです．デュアルゲートFETを利用することで混合段のAM検波動作を防止し実用的な製品に仕上げています．

　アンプ・キット1,200円を追加すればスピーカを鳴らすことができ，送信部キット4,800円を組み込めば2W出力の7MHz帯CWトランシーバが出来上がります．

● DC-7D

　ダイレクトコンバージョンの7MHz帯受信機，DC-7のマイナ・チェンジ機です．

　周波数表示を読みやすくし，前機種でオプションだったオーディオPAアンプを内蔵しスピーカもケース内に収めました．プリント基板は1WのCW送信基板を簡単に増設できるように工夫されています．

　キットですが一部は組み立て済みで，送信部をセットにしても17,900円でパワーも価格もQRPとなっていました．

● DC-701

　DC-7の回路を発展させた7MHz帯，14MHz帯，21MHz帯のCWトランシーバです．受信部はダイレクトコンバージョンでオーディオを整流するタイプのAGC，Sメータも内蔵していて，メーカーが付けた愛称は「ミニペッカー」です．

　7MHzを発振させ，14MHz，21MHzは逓倍で取り出しています．送信出力は最大2W，サイドトーンやブレークインだけでなく電池ボックスや横振れキーも装備しているため本機とアンテナがあれば移動運用が可能でした．

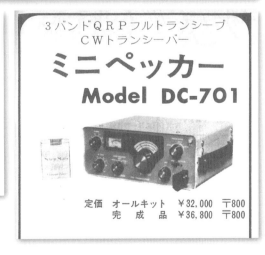

八重洲無線 **FT-101E(ES)**

FT-101シリーズのマイナ・チェンジ機で，101Eは入力240Wpep，101ESは入力20Wpep，ドライバと終段以外半導体化された6バンドのトランシーバです．最大の特徴はRFスピーチ・プロセッサが装備された（ESはオプション）ことで，強いトークパワーを得られるようになりました．他にもCLARIFIERスイッチが独立したり，スライド・スイッチがトグル・スイッチに変わったりといった細部の改良が施されています．

ESタイプの価格は129,800円でEタイプより46,200円安く初級者が買いやすい価格となっています．海外の廉価版SSB機を求めるユーザーにはプロセッサを外した100W機のFT-101EEが＄90安い価格で供給されました．

1.9MHzから28MHzまでオールスペクトラムをカバー

松下電器産業（パナソニック） **RJX-1011D(P)**

1973年からアマチュア無線機器に参入していた松下電器産業が価格と性能，この両方でハムを驚かせた6バンドSSB，CWトランシーバです．Dタイプは入力200Wpep，TVの水平出力管40GK6（PL509）を基に本機のために作られた陽極損失40Wの真空管，S2002をパラレルで使用しています．Pタイプは入力20Wです．周波数表示はデジタルでkHzオーダーから100Hzまでの4桁のものが2つあります．片方は数値メモリに使用しますが，外付けVFOの周波数表示にもなります．もちろん，スピーチ・プロセッサなどの付属回路はすべて網羅していました．

ユニデン
Model 2020(P)

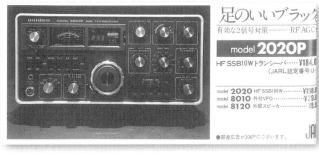

北米向けCB機など輸出中心に通信機器を作っているユニデンの最初のアマチュア無線向け製品で，144MHz用トランシーバModel 2010と共に発表されました．無印は入力180W DC，Pタイプは入力20Wです．本機の最大の特徴はその局発回路で，100kHz幅のVFOと100kHz単位のPLLで約15MHzの局発出力を作り出し，さらにバンドごとの局発を混合するプリミクス方式を取り入れています．このため100kHz以上はスイッチ切り替え，それ以下はVFOという形で周波数を選択し，100kHz以上の桁はデジタル表示されるようになっていました．CWフィルタ，ノイズブランカ，キャリブレータ，電源なども内蔵したオール・イン・ワン機で内部はプラグイン・モジュールを採用しています．

IFは9MHz，メーカーでは電波の質に自信を持っていたようで，送信S/Nは実測で70dB，ALCスタートから10dB入力を増やしてもIMDは同じ（－35dB以下）と公表していました．

Pタイプは149,000円，1976年初めころに198,000円，184,000円（Pタイプ）に価格改定されています．

1976年

八重洲無線　FT-301S

オール・トランジスタのHF 6バンド10Wトランシーバです．終段までトランジスタ化されているため従来のHF機より一回り小さく，受信感度を最大に調整するμ同調のRFチューニング以外，一切調整は不要となっています．

回路は9MHzにIFを持つプリミクスで八重洲無線お得意の回路となっています．メイン・ダイヤルは高減速，低減速の2重ダイヤル，ノッチとして動作するREJECTチューニング，CW用オーディオ・アクティブ・フィルタも装備していました．変わっているのはHF機でありながら固定チャネル水晶を11も実装できることです．モービルでの使用を考えるといくつかは必要となるので，いっそのことデザインが同じVHF機のFT-221と共通にしてみたという可能性があります．

価格を抑えるためか，本機ではバンド水晶4つとJJY受信水晶がオプションとなっていました．

● FT-301SD

FT-301Sの周波数表示をデジタル化したものです．パネル面のスペースの都合でしょうか，FT-501にはあったアナログ目盛りがなくなりました．メイン・ダイヤルは2重タイプからシンプルな製品に変わっています．

トリオ（JVCケンウッド）　TS-820S（V, D, X）

　TS-520で大成功を収めたトリオがコリンズ・タイプ・ダブルスーパーの次を見据えて開発したリグです.
　コリンズ・タイプの受信回路最大の欠点は広帯域の第1IFがあることでした. しかし第1IFを狭帯域にするためにはバンド別に局発信号を用意する必要があり, 周波数が高くなり安定度も損ねやすくなります. 一方プリミクスにすると周波数関係が複雑になり内部妨害が出やすくなります. そこでこの問題を解決するためにVFO出力をPLLに通すことでプリミクスと同じ周波数の信号を得ることが考えられました（p.123, **図5-2**参照）. VFOでコントロールされてはいますが, 信号源はVCO（電圧制御発振器）です. 余計なプリミクス用局発からの信号は含まれていない単一発振器の信号ですから, これをミキサに送り込めば良好な受信ができるというわけです. TS-820ではさらにPLLのミックスダウンにキャリア信号も参加させてキャリア周波数を動かすことで, 見かけ上IFフィルタの通過帯域が横に動くような動作ができるようにしました. IFシフトです. こうして送受信信号の純度を上げつつ, RFスピーチ・プロセッサや送信パワーアンプへの負帰還, モニター回路の採用, サブ・ダイヤルでの100kHzオーダーの表示（p.123, **写真5-1**）など, 盛りだくさんの新技術を詰め込んだのがこのTS-820シリーズです.
　Sタイプ, Dタイプは入力160W, Vタイプ, Xタイプは入力20W, Sタイプ, Vタイプはデジタル表示付き, D, Xタイプはオプションといったタイプごとの違いはありますが, 基本的な構成は変わりません.

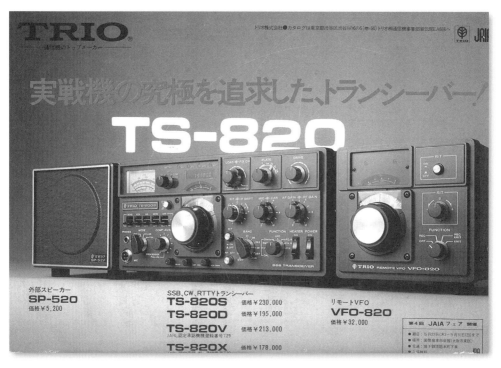

新日本電気　CQ-210

　同社のCQ-110のマイナ・チェンジ・バージョンで, 7360をミキサに使用するなど受信部が主に手直しされています.
　前期の製品ではオプションだったCWフィルタ, DC-DCコンバータも標準装備, バンド水晶もすべて実装したデジタル表示のオール・イン・ワン機です.

Column　SSB時代の2つのファイナル

　1970年代の真空管式SSB機のファイナルは,ほぼ2種類に集約されます.ひとつは6JS6Cです.

　6JS6はもともとブラウン管式テレビで,画面を走査する電子ビームを左右に振るための水平出力管で,走査速度が速いためテレビ受像機の中では一番電力を使用する部分でした.

　周波数は15.75kHzで,のこぎり波を出力していたため,ここには特に直線性が良く瞬間的パワーに耐える真空管が用意されました.それが当初米国でSSBの送信用に使用されるようになったのです.

　日本でも12BB14などを経て,最終的には水平出力管6JS6に落ち着きます.この球は6JS6A,6JS6B,6JS6Cと改良されていきますが,テレビはトランスレス化が進んでいたためメーカーである東芝はこの球をSSB用に改良し代表的なユーザーである八重洲無線に試作品を提供していたようです(特注という話も).ちなみに東芝製6JS6Cは熱的時定数を長くするためのフィンをプレートに付けています(**写真A**)がこれはテレビ用であれば不要な部品で,寿命の長さに一役買っていたものと思われます.

　もう一つは807が2B46に改良され,さらにほぼ互換の6146へと続き,SSBで使われだすという流れで

す.送信管6146は高価だったためほとんどアマチュア無線では使われませんでしたが,その改良型6146Bの互換球S2001は送信管と同一とセットメーカーが解説(CQ ham radio誌1965年12月号p.89)したためか,もっとも使われた球になりました(**写真B**).

　S2001の開発メーカーである松下電器産業は当時,重視したのはI.C.A.S.使用時(信頼性を重視しない間欠動作)の特性の向上(CQ ham radio誌1966年4月の広告)と説明しています.

　S2001の改良型に1974年に作られたS2001Aがあります.中の電極の支持方法を変えて(**写真C**)耐振動性を良くしたもののはずなのですが,ネット上で確認したところなぜかS2001Aの支持方法で作られたS2001の写真を見つけてしまいました.TS-520D/Xの途中で切り替わっていますがセットメーカーでも特に違いについてアナウンスしていませんので,S2001とS2001Aは同一品とみなして問題ないものと思われます.

　ところで,多くのリグでファイナルをパラレル動作にしています.S2001については100W出せる手頃な球が他にないからということで説明がつくのですが,水平出力管であれば6KD6があります.この球を使わなかった理由はいろいろと考えられますが,リグの高さを抑えたいということもあったようです.**写真D**のように6JS6系を使用した多くのリグが高さを抑えるために真空管ソケットをシャーシより低いところに押し込んでいました.

写真A　左の東芝製6JS6Cには冷却フィンが付いている.右はNEC製

写真B　S2001, S2001Aと6146B

▲写真C
S2001(左)とS2001A(右)の違いは基部円盤の支持方法?

◀写真D
プレートが天板に当たらないようにソケットを沈めてある場合が多い

第6章 V/UHFハンディ機が大流行

時代背景

本章から第8章にかけては，1968年から1976年のV/UHF機器について，用途別に紹介します．この時代はアマチュア無線局数が8万から341万と爆発的に増えた時代です．それだけの市場が生まれたのですから，新製品が次から次へと発売されたということであれば話は簡単ですが，本章で扱うハンディ機の世界では少々違う現象が起きました．

この1970年前後というのは，大量生産の手法が日本で完全に確立された時期にあたります．ラジオやテレビといった電気製品は大手メーカーによる寡占化が進んでいて，その波はもっと小さな市場であるアマチュア無線機器にも及んできます．手作りでいくつもの機器を発売するのではなく，他社に勝てる1台を設計しそれをコストダウンしつつ量産することが求められ出した時代だったのです．

このため1970年ごろからは市場が拡大しているにもかかわらず，明らかにメーカー，そして製品が絞られてきます．

新製品発売の間隔も長くなりだしました．しかしこれはひとつひとつのリグの性能が大きく向上していったことも意味していています．数々の名機が誕生した時代です．

免許制度

1970年代前半から中盤にかけては，V/UHFに係る大きな制度の変更はありませんでした．1972年5月にあった430MHz帯でのAM，SSBの許可と1972年にサイクル(c)からヘルツ(Hz)に周波数の呼称が変わったことが挙げられますが，どちらもリグの設計の根幹には影響していません．もっと小さな変化では無線従事者免許証の記号部分が3文字から4文字になったといったことが挙げられます．

しかしアマチュア無線の運用面では大きな変化が2つほどありました．1つは1971年9月のチャネルプランの実施です．メイン・チャネルができたことでFMでの運用のスタイルが大きく変わったのです．

もう1つはJARL登録機種の制定です．国家試験対策（または養成課程講習会修了試験対策）だけでハムになった本当の意味での初心者でも気軽に免許申請をできるようになったことは間違いありません．ハムの爆発的人口増加の一助となった出来事です．

送受信機

この時代は50MHz帯と144MHz帯の愛好家が分かれ

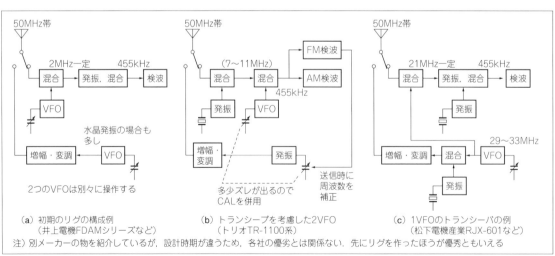

（a）初期のリグの構成例
　　（井上電機FDAMシリーズなど）

（b）トランシーブを考慮した2VFO
　　（トリオTR-1100系）

（c）1VFOのトランシーバの例
　　（松下電機産業RJX-601など）

注）別メーカーの物を紹介しているが，設計時期が違うため，各社の優劣とは関係ない．先にリグを作ったほうが優秀ともいえる

図6-1　50MHzトランシーバの構成例

写真6-1 バンドフルカバーの1VFO機，それもつまみの大きなものが喜ばれた
左はRJX-601，右はIC-502（50～51MHz SSB）

た時期ではないかと思われます．

　50MHz帯ではキャリブレーションを必要とする2VFOのFDAM-3（井上電機）やTR-1100（トリオ）からトランシーブ操作が可能な1VFOのTR-1200（トリオ）やRJX-601（松下電器産業），そしてIC-502（井上電機）へと移行していく時代になります（**図6-1**，**写真6-1**）．見晴らしの良い場所に登りリグを地面に置き，長さ1.5mのアンテナを伸ばして運用するという時代でモードはAM，そしてSSBが使われました．固定運用と移動運用の両方が楽しめEスポによるDXでは意外性もあるので，50MHz帯には若いハムが多かったように筆者は記憶しています．

　一方144MHz帯ではモービル機のサブとして使い勝手の良いスティック型小型機と，自宅でも使いやすい小型弁当箱タイプの両方があり，メーカーによってどちらのタイプを採用するかが分かれていました．

　144MHz帯のリグをモービル機補助の近距離連絡用と考えるか，小型の移動機と考えるかの違いだったよ

うにも思われますが，当時の144MHz帯FMはモービルが全盛でしたから，その延長線で徒歩移動を楽しむならハンディ機も当然144MHz帯の無線機となったのでしょう．

　楽しみ方はいろいろですから，さまざまなタイプのリグが発売されるのは当然ですが，そのどれもが一定の完成度を得ていた時代，それがこの1970年代前半ではないかと思われます．

　なお1976年1月に，JARLは144MHz帯FMモードのナロー化の実施を発表しています．

　実際の完全切り替えは1978年でしたが，先取りしたリグもありましたので，1976年までを扱う本章以後でも触れています．

　これはデビエーション（周波数偏移）を±15kHzから±5kHzにするとともにチャネル・ステップを20kHzとし，メイン・チャネルを144.48MHzから145.00MHzに移行させて，FMモードは原則としてこれより高い周波数で運用するという内容でした．

V/UHFハンディ機が大流行時代の機種 一覧

発売年	メーカー	型 番	種 別	価格(参考)
		特 徴		
1968	井上電機製作所	FDAM-3	送受信機	28,500円
	50MHz　AM/FM　1Wハンディ機　送受別VFO　50～54MHz			
	国際電気	SINE-2	送受信機	38,500円
	144MHz　FM　1W　単3電池10本，ニッカド可　5ch(実装2ch)			
	杉原商会	SV-141	送受信機	33,000円
	144MHz　1Wハンディ機　単2電池8本　内部で定電圧9Vを作成　8ch(実装2ch)			
1969	トリオ	TR-1100	送受信機	32,000円
	50MHz　AM, FM　1Wハンディ機　送受別VFO(連動式)　50～54MHz			
1970	協和通信機製作所	ECHO-6	送受信機	33,000円
	50MHz　AM, FM　1Wハンディ機　FM送信X'TAL　AM送信VFO式　75Ω			
	トリオ	TR-2200	送受信機	36,400円
	144MHz　FM　1W　単3電池9本，ニッカド10本　6ch(実装3ch)　1.7kg　防滴			
	福山電機工業	HT-2000	送受信機	39,800円
	144MHz　FM　2W　単2電池9本　12ch(実装2ch)　2.5kg			
	新日本電気	CQ-7100	送受信機	34,900円
	50MHz　AM, FM　3W　100kHz間隔24ch内蔵　±60kHz VFOで補間			
1971	トリオ	TR-1200	送受信機	34,000円
	50MHz　AM, FM　1Wハンディ機　RIT付き1VFO　50～52.5MHz　防滴			
	福山電機工業	Junior　6A	送受信機	23,000円
	50MHz　AM, FM　1Wハンディ機　送受別VFO　50～54MHz			
	井上電機製作所	FDAM-3D	送受信機	28,500円
	50MHz　AM, FM　1Wハンディ機　送受別VFO　50～54MHz　FDAM-3の改良型　後にAM-3Dに改称			
	協和通信機製作所	ECHO-6J	送受信機	22,000円
	50MHz　AM　1Wハンディ機　RIT付き1VFO式　50～54MHz　75Ω			
	トリオ	TR-1100B	送受信機	28,400円
	50MHz　AM, FM　1Wハンディ機　送受別VFO(連動式)　50～54MHz			
	新日本電気	CQ-7100A	送受信機	35,800円
	50MHz　AM, FM　3W　100kHz間隔24ch内蔵　送受信トランシーブVFOも可能			
	スタンダード工業	SR-C145	送受信機	35,000円
	144MHz　FM　1W　5ch(2ch実装)　620g　スティック・タイプ			
1972	新日本電気	CQ-P6300	送受信機	37,800円
	50MHz　AM, FM　3W　JARL指定24ch実装　送受信VFO内蔵			
	ホーク電子・新潟通信機	TRC-400	送受信機	49,000円
	430MHz　FM　1W　6ch(3ch実装)			
	ケンプロダクト	KP-202	送受信機	36,000円
	144MHz　FM　1W　6ch(2ch実装)　620g　スティック・タイプ			
	ベルテック	W3470	送受信機	38,500円
	144MHz　FM　1W　12ch(実装2ch)送受水晶共用型　防水			
	ホーク電子・新潟通信機	TRC-200	送受信機	38,000円
	144MHz　FM　1W　6ch(2ch実装),			
1973	スタンダード工業	SR-C432	送受信機	49,500円
	430MHz　FM　2.2W　6ch(2ch実装)			

発売年	メーカー	型番	種別	価格(参考)
		特徴		
1973	松下電器産業	RJX-601	送受信機	34,000円
	50MHz　AM, FM　3W　50～54MHz　トランシーブVFO　後に37,000円に改定			
	安藤電子工業	AS-1000-P1	送信機	36,800円
	144MHz　FM　1.5W　11ch(2ch実装)　固定ユニット　モービル・ユニットあり			
	トリオ	TR-2200G	送信機	36,900円
	144MHz　FM　1W　単3電池9本/ニッカド10本　12ch(実装3ch)　1.7kg　防滴			
	九十九電機	CONTACT621	トランスバータ	不明
	144MHz　1W　50～52MHzを変換　親機はハンディ機を想定. 電源も親機から			
	三協特殊無線	FRT-203B	送受信機	不明
	144MHz　FM　3W　12ch(実装数不明)+受信専用12ch　ブースタあり			
	三協特殊無線	FRT-230GB	送受信機	不明
	144MHz　FM　3W　12ch(実装数不明)+受信専用12ch　ブースタあり			
	安藤電子工業	AS-1100	送受信機	35,900円
	144MHz　FM　1W　11ch(3ch実装)　1.2kg　ポータブル専用　ニッカド可			
1974	スタンダード工業	C145B	送受信機	41,000円
	144MHz　FM　2W　5ch(2ch実装)　620g　スティック・タイプ　ナロー化したC145BNも同価格			
	新日本電気	CQ-P2200	送受信機	43,800円
	144MHz　FM　3W　12ch(6ch実装)　RIT付き　5/8λホイップ内蔵			
	三協特殊無線	FRT-203MⅡ	送受信機	64,500円
	144MHz　FM　3W　12ch(6ch実装)+受信専用12ch　ブースタあり			
1975	井上電機製作所	IC-502	送受信機	44,800円
	50MHz　SSB　CW　3W　1MHz幅VFO　シングルスーパー			
	井上電機製作所	IC-202	送受信機	48,500円
	144MHz　SSB　CW　3W　200kHz幅VXO　2バンド(最大4)　シングルスーパー			
	トリオ	TR-3200	送受信機	46,800円
	430MHz　FM　1W　12ch(実装3ch)　5/8ホイップ内蔵			
	トリオ	TR-1300	送受信機	41,800円
	50MHz　SSB　1.5W　11ch内蔵+VXO			
1976	井上電機製作所	IC-212	送受信機	42,500円
	144MHz　FM　3W　15ch(3ch実装)　ナロー専用　小型だが周波数表示			
	トリオ	TR-2200GⅡ	送受信機	41,800円
	144MHz　FM　2W　単3電池, ニッカド・パック　12ch(実装3ch)　送信ナロー対応			

第1章
第2章
第3章
第4章
第5章
第6章
第7章
第8章

V/UHFハンディ機が大流行時代の各機種 発売年代順

井上電機製作所(アイコム) **FDAM-3**

　FDAM-2の欠点を改良した50MHz帯の弁当箱型ハンディ機です．50MHz帯をフルカバーする減速機構付きVFOを送受信別々に装備し，送信側にはFM変調も掛けられるようにすることで2モード化しています．2つのVFOの目盛りの間にメータを配置する独特のデザインでキャリブレーションが取りやすくなりました．ケースを開けなくても電池交換ができるようにケース構造も改良されています．

　送信用の水晶発振子として51.0MHzを内蔵していますが，これにはFM変調は掛からないのでダイヤル校正用として使用してください，との記述が取扱説明書にありました．発振周波数を従来と同じ25MHz台にしているところからすると，FDAM-1やFDAM-2のユーザーが水晶を移設してそれまで使用していた周波数に出るということを配慮していた可能性もあります．VFOは100kHz目盛りです．送信VFOやRFアンプには当時最新鋭のFETであるMK-10を採用しています．取扱説明書には51MHz以上で常用する場合は内部を再調整するように書かれていましたが，実際は52MHz程度までは調整しなくても

FDAM-3型 Tr.トランシーバー

後部付属装置　FM／AM切換ＳＷ……
　　　　　　　ＥＸＴ　同軸コンセント
　　　　　　　外部電源端子…………

￥28,500

附属品：ダイナミックマイクロホン，ＵＭ－１×９本，
　　　　　レザーケース，イヤホン，外部電源プラグ付 ●

差し支えなく使用できました.

　70年7月頃から，本機はAM-3という型番でも呼ばれるようになりましたが，「FD」が正式に取れるのは後継機FDAM-3DがAM-3Dと改称してからです.　また本機ではメーカー略称をI.C.Eと表示しています.　2年後に発売された固定機のIC-71はICOM，その前の機種FDAM-2ではI.E.W.表記でした.

● FDAM-3D（1971年）　AM-3D（1972年）

　FDAM-3のマイナ・チェンジ機です.　VFOを専用ボックスに収納したうえで温度補償を改良しました.　また，低周波回路にICを使用し，夜間の野外運用が便利なようにダイヤル照明も取り付けました.　AM変調専用の内蔵水晶は50.5MHzに変更されています.

　54MHzまでバンド全体での性能も均一化され，51MHz以上では再調整の必要があるという旧機にあった取扱説明書の記述が消えました.

　1972年2月頃には本機の名称から「FD」が取れてAM-3Dという名称になります.

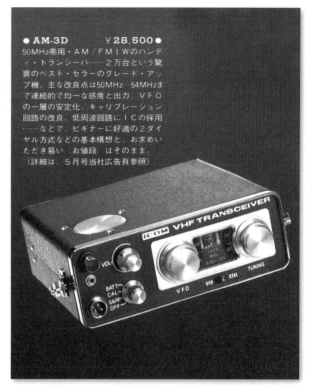

● AM-3D　　　　¥28,500 ●
50MHz帯用・AM／FM 1Wのハンディ・トランシーバ……2万台という驚異のベスト・セラーのグレード・アップ機.　主な改良点は50MHz～54MHzまで連続的で均一な感度と出力，VFOの一層の安定化，キャリブレーション回路の改良，低周波回路にICの採用……などで，ビギナーに好適な2ダイヤル方式などの基本構想と，お求めいただき易い　お値段　はそのまま.
（詳細は，5月号当社広告頁参照）

国際電気（日立国際電気）**SINE-2**

　144MHz帯，5ch（実装2ch）FMの1Wハンディ機です.　充電式のニッケル・カドミウム電池を想定しているため，単3電池を使用するようになっています.

　またブースタを接続すると6360ファイナルのAC，DC両用10W機に変身します.

　本機の最大の特徴は本体とブースタをドッキングさせることを前提に作られていることで，ドッキング状態で車載した場合，縦6cm横30cm奥行き19cmという，グローブ・ボックス下に取り付けやすい寸法になりました.

メカフィルの国際がおくる

TYPE **Sinε-2** ®　（144MHz）

杉原商会 **SV-141**

　弁当箱型でありながら小型の144MHz帯FMハンディ機です.　8ch（実装2ch）で出力は1W，単2乾電池を4本づつ2層にして一番下にセットするようになっていました.　電池ボックスの内の1個は底面に取り付けられているので，底面を取り外して電池を交換します.

　杉原商会からは1969年9月には6146Sを使用した出力20WのブースタSVB-142が27,000円で発売されています.

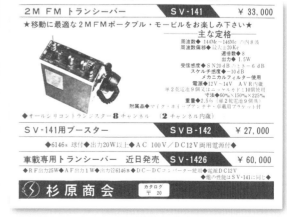

2M FM トランシーバー	SV-141	¥ 33,000
★移動に最適な2M FMポータブル・モービルをお楽しみ下さい★		

主な定格
周波数◆ 144Mc～146Mc　内周8波
周波数偏移◆ 最大±20Kc
通信方式◆ 8
出力◆ 1.5W
受信感度◆ S N 20dB シグナル～6 dB
スケルチ感度◆ -10dB
メカニカルフィルター内蔵
電源◆12V～14V　AVR内蔵
単2乾電池9個又はニッケルカドミ10個使用
寸法◆60mm×150mm×225mm
重量◆2.5kg（単2乾電池9個共）
附属品◆マイク・ホイップアンテナ・車載用ブラケット付
●オールシリコントランジスター**8**チャンネル　（**2**チャンネル内蔵）

SV-141用ブースター	SVB-142	¥ 27,000
◆6146s 球付●出力20W以上◆AC 100V／DC12V両用電源付		

車載専用トランシーバー　近日発売	SV-1426	¥ 60,000
◆RF出力25W◆AF出力1W◆出力管6146S◆DC-DCコンバーター使用●電源DC12V		
		●他の性能はSV-141に同じ

杉原商会　カタログ　〒20

トリオ（JVCケンウッド） **TR-1100**

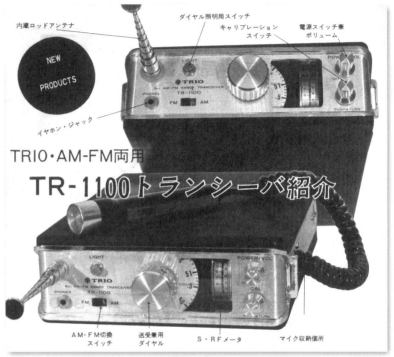

50MHz帯フルカバーのAM/FMの1Wハンディ機です.

43MHzの局発を持つクリコンで7〜11MHzに変換し，受信VFOと混合して455kHzの第2IFへと送り込むという構造です.

受信と送信でVFOの発振周波数が違うために別々のVFOを用意していますが，4連バリコンの内の2セクションを送信，受信それぞれのVFOに充てることで機械的に連動させてトランシーブ動作を実現しています.

メカニカル連動なので送受信周波数には微妙なずれが生じますし，周波数の高い送信側VFOの安定度はどうしても悪くなります.

そこで本機には通常のキャリブレーションつまみ以外に，送信時に受信回路を動作させFM検波器を利用して周波数差を検出し，送信周波数を強制的に受信周波数に合わせる回路も組み込まれていました. ダイヤルは100kHz目盛りで周波数読み取りがしやすいリグに仕上がっています.

● **TR-1100B（1971年）**

TR-1100のマイナ・チェンジ機でTR-1200発売後の製品です.

値下げされ定価はFDAM-3Dとほぼ同じになりました. メカニカル連動型VFOを搭載し54MHzまでのフルカバーであることやFM専用回路を持つことなどは変わりません.

協和通信機製作所　ECHO-6

当初，喜多製作所の名前で発売され，すぐに発売元が協和通信機製作所に変わったハンディ・トランシーバです．

AM，FMの1W機で，AMは52MHzまでの1VFO式トランシーブ型トランシーバ，FMは16逓倍の1chのみ，VFOは使用不可となっていました．

ハンディ機として使用するときは電池ボックスとなる部分に，オプションの定電圧電源やブースタを取り付けることができるのも本機の特徴です．本機は発売半年後にAMの周波数範囲が54MHzまでに拡大されています．

● ECHO-6J（1971年）

1VFOでトランシーブ操作のできる50〜54MHzのAMハンディ機です．FM非対応であることを除けば仕様は上位機種のECHO-6と同等で，パネル面がシルバーに変わり価格は2/3になっています．協和通信機が発売したのはこの2機種のみでした．

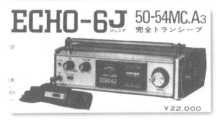

固定でDXをかせぎたい方に

ECHO-6　50-54MC．FM.AM　1VFO

JARL認定対象機　¥33,000

ECHO-6J　50-54MC．A3　完全トランシーブ

¥22,000

トリオ（JVCケンウッド）　TR-2200

電池込みで1.7kg，「ハンディトランシーバの超小型化の限界に挑戦しました」がキャッチコピーの144MHz帯6ch（3ch実装）1WのFMトランシーバです．幅は13.5cm，奥行きは18cmしかなく，弁当箱だとしたら少々物足りないのではないかと思われるようなサイズです．内蔵電源には単3電池を採用していますが，実際はニッケル・カドミウム電池10本を装着することが推奨されていて，充電器も本体に内蔵していました．

ケースはライナッチで留めているために簡単に着脱ができるのもFBで，基板とケースの間に透明なプラスチック板を入れて電池交換時に不用意に回路に触れてしまうことを防いでいます．ホイップ・アンテナは本体に収納できるタイプで，別に外部アンテナ端子を持っています．本体は防滴構造で雨天でも使用可能でした．

● TR-2200G（1973年）

ヒット作のハンディ機，TR-2200のマイナ・チェンジ機です．最大の変化はチャネル表示から周波数表示になったことです．百kHz台と十kHz台

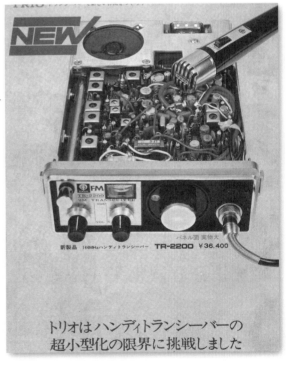

TR-2200　¥36,400

トリオはハンディトランシーバーの超小型化の限界に挑戦しました

がセレクタに書かれていて，その色を144MHz台は黒，145MHz台はオレンジとすることでMHzオーダーの区別をしています．

ファイナルが変わりチャネル数は12chに増えました．実装は3chのまま，出力，サイズも同じです．

福山電機工業 **HT-2000**

　TR-2200と同時期に発表された12ch（実装2ch）の144MHz帯2WのFMハンディ機です．単2電池9本込みで重さは2.5kgとかなり軽量化されてはいるのですが，単3電池採用のTR-2200よりは軽くならなかったようです．メーカーでは「2.5kgの軽量でこのクラスでは最優秀」という表現を用いています．

　パネル面にM型コネクタがあり，そこにコネクタ付きロッドアンテナを刺して使用するようになっていました．このアンテナは付属品のレザー・ケースに収納できます．またマイクロホンはハンディ機用とは思えない大き目の物（八重洲無線YD-846同等品）が付いていました．

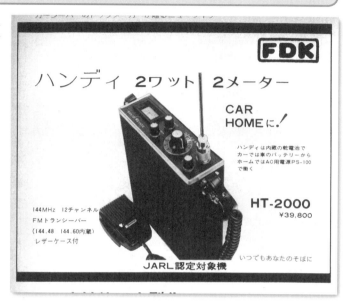

新日本電気 **CQ-7100**

　日本電気（NEC）の通信・家電部門であった新日本電気がアマチュア無線に参入して最初に発売したリグです．50MHz帯AM，FM両用の3Wハンディ機で，50.1～52.4MHzを100kHzステップでカバーしています．シンセサイザ式で全チャネル実装済みでした．

　各チャネルは±60kHz（公称値は50kHz）ずらすことができて，連続カバーするようになっていました．内部の送受信切り替えは完全な電子式でリレーの動作音はありません．出力が大きい分だけ電流が多い（送信無変調時700mA）ので，電池は単1電池8本，内蔵アンテナはセンター・ローディング付きのロッドアンテナとなっています．

● CQ-7100A（1971年）

　CQ-7100のマイナ・チェンジ機です．52.5MHzまでの送受信共用VFOと全チャネル実装の100kHzステップ24chを切り替えて使用できます．進行波表示のRFメータも付きました．

　内蔵ロッドアンテナがセンター・ローディング型であること，3W出力などは変わりません．

第1章
第2章
第3章
第4章
第5章
第6章
第7章
第8章

1971年

トリオ（JVCケンウッド）　**TR-1200**

　50.0～52.5MHzをカバーするAM，FMの1Wハンディ機です．周波数目盛りの外側に配置された円形のつまみを回すことで同調を取る1VFOタイプで，つまみは大きな上に減速されているためにとても同調を取りやすいリグでした．固定チャネルも1ch用意されていてAM，FMどちらでも運用でき，送信無変調時の電流は450mA，単2電池9本を使用するようになっていました．

　重さは電池を含んで3kg，本機もTR-2200と同様に防滴構造です．

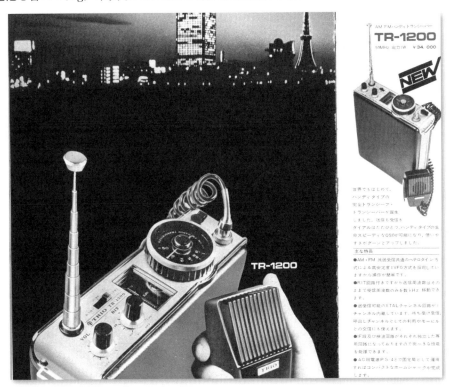

福山電機工業　**Junior 6A**

　2VFO式の50MHz帯AMハンディ機です．出力は1W，パネル面には2つのVFOつまみとCAL（キャリブレーション）スイッチ，そしてAFボリュームだけがあるシンプルなセットです．

　周波数は50～52.5MHz，受信第1IFは7～9.5MHz，第2IFは455kHzに設定されています．

　理由はわかりませんが本機はすぐにカタログ落ちしてしまいました．

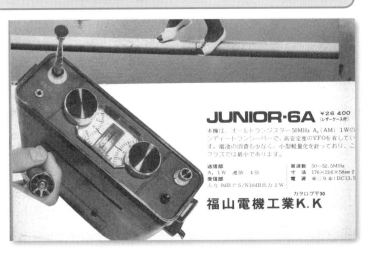

スタンダード工業　**SR-C145**

**144メガ帯……
あなたは
ボディ・ステーション**

SR-C145　新発売

¥ 35,000　付属品:波ケース+イヤホーン+電池(8(単3×8))

ハムトピア
への招待

スティック型144MHz帯FMハンディ機で
す．今の基準から考えると少々大き目ではあ
りますが当時としては画期的なサイズで，重
さもわずか620g（電池別）しかありません．出
力は1W，消費電流は最大で約400mAです．

IF段では4.5V動作の回路を直列に配置し
て9Vで動作させるという工夫をして消費電
流を減らし，受信待機時の電流をわずか
15mAとしています．電池寿命に配慮した設
計により，単3電池（8本）を使用しているに
も関わらず送受信1:1で約2時間の運用が可
能でした．

送信のフィルタは3段，送受信は電子切替，
電池の電圧で特性が変わらないように受信部
は電圧が安定化されているなど，回路の随所
に工夫の跡が見られます．丈夫なアルミダイ
カストのフレームにABS樹脂の蓋というケー
ス構造で，チャネルは5ch（実装2ch）です．

● C145B（1974年）

SR-C145の出力を1Wから2Wにしたもの
です．144MHz帯5ch（2ch実装）FMといった
諸元には変更はありませんが，1976年には
ナロー化され，型番もC145BNに変更になっ
ています．

スタンダード工業では1974年途中から順次
機種名から"SR-"を外し，1975年始めには
全4機種がCで始まる型番に変わっています．

1972年

新日本電気　**CQ-P6300**

シンセサイザ方式でJARL制定のFMチャネル24chを全部内
蔵し，さらに50～52MHzのVFOを持つ50MHz帯AM，FMの
3Wハンディ機です．

単1電池8本を使用するために少々重いリグでしたが，FM
中心の運用にはとても便利でした．

24ch+VFO
50MHz3Wハンディトランシーバー

CQ-P6300　¥ 37,800
JARL認定対象機

■24チャンネル実装／■送受信VFO内蔵／■AM・FM両用／
■RIT付／■前面パネル照明／■IC・FET／

NEC
日本電気・新日本電気

ホーク電子・新潟通信機　TRC-400

　スティック型の430MHz帯FMトランシーバです．6ch（実装3ch）切り替えで出力は1W．電源は単3電池8本で送信時最大電流は400mAです．オプションでニッカド電池も用意されていました．

　スティック型といっても近年の製品とは全く違っており，長さは21cm，幅は6.5cm，奥行きは4.5cmとかなり大型でした．受信では430MHzをいきなり10.7MHzに落としています．本機は発表（72年3月頃）から半年以上経ってから発売されています．事実上，本機はホーク電子・新潟通信機の最後のアマチュア機で，新潟通信機はその後業務機の専門メーカーとなります．

● TRC-200

　同社TRC-400の144MHz帯バージョンです．6ch（2ch実装）の1W　FM機という特徴は変わりません．アンテナ部はBNCコネクタ接続のロッドアンテナですが，ヘリカル・アンテナやフレキシブル・アンテナもオプションで用意されていました．TRC-400より後の発表ではありますが，実際の発売はTRC-200の方が先でした．

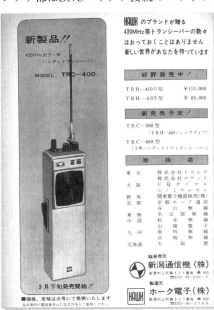

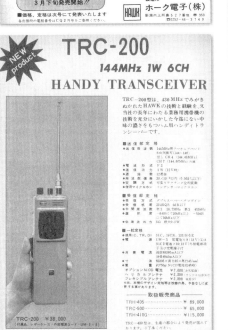

ケンプロダクト　KP-202

　ケンプロダクトが製造，トヨムラが発売元のスティック型144MHz帯ハンディ・トランシーバです．サイズは前項のTRC-400とほぼ同じで，1W，FM，6ch実装可能という仕様も似ていますが，操作部の配置は大きく異なります．

　付属するアンテナは基部にF型コネクタを採用した4段のロッドアンテナで，外部アンテナもここに接続するようになっていました．単3乾電池8本もしくはニッカド電池10本を使用します．

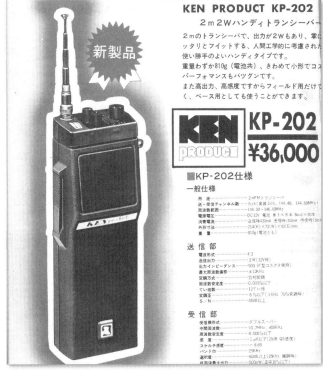

ベルテック **W3470**

　1971年にモービル機W5400を発売したベルテックの第2弾です．144MHz帯1Wのハンディ機で12ch切り替え（実装2ch），送受信共通水晶を採用しています．周波数を微調整するデルタ・チューニングも装備，防水（現在の防滴）構造となっていました．

1973年

スタンダード工業 **SR-C432**

　スティック型400MHz帯FMハンディ機で，144MHz帯のSR-C145の姉妹機です．出力は2.2Wで消費電流は最大で約800mAありますが，受信待受時の電流はわずかに11mAとなりSR-C145よりさらに減らしています．電池込みで900g，手に持って運用しても疲れない重さです．送信のフィルタは3段，送受信は電子切替，電池の電圧で特性が変わらないように受信部は電圧が安定化されているなど，回路の随所に工夫の跡が見られます．アルミダイカストのフレームにABS樹脂の蓋というケース構造で，チャネルは5ch（実装2ch）でした．

BELTEK

144MHz FM 1W
ポータブルトランシーバー
W3470
¥38,500
新発売

●チャンネル表示は，豊富な12ch（実装2ch）．
●送受信も1個のクリスタルでおこなう経済設計．
　½の費用で12ch増設可能．
●デルタチューニング（周波数ズレ微調整）付．
●パワーインジケーターは進行波式側型．
●電力ロスがなく，電池消耗はごくわずか．
●充電中でも交信可能．交流電源周波ノイズをカットする特殊設計．
●送信効率が少なく，隣接スプラッタはナシ．
●気温変化に強く，しかも防水タイプ．
●温度保償付部品採用．

12ch.ポータブル
ラッシュに強い！

発展するUHF．かつて雲の上だった430MHz帯を実用段階へとひき降したのが3年程前．すでに，ある歴史さえもが作られようとしている．なんと言っても魅力は広いバンド幅．JARLプラン49チャンネル．QRM知らず．おおらかに，のんびりとロングラグチューが楽しめる．クラブチャンネル？　パーソナルチャンネル？　心のままに飛翔する
のびやかUHF．

SR-C432
SR-C430

安藤電子工業 **AS-1000-P1**

　11ch（実装3ch）の144MHz帯FMハンディ機です．背面に電池ボックスを接続するハンディ機としての使い方での出力は1.5Wですが，モービル・ユニットAS-1000-M10や固定ユ

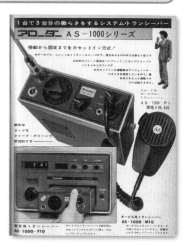

1台で3台分の働らきをするシステム・トランシーバー
アロンダー AS-1000シリーズ
移動から固定までをカセットイン方式！

ニットAS-1000-F10に電池ボックスを外した本機をカセット・インすることで10Wのモービル機やVFO付き50W固定機に変身するようになっていました．

　セレクタは11ch，内蔵は3ch，アンテナはM型コネクタ付きの物を使用します．

　Sメータは丸型のラジケータでしたが，ドッキングするユニット側に大型のメータが取り付けられていました．

松下電器産業　RJX-601

　弁当箱としては少々大きすぎるサイズの50MHz帯AM，FMの3Wハンディ機です．どこかでCQを出したら周囲の周波数をワッチして応答局を探すという送受信別周波数を前提とした運用から，相手局の周波数に合わせて応答するのが当たり前になった頃に本機は発売されました．この運用形態であれば送受信共用の1VFO機(トランシーブ・トランシーバ)の方が使いやすいのですが，本機は1VFO方式で50MHz帯をフルカバーしていてとても使いやすいリグでした．

　操作パネルは上面に集められていましたから，普段は横置きにして固定で使用し，移動運用時は肩から下げるという使い方がしやすいリグでもあります．このため予算的にリグの数が限られてしまう学生ハムにも，移動用のリグを求めるOMさんにもこのリグは好評を博しました．電池は単2乾電池9本で重さは2.9kg(マイク，電池含む)，サイズも大きいのですが出力も大きく，他社の小型ハンディ機とは一線を画すリグでした．

九十九電機　CONTACT621

　50～52MHzのリグに付加して144～146MHzにオンエアできるアップバータです．本体にロッドアンテナを内蔵し，ハンディ機として使用できるようになっています．50MHz帯の入力は最大1.5Wなので多くのリグが直接接続でき，出力計付き，144MHz帯の出力は1Wです．

　本機に電池ボックスは付いていません．消費電流が最大150mAと少ないためでしょうか，親機の電池ボックスに接続して動作するようになっていました．

　高調波関係にある50MHz帯から144MHz帯へのコンバートは結構難しく，本機が実際に発売されたかどうかは定かではありません．

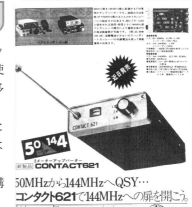

三協特殊無線　FRT-203B　FRT-230GB

FRT-203BはFRT-203のマイナ・チェンジ機です．原型機はブースタを付けると10W，外すと3Wハンディ機になる6ch（後に8ch）機でしたが，本機は3W，0.5Wを切り替える144MHz機専用ハンディ機です．12ch機ですが，他に受信専用の12chも用意されています．

FRT-230GBは仕様的にはFRT-203Bと変わりません．1973年7月の同社広告にのみ他のGBシリーズと一緒に掲載されています．改番の予定があったのか，単なる誤植かのいずれかではないかと思われます．

● FRT-203MⅡ（1974年）

144MHz FM機であるFRT-203Bのマイナ・チェンジ版です．ポータブルで3W運用ができ，10W（PB-210　17,800円），45W（PB-245 39,800円）のブースタが用意されているといった点や，送受信12ch+受信のみ12chといった点は変わりません．

本機の出荷時実装チャネルは5chですが，周波数が決まっているのは2chだけで3chは希望の周波数が選べました．また本機はマイクやホイップ・アンテナだけでなく，ショルダ・ケースや充電式電池とチャージャ，そして車載用ブラケットまでもが付属していました．

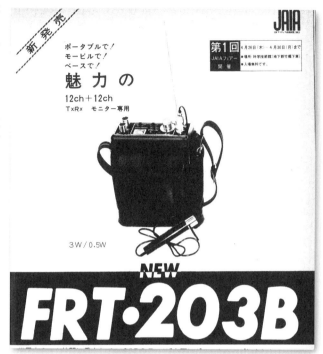

FRT─GOLDシリーズ（VHF〜UHF / FM）

51MHz……ＦＲＴ-650GB（50W/10W）●ＦＲＴ-625GB（25W/10W）
144MHz……ＦＲＴ-250GB（50W/10W）●ＦＲＴ-220GB（20W/10W）●ＦＲＴ-220GS（3W/10W）
　　　　　●ＦＲＴ-230GB（ハンディ 3W/0.5W・12ch+モニター専用12ch）
430MHz……ＦＲＴ-7525GB（25W/5W）●ＦＲＴ-7510GX（10W・ＴＶ受信）
■ＣＥ-46・全機種共通チャンネルエクスパンダー・46ch・3メモリーチャンネル・ワンタッチ切換式

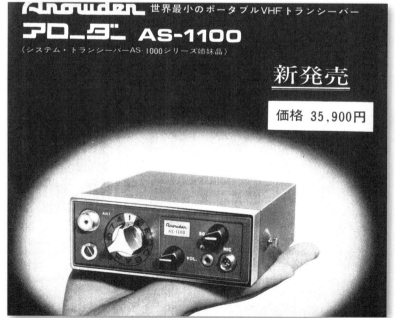

安藤電子工業　AS-1100

本機はAS-1000の姉妹機です．カセット・イン用の背面コネクタを省いた代わりに小型化され，同社では世界最小のポータブルVHFトランシーバとうたっています．144MHz帯FM 1W，11ch（実装3ch）でした．

1974年

新日本電気　CQ-P2200

144MHz帯3Wの弁当箱型FMハンディ機です．12ch内の6chを実装しています．アンテナは5/8λ，上側4段だけにすれば1/4λになるという設計でしたので，アンテナが揺れやすい歩行中と移動先での運用でアンテナ・ゲインを変えることが可能でした．

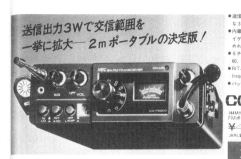

後にFMナロー化対応のためのパーツ・キットが2,800円で発売されています．また，1976年秋からはナロー化した製品が＋2,000円で販売されました．

1975年

井上電機製作所（アイコム）　IC-502

側面に操作面がある，ちょっと変わったデザインの50MHz帯SSBハンディ機です．CW，SSB対応で出力は3W，1MHz幅のVFOを搭載しているので50～51MHzを運用できます．

回路はシングルコンバージョンです．13.9985MHzのIFに約36MHzのVFO出力を混合して50MHzを作り出しています．単2乾電池9本を使用し，SSB送信時の電流は550mAでしたので，マンガン電池で2時間の運用が可能となっていました．

本機では電源ONを示すLEDランプにも工夫がありました．電池電圧に大きく反応するようになっていて，電源インジケータの役目も担っていたのです．チューニングつまみは自動型の2段階変速です．

側面に操作面があると固定運用の時に不自由しそうですが，本機の専用電源IC-3PS（18,800円）はリグを立てて支えるような形になるように作られているので，これを使用すれば操作に問題はありません．専用10Wリニア・アンプIC-50L（18,800円）も用意されていました．

井上電機製作所（アイコム） **IC-202**

IC-502と同一デザインの144MHz帯SSB，CWの3W機です．200kHz幅のVXOを4ch（実装2ch）内蔵していて，IFは10.7MHzのシングルスーパーです．

ほぼ本体ケース・サイズの大きなメイン基板にほとんどの回路を集約することで小型化に成功しています．

もちろんロッドアンテナ内蔵で専用リニア・アンプIC-20L（19,800円）も発売されました．

トリオ（JVCケンウッド） **TR-3200 TR-1300**

TR-2200Gと同一デザインのハンディ機2機種で，TR-3200は430MHz帯FM 2W機，TR-1300は50MHz帯SSB 1.5W機です．

TR-3200は12ch（内蔵3ch）で，単3電池を使用し最大消費電流750mAです．アンテナは取り外し可能なスプリング付き5/8波長ホイップが付属しており，使用する際にはパネル面にねじ込むようになっていました．

TR-1300は周波数シンセサイザで作った15kHzステップの11chとVXOで50.092〜50.258kHzを連続カバーするようになっています．チャネルを変えるごとに小さなVXOつまみを回して相手局を探すのは大変なので，VXOの周波数帯を自動的に掃引する"CHN.S"スイッチが付いています．消費電流は最大450mAと少なめです．TR-3200と同じくパネル面にねじ込むタイプのセンター・ローディング・アンテナが付属していました．外付けVFOとしてVFO-40（38,000円）が使用可能ですが，TR-1300は50.5MHzまでを動作範囲としていますので，VFOのカバー範囲すべてで定格性能が出せるわけではありません．

1976年

井上電機製作所(アイコム) **IC-212**

IC-502，IC-202と同一デザインの144MHz帯FM，3Wハンディ機です．

JARLは1978年1月から144MHz帯FMのナロー化の方針を打ち出しましたが，本機はその発表(1976年1月)後初の144MHz帯FMハンディ機で，時代を先取りしたナロー専用機です．

15ch内の出荷時実装は3波，144.48MHz(ワイドのメイン・チャネル)，145.00MHz(ナローのメイン・チャネル)，145.32MHz(ワイド・ナロー何れでも使えるサブ・チャネル)を内蔵していました．

トリオ(JVCケンウッド) **TR-2200GⅡ**

144MHz帯のFMハンディ機TR-2200Gを2Wに増力し，送信デビエーションのワイド，ナロー切り替えを付けたものです．外付けVFOのVFO-30にも対応しました．10Wブースタ(VB-2200GⅡ)だけでなく，アルカリ蓄電池やヘリカル・アンテナなどもオプションで用意されています．

Column ハンディ機の電池

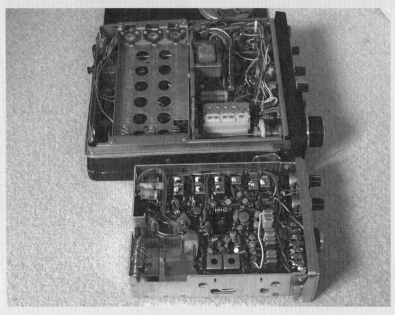

◀写真A
電池が変わるとリグのサイズ感まで影響する
上は単2電池仕様，下は単3電池仕様の無線機

　ハンディ機を使用する際にはどうしても電池の持ちが気になります．ハイパワーであってもあっという間に電池がなくなってしまうのでは困るのです．

　昔，電池管と呼ばれるヒーター電圧1.5Vの真空管を使用していた時代は，ヒーター用（A電池），プレート用（B電池）と2種類の電池が必要でした．ヒーター用はたいてい単1型，プレート用は45Vや67.5Vの積層電池（1.5V電池を内部で重ねた物）が使われていて，寿命は電池ごとにバラバラですから管理は結構面倒だったものと思われます．回路の一部が半導体化されるとさらに12Vぐらいの電源，C電池も必要になってきます．このため一部のメーカーでは3種類の電池（3本ではない！）を使用するトランシーバを発売していましたが，これの管理はもっと大変だったことでしょう．

　全回路が半導体化されると話は簡単になり，50MHz帯のAMトランシーバでは単1乾電池9本というのが当初ひとつのスタンダードになります．**表A**のように，300mAで5時間程度の寿命がありましたから，1：1で送受信を繰り返して6時間以上の運用が可能でした．単2電池では3時間の運用は困難ですし，ケースを開けないと交換できないリグも多かったので，単1電池以外の選択肢はなかったものと思われます．

　その後FMになって変調器が不要になり，スケルチが効くようになると消費電流が激減します．単2電池の時代です．そんな中で発売されたTR-2200は単3乾電池を採用することで小型軽量となりました（**写真A**下

側）が電池の持ちは悪く，実際は充電式のニッカド電池を使用することが推奨されていて内部に充電回路も持っていました．もしもその当時アルカリ乾電池があったなら送受1：1で約4時間近く持つはずなので，充電回路は内蔵しなかったのではないかと思われます．

　さて**表A**は他の資料と時間が違っているな！と感じられた方はいらっしゃいませんでしょうか．確かに違っています．通常，電池メーカーの資料では電圧が0.85Vになった時を乾電池の寿命としていますが，リグに使用する場合にはもっと高い電圧で使用できなくなるからです．乾電池9本で動作するリグの場合，筆者の経験では1本あたりの電圧が1.2V（9本で10.8V）を割ると送信が不安定になるものが多かったように思いますので，表はこの条件で作成してあります．

表A　放電終止電圧を1.2Vとした場合の電池寿命の例

		1970年頃のマンガン電池	最近のアルカリ電池	
単1	測定電流	300mA	300mA	1A
	持続時間	5.3時間	20時間	2時間
単2	測定電流	300mA	300mA	500mA
	持続時間	2.1時間	6.5時間	2.4時間
単3	測定電流	120mA	300mA	100mA
	持続時間	2.3時間	2.5時間	13時間

注）1970頃の資料は「トランジスタ活用ハンドブック」記載の寿命を比例按分．実際はもう少し短いはず．
　最近の資料はパナソニック（株）ホームページより．「エボルタ」を使用するとさらに持つ．

Column　MOS型デュアルゲートFETが有利な理由

1970年代には、高周波増幅器にMOS型デュアルゲートFETを使用したリグが出現します。これらのリグは例外なくその優位性をPRしていました。

よく言われたのは「混変調特性[注]が良い」ということですが、実際はどうだったのでしょう。

図Aは接合型FET 2SK192（2SK19TM）の入出力特性です。カーブは2乗特性からリニアな特性に渡っています。2乗特性では奇数次の歪（ひずみ）は生じませんから、帯域内に生じるノイズは少なく接合型トランジスタよりも有利です。AGCを掛ける場合はマイナス方向にバイアスを動かします。入出力特性の傾きが水平に近づきますから増幅率は低下し、利得の調整をすることができます。

図BはデュアルゲートのMOS FET 3SK59の特性です。図の書き方が違うのでわかりにくいのですが、特性は図Aに似ています。このFETでは通常ゲート1に信号を、ゲート2にAGCを入力します。

実用的なゲート入力電圧の範囲はどうかというと、2SK192-GR（100Ωの線）の場合では対ソース電圧で−0.5V±0.5Vぐらい、つまり1Vほどの振幅になります。3SK59-GRの場合、消費電流変化でソース電圧が変化することも考慮するとゲート1で0.2V±0.7Vぐらい、あまり変わりません。

しかしAGCを掛けると様子が一変します。2SK192の場合はAGCと信号が同じゲートに掛かりますから、AGCがマイナス方向にバイアスを掛けても強い信号が入ってくればそのプラス振幅側で電流が流れてしまいます。突き抜けが生じてしまうのです。突き抜けた信号は片側振幅だけを持つ歪信号で、後段で悪さをする可能性が大です。

一方3SK59の場合は電流や利得はゲート1、ゲート2両方の電圧が決めていますから、ゲート1（信号側）だけになら強い信号が来ても大丈夫です。**図B**でゲート1の電圧が高くても、ゲート2の電圧が−0.6Vまで下がっていればドレイン電流がほぼゼロになることが分かると思います。信号は簡単には突き抜けません。正常に利得は抑圧されますから、「強入力に強い」フロントエンドができ上がります。

離れた周波数の強入力が作るノイズでSメータが軽く振れているというような場合には、その差はもっと広がります（**図C**）。MOS型デュアルゲートFETはMOS型シングルゲートFET2つをカスコード接続したような構造になっていますから、帰還容量が少ない、出力抵抗が高い、ミラー効果がないなどの優れた特徴を持っています。フルゲインであれば接合型FETをカスコード接続しても近い特性が得られますが、このAGC特性だけはどうやっても真似できません。これがMOS型デュアルゲートFETがもてはやされた理由です。

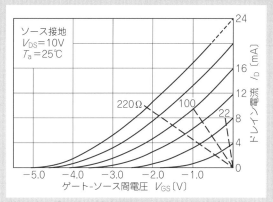

図A　シングルゲート接合型FET 2SK192の特性

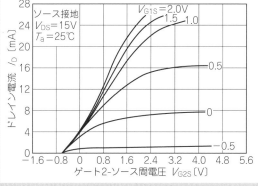

図B　デュアルゲートのMOS FET, 3SK59の特性

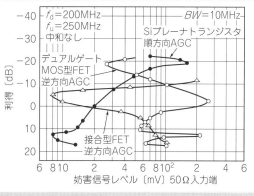

図C　各素子の妨害信号レベルに対するAGC特性

注）2つの信号が通る回路で生じる主な歪成分としては、その2波の周波数的な加算減算で生じる相互変調と、他方の信号振幅に振幅が影響されてしまう（狭義の）混変調の2つがありますが、アマチュア無線では慣例としてこれらを混変調という言葉でひとまとめにしています。

第7章 モービル・ブーム来る！

時代背景

一般財団法人 自動車検査登録情報協会の資料によると，1968年に409万台だった自家用車は1976年には1738万台に増加しています．自動車を買えばドレスアップしたくなりますが，携帯電話のなかった当時にまず仲間と連絡を取る手段として，「ムセン」を思い浮かべるのが自然な考え方だったのでしょう．トランジスタ化によって消費電力が減りバッテリへの負担が減ったこともあったのか，この時代はモービル運用がひとつのトレンドとなります．

モービル運用流行のもうひとつのきっかけとしては

144MHz帯の機器の性能向上もあげらます．50MHz帯の$\frac{1}{4}$波長は1.5m，車のアンテナとするには少々持て余す長さですが，144MHz帯であればわずか50cmでルーフサイドに気軽に設置することができますから，この周波数帯のリグの実用性が増したのはとてもインパクトのある出来事でした．

リミッタの改良が進みノイズが気にならなくなったことも手伝ったのでしょう．

モービル運用はあっという間に144MHz帯のFMに移行していきます．

この時代の終わり，つまり1976年ごろには430MHz帯のモービル機を使う局が結構多くなります．QSYの

表7-1　JARL制定のバンドプランとトリオ制定チャネル

チャネル番号	JARLバンドプランによるチャネル			トリオ制定チャネル	
	50MHz帯	144MHz帯	430MHz帯	50MHz帯	144MHz帯
1	51.00※	144.36	431.04	(50.80)	144.48
2	51.04	144.40	431.08	50.85	(144.54)
3	51.08	144.44	431.12	(50.90)	144.60
4	51.12	144.48※	431.16	50.95	(144.66)
5	51.16	144.52	431.20	51.00	144.72
6	51.20	144.56	431.24	(51.05)	(144.78)
中略	〜 40kHzごと 〜	〜 40kHzごと 〜	〜 40kHzごと 〜	〜 50kHzごと 〜	〜 60kHzごと 〜
23	51.88	145.24	431.92	51.90	145.70
24	51.92	145.28	431.96	(51.95)	
25	51.96	145.32	432.00※		
26		145.36	432.04	トリオのチャネルは1969年7月の発表．当初は両バンドとも21チャネル以上は予備扱いだった	
27		145.40	432.08		
28		145.44	432.12		
29			432.16		
中略	※印はメイン・チャネル		〜 40kHzごと 〜		
47			432.88		
48			432.92		
49			432.96		
JARLチャネルは1971年3月発表					

注）52ch（433.08MHz）を表示したリグあり
参考）1976年発売のトリオ TS-700はもうチャネル呼称を止めているが，オプション設定はJARLチャネル

写真7-1　トリオのチャネル・プラン採用機の例
リグはトリオのTR-2200

一番の理由は144MHz帯の混信があまりにひどくなってきていたためでしょう. でも430MHz帯は技術的にはまだ過渡期であり, 電波の直進性も強い430MHz帯では144MHz帯ほどの飛距離は得られませんでしたから, 1970年代前半は事実上,「車載運用＝144MHz」の時代でした.

免許制度

前章でも触れましたが, 1970年代前半の一番大きな変化は1971年のJARLによるバンドプラン制定です. **表7-1**のようなプランが公開されました.

50MHz帯のFM運用は51MHzから上だけになり, 144MHz帯では144.48MHzを呼び出し周波数とする運用が始まったのです. メーカーは出荷時の実装チャネルの設定にあまり悩まなくて良くなりましたし, FMの周波数はチャネルで表現することができるようになりました(**表7-1** 参照).

実はそれまでにも「トリオチャンネルプラン」と呼ばれる物があったため(**写真7-1**, **写真7-2**), 制定されたJARLのバンドプランと少々混乱し, 1976年のナロー化方針発表のあたりからチャネル番号は使われなくなります. ちなみに1ch, 3ch, 5chと表示部に奇数番号ばかりが並んでいたらトリオ・チャネル, 4chがあったらJARLバンドプランによるリグだと思って間違いありません.

トリオ(現JVCケンウッド)はメイン・チャネルの制

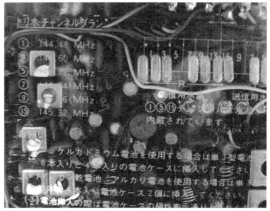

写真7-2　TR-2200では内部にチャネルと周波数の対比表があった

定も提唱していました. 結果的にメイン・チャネルはトリオの提唱どおりとなり, チャネル番号は新規に制定された形となっています.

電信を覚えなくても良い電話級制度のおかげでしょうか, 1975年4月には日本のハム人口が世界一になっています.

送受信機

モービル運用全盛の時代です. 第5章にも書きましたが, 1972年に発売された新型機は実に22機種！　メーカー各社はこの市場に全力を投入していた感すらあります.

最初の流れはファイナルのトランジスタ化です. こ

れにより振動に強く，低消費電力のリグが出回るようになりました．まだハイパワーのトランジスタは高価で扱いも難しかったためでしょうか，初期には5W機なども見られましたが，競争が激化するにつれ他社に見劣りしないようにと10Wがあたりまえとなっていきます．

次の流れは多チャネル化です．50MHz帯はともかく，144MHz帯はオンエアする局が増えてきたため複数チャネルが必須となったのです．とくにJARLがバンドプランの中でチャネルのプランを発表してからはメイン・チャネル（144.48MHz）とサブ・チャネルの両方を装備することが必要となりましたので，普通のリグでも12ch，多めの物で24ch，1975年ごろになると200chのリグも当たり前になってきました（**表7-2**およびp.211のColumnを参照）．

サブ・チャネルを指定された際に「そこは持っていないのでこちらでサブ探し直します」と言うのが恥ずかしいと感じられるようになった時代です．

表7-2　固定チャネル機の実装状況（☆＝実装）

表示	JARLチャネル	トリオ		八重洲無線		井上電機製作所		松下電器産業	2ch実装6ch機の一例
		TR-2200	TR-7200	FT-2FB	FT-224	IC-20	IC-22	RJX-201	
		6ch機	23ch機	12ch機	24ch機	12ch機	22ch機	24ch機	
		トリオ◇	JARL	周波数	周波数	セレクタ※	JARL	JARL#	
144.36	1		144.36		☆144.36	144.36	144.36	☆144.36	
144.40	2		144.40		☆144.40	144.40	144.40	☆144.40	
144.44	3							☆144.44	
144.48	4	☆144.48	☆144.48	☆144.48	☆144.48	☆144.48	☆144.48	☆144.48	☆144.48
144.52	5							144.52	
144.56	6		145.56					144.56	
144.60	7	☆144.60	☆145.60	☆144.60	☆144.60	☆144.60	☆144.60	☆144.60	☆144.60
144.64	8							☆144.64	
144.68	9		145.68					☆144.68	
144.72	10	144.72	145.72		☆144.72	144.72	144.72	☆144.72	
144.76	11							144.76	
144.80	12		145.80		☆144.80	144.80	144.80	144.80	
144.84	13	144.84	145.84				144.84	144.84	
144.88	14			増設時の表示はインスタントレタリング				144.88	
144.92	15							144.92	
144.96	16	144.96					144.96	144.96	
145.00	17		145.00	☆145.00	☆145.00	145.00	145.00	☆145.00	145.00
145.04	18							☆145.04	
145.08	19		145.08		☆145.08		145.08	145.08	
145.12	20		145.12				145.12	145.12	
145.16	21							☆145.16	
145.20	22		145.20		☆145.20		145.20	☆145.20	
145.24	23							145.24	
145.28	24		145.28				145.28	145.28	
145.32	25	☆145.32	☆145.32		☆145.32	☆145.32	☆145.32		145.32
145.36	26							表示できないがオプションで設定あり	
145.40	27		145.40				145.40		
145.44	28		145.44				145.44		

※　IC-20は前期型はセレクタ番号（1〜12），後期型はJARLチャネル表示
◇　TR-2200はGタイプから周波数表示
#　RJX-201は水晶1つで隣接する2chを増設可能
　（A，B，C，D，Eなど周波数を表示しないチャネルがあるため，実装可能数より表示は少ない）

モービル・ブーム来る! 時代の機種 一覧

発売年	メーカー	型番	種別	価格(参考)
	特徴			
1968	ハムセンター	Merit50	送受信機	52,500円
	50MHz　FM6ch　10W　鉛蓄電池内蔵, ホイップ付属　ハンディ・タイプでの使用可能			
	三協特殊電子	FRT-605	送信機	39,500円
	50MHz　FM　5〜7W　3ch(実装2ch)			
	福山電機	JUNIOR　10C(50MHz)	送受信機	49,800円
	50MHz　FM　10ch(実装4ch)　10W　AC/DC両用　DCタイプ47,500円			
	福山電機	JUNIOR　10C(144MHz)	送受信機	49,800円
	144MHz　FM　10ch(実装4ch)　10W　AC/DC両用　DCタイプ47,500円			
	ABC無線商会	F-610J	送信機	33,200円
	50MHz　FM　3ch(実装2ch)			
	ABC無線商会	F-610C	送信機	37,100円
	50MHz　FM　3ch(実装2ch)　10W			
	国際電気	SINE-2ブースタ	ブースタ	25,000円
	144MHz　10W　本体に接続, 車載ブラケットを使用			
	ハムセンター	Merit144	送受信機	52,500円
	144MHz　FM6ch　10W　鉛蓄電池内蔵, ホイップ付属　ハンディ使用可能			
	三協特殊無線	FRT-605A	送信機	39,500円
	50MHz　FM　5〜7W　4ch(実装2ch)　スピーカ内蔵			
	三協特殊無線	FRT-205	送信機	48,000円
	144MHz　FM　5W　実装4ch			
	トリオ	TR-5000	送受信機	39,800円
	50MHz　AM/FM　5W　5ch(実装3ch)　受信はVFO			
	三協特殊無線	FRT-202	送信機	38,000円
	144MHz　FM　2W　実装4ch　FRT-205のローパワー・バージョン			
	極東電子	FM144-05C	送信機	49,500円
	144MHz　FM　5W　モービル用　6ch(実装2ch)　オールTr			
	大成通信機	TF-501	送受信機	28,500円
	50MHz　FM　1W　5ch			
1969	クラニシ	Marker66(NEW)	送受信機	49,000円
	50MHz　FM　実装4ch　6360使用　DC-DCを改良　AC電源付き			
	クラニシ	Marker22(NEW)	送受信機	49,000円
	144MHz　FM　4ch(実装3ch)　6360使用　DC-DCを改良　AC電源付き			
	杉原商会	SV-1425	送受信機	63,000円
	144MHz　FM　8ch　出力25W			
	日新電子工業	PANASKY MARK-2F	送受信機	39,500円
	144MHz　FM　10W　6ch(実装3ch)　6360使用　DC-DC内蔵			
	極東電子	FM50-10F	送信機	49,500円
	50MHz　FM　10W　6ch(実装4ch)			
	極東電子	FM144-05F	送信機	49,500円
	144MHz　FM　5W　6ch(実装4ch)			
	井上電機製作所	IC-2F	送受信機	42,500円
	144MHz FM 5W 6ch(実装2ch)　APP(パワー・プロテクタ)装備　FET採用			

第1章
第2章
第3章
第4章
第5章
第6章
第7章
第8章

発売年	メーカー	型　番	種　別	価格(参考)
		特　徴		
1969	井上電機製作所	IC-2F DELUXE	送受信機	49,500円
	144MHz FM 10W 6ch(実装2ch)　出力以外はIC-2Fに同じ　オールTr			
	井上電機製作所	IC-6F	送受信機	39,500円
	50MHz FM 10W 6ch(実装2ch) APP装備　FET採用			
	トリオ	TR-7100	送受信機	49,800円
	144MHz FM 10W 12ch(実装3ch)　オールTr			
	スタンダード工業	SR-C806M	送受信機	54,000円
	144MHz FM 10W 12ch(実装3ch)　オールTr　ナロー化可能　0.8W可能			
	杉原商会	SV-1426	送受信機	60,000円
	144MHz FM 25W 12ch　ファイナル6146			
1970	極東電子	FM-144-10F	送受信機	51,500円
	144MHz FM 10W 6ch(実装4ch)			
	ハムセンター	MERIT 8S	送受信機	47,800円
	50MHz AM, SSB 10W 12ch(実装3ch)　オールTr　9MHz SSBフィルタ使用			
	トリオ	TR-5100	送受信機	47,800円
	50MHz FM 10W 12ch(実装3ch)　オールTr			
	三協特殊無線	FRT-225	送受信機	87,000円
	144MHz FM 25W 6ch(実装2ch)			
	三協特殊無線	FRT-635	送受信機	87,000円
	50MHz FM 35W 6ch(実装2ch)			
	トヨ電製作所	F-26	送受信機	53,500円
	50/144MHz FM 10W/5W 各バンド5ch(実装各バンド1ch)　6360			
	三協特殊無線	FRT-203	送受信機	48,000円
	144MHz FM 10W 6ch(実装2ch)　ブースタを外すと3Wハンディ機に			
	三協特殊無線	FRT-7505	送受信機	98,000円
	430MHz FM 5W 6ch(実装3ch)　トリプルスーパー　キャビティ使用			
	ミサト通信工業	MT-26	送受信機	69,500円
	50/144MHz FM 10W 各バンド12ch(実装各バンド1ch)　オールTr			
	クラニシ	Marker-Luxury(50MHz)	送受信機	49,800円
	50MHz FM 10W 12ch			
	クラニシ	Marker-Luxury(144MHz)	送受信機	49,800円
	144MHz FM 10W 12ch			
	スタンダード工業	SR-C910M	送受信機	51,800円
	50MHz FM 10W 12ch(実装3ch)　オールTr			
	三協特殊無線	FRT-7505A	送受信機	118,000円
	430MHz FM 5W 6ch(実装3ch)　トリプルスーパー　キャビティ使用			
	三協特殊無線	FRT-225A	送受信機	97,000円
	144MHz FM 25W 6ch(実装2ch)			
	日新電子工業	SKYELITE　2F	送受信機	46,000円
	144MHz FM 10W 12ch(実装3ch)　九十九電機は1波，明電は4波内蔵			
	極東電子	FM50-10L	送受信機	49,500円
	50MHz FM 10W 12ch(実装4ch)　AGC付きFETカスコード・アンプ採用			

発売年	メーカー	型　番	種　別	価格(参考)
	特　徴			
1970	極東電子	FM144-10L	送受信機	51,500円
	144MHz　FM　10W　12ch(実装4ch)　　AGC付きFETカスコード・アンプ採用			
	八重洲無線	FT-2F	送受信機	49,500円
	144MHz　FM　10W　12ch(実装3ch)　AOS(後のスタンバイ・ピー)			
	福山電機工業	FD-210	送受信機	49,500円
	144MHz　FM　10W　12ch(実装4ch)　保護回路　センタ・メータ付き			
	ホーク電子・新潟通信機	TRH-405	送受信機	89,000円
	430MHz　FM　5W　6ch(実装3ch)　シングルスーパー			
	井上電機製作所	IC-20	送受信機	54,000円
	144MHz　FM　10W　12ch(実装3ch)　受信トップにブロック・フィルタ			
1971	スタンダード工業	SR-C4300	送受信機	100,000円
	430MHz　FM　5W　12ch(実装4ch)　ヘリカルレゾネータ型キャビティ採用			
	福山電機工業	FD-407	送受信機	76,000円
	430MHz　FM　7W　12ch(実装3ch)　　オールTr			
	井上電機製作所	IC-60	送受信機	52,500円
	50MHz　FM　10W　12ch(実装3ch)			
	スタンダード工業	SR-C1400	送受信機	70,000円
	144MHz　FM　10W　22ch(実装5ch)　ヘリカルレゾネータ型キャビティ採用			
	クラニシ計測器研究所	Marker-Luxury400	送受信機	65,000円
	430MHz　FM　7W　12ch(実装3ch)　終段管6939			
	ベルテック	W5400	送受信機	49,800円
	144MHz　FM　10W　12ch(実装3ch)			
	ホーク電子・新潟通信機	TRH-410G	送受信機	115,000円
	430MHz　FM　10W　6ch(実装3ch)　シングルスーパー　IF10.7MHz			
	福山電機工業	MULTI 8	送受信機	59,000円
	144MHz　FM　10W　23ch(実装3ch)　センタ・メータ　低周波発振器内蔵			
1972	日本電業	Liner 6	送受信機	62,800円
	50MHz　SSB,AM　10W　10kHz間隔24ch内蔵+VXO　NB RIT装備			
	極東電子	FM50-10LA	送受信機	49,500円
	50MHz　FM　10W　12ch(実装4ch)　AGC付きFETカスコード・アンプ採用			
	極東電子	FM144-10LA	送受信機	51,500円
	144MHz　FM　10W　12ch(実装4ch)　　AGC付きFETカスコード・アンプ採用			
	井上電機製作所	IC-30	送受信機	89,500円
	430MHz　FM　10W　12ch(実装3ch)　受信トップにブロック・フィルタ			
	都波電子	UHF-TV　TX	TV送信機	114,600円
	430MHz　5W(映像)　1.2W(音声)　送信機			
	三協特殊無線	FRT-7510	送受信機	123,000円
	430MHz　FM　10W　8ch(実装3ch)　トリプルスーパー　キャビティ採用			
	三協特殊無線	FRT-225B	送受信機	97,000円
	144MHz　FM　25W　8ch(実装2ch)			
	トリオ	TR-7200	送受信機	54,900円
	144MHz　FM　10W　23ch(実装3ch)　CALLチャネル　モニタ機能			

第1章

第2章

第3章

第4章

第5章

第6章

第7章

第8章

発売年	メーカー	型番	種別	価格(参考)
	特徴			
1972	トリオ	TR-8000	送受信機	89,800円
	430MHz　FM　10W　23ch(実装4ch)　CALLチャネル　モニタ機能			
	日本電業	Liner 2	送受信機	64,800円
	144MHz　SSB　10W　10kHz間隔24ch内蔵+VXO　NB RIT装備			
	ホーク電子・新潟通信機	TRC-500	送受信機	65,000円
	430MHz　FM　10W　6ch(実装3ch)　ダブルスーパー　受信第1 IF10.7MHz			
	井上電機製作所	IC-200	送受信機	78,500円
	144MHz　FM　10W　PLLループでのシンセサイザ100ch実装，オプション20ch			
	新日本電気	CQ-M2100	送受信機	64,500円
	144MHz　FM　10W　シンセサイザ40ch実装			.
	三協特殊無線	FRT-235	送受信機	97,500円
	144MHz　FM　35W　8ch(実装2ch)			
	ベルテック	W5400A	送受信機	52,800円
	144MHz　FM　10W　28ch(実装3ch)			
	八重洲無線	シグマサイザー200	送受信機	89,000円
	144MHz　FM　10W　シンセサイザ200ch実装　ナロー送信対応			
	スタンダード工業	SR-C806G	送受信機	54,000円
	144MHz　FM　10W　12ch(実装3ch)			
	スタンダード工業	SR-C430	送受信機	69,000円
	430MHz　FM　10W　12ch(実装4ch)　ヘリカルレゾネータ型キャビティ採用			
	井上電機製作所	IC-22	送受信機	42,500円
	144MHz　FM　10W　22ch(実装3ch)			
	福山電機工業	MULTI 8DX	送受信機	64,000円
	144MHz　FM　10W　23ch　感度切り替え装備			
	福山電機工業	MULTI 7	送受信機	44,800円
	144MHz　FM　10W　23ch　小型　MY.ch装備			
	三協特殊無線	FRT-7510X	送受信機	123,000円
	430MHz　FM　10W　8ch(実装3ch)　TV受像用コンバータ機能内蔵			
1973	松下電器産業	RJX-201	送受信機	54,900円
	144MHz　FM　10W　24ch(実装12ch)　1水晶2ch増設			
	三協特殊無線	FRT-220GB	送受信機	発売時定価不明
	144MHz　FM　20W　12ch(実装2ch)　1974/12に5ch実装89,500円			
	日本電装	ND-140	送受信機	52,800円
	144MHz　FM　10W　12ch(実装3ch)　トヨタ自動車販売が販売			
	スタンダード工業	SR-C140	送受信機	49,500円
	144MHz　FM　10W　13ch(実装3ch)　外付けVFOオプション　縦長			
	ベルテック	W5500	送受信機	54,800円
	144MHz　FM　10W　23ch　実装チャネル表示ランプ付き			
	三協特殊無線	FRT-625GB	送受信機	不明
	50MHz　FM　25W　12ch(実装3ch)　1974/12に5ch実装89,500円			
	トリオ	TR-7200G	送受信機	54,900円
	144MHz　FM　10W　22ch(実装8ch)　VFO接続可能			

発売年	メーカー	型　番	種　別	価格(参考)
		特　徴		
1973	三協特殊無線	FRT-650GB	送受信機	115,000円
	50MHz　FM　50W　12ch(実装3ch)　　1974/12に5ch実装132,000円			
	三協特殊無線	FRT-250GB	送受信機	発売時定価不明
	144MHz　FM　50W　12ch(実装3ch)　1974/12に5ch実装139,000円			
	三協特殊無線	FRT-210GB	送受信機	発売時定価不明
	144MHz　FM　10W　12ch(実装3ch)　1974/12に5ch実装69,500円			
	三協特殊無線	FRT-7525GB	送受信機	発売時定価不明
	430MHz　FM　25W　12ch(実装3ch)　1974/12に5ch実装143,000円			
	三協特殊無線	FRT-7510GX	送受信機	発売時定価不明
	430MHz　FM　10W　8ch(実装3ch)　TV出力　1974/12に5ch実装98,500円			
	極東電子	FM50-10S	送受信機	52,000円
	50MHz　FM　10W　12ch(実装4ch)内スイッチ直3ch　セルコール対応			
	極東電子	FM144-10S	送受信機	53,000円
	144MHz　FM　10W　12ch(実装4ch)内スイッチ直3ch　セルコール対応			
	日本電業	Liner 2DX	送受信機	69,000円
	144MHz　SSB　10W　5kHz間隔56ch内蔵+VXO　NB RIT付き			
	松下電器産業	RJX-431	送受信機	99,800円
	430MHz　FM　10W　24ch(実装3ch)　6段ヘリカルレゾネータ採用			
1974	極東電子	FM50-10SA	送受信機	46,500円
	50MHz　FM　10W　12ch(実装4ch)内スイッチ直3ch　セルコール対応			
	極東電子	FM144-10SA	送受信機	46,500円
	144MHz　FM　10W　12ch(実装4ch)内スイッチ直3ch　セルコール対応			
	福山電機工業	NEW　MULTI 7	送受信機	55,900円
	144MHz　FM　10W　22ch(実装10ch)+スイッチ直1ch			
	極東電子	FM50-10SX	送受信機	79,000円
	50MHz　FM　10W　51～54MHz300ch実装　2軸メイン・ノブ　デジタル表示			
	井上電機製作所	IC-200A	送受信機	86,500円
	144MHz　FM　10W　PLLループでのシンセサイザ100ch実装,オプション20ch			
	極東電子	FM144-10SX	送受信機	79,000円
	144MHz　FM　10W　実装200ch　2軸メイン・ノブ　デジタル表示			
	八重洲無線	FT-224	送受信機	57,900円
	144MHz　FM　10W　24ch(実装10ch)　高選択度　周波数表示			
	トリオ	TR-8200	送受信機	79,800円
	430MHz　FM　10W　22ch　CALLチャネル			
	トリオ	TR-7010	送受信機	79,800円
	144MHz　SSB,CW　8W　実装40ch+VXO　NB, RIT　RFゲイン・コントロール			
	富士通テン	TENHAM-15	送受信機	78,000円
	144MHz　FM　10W　実装24ch　MCF採用　電源完全安定化			
	富士通テン	TENHAM-40	送受信機	108,000円
	430MHz　FM　10W　実装24ch　ヘリカル共振器2段　電源完全安定化			
	井上電機製作所	IC-220	送受信機	52,500円
	144MHz　FM　10W　22ch(実装8ch)			

第1章
第2章
第3章
第4章
第5章
第6章
第7章
第8章

発売年	メーカー	型　番	種　別	価格(参考)
		特　徴		
1974	井上電機製作所	IC-320	送受信機	76,800円
	430MHz　FM　10W　22ch(実装3ch)			
1975	日新電子工業	JACKY2. XA	送受信機	29,800円
	144MHz(～148MHz)　FM　10W　12ch(実装1or4ch)　TENKOブランド			
	福山電機工業	MULTI 11	送受信機	59,800円
	144MHz　FM　10W　23ch(実装5ch)　ナロー化送受対応　4chオートスキャン			
	日本電業	Liner-430	送受信機	99,800円
	430MHz　SSB　10W　変則的48ch+VXO			
	ユニデン	Model 2010	送受信機	59,800円
	144MHz　FM　10W　13ch　任意の99chから設定　ナロー受信フィルタOP			
	双葉光音電機	144MHzFMトランシーバ	送受信機	33,000円
	144MHz　FM　2W　12ch(送受1水晶)			
	双葉光音電機	430MHzFMトランシーバ	送受信機	42,000円
	430MHz　FM　2W　12ch(送受1水晶)			
	福山電機	MULTI-U11	送受信機	59,800円
	430MHz　FM　10W　23ch(実装4ch)　4chオートスキャン			
	スタンダード工業	C140B	送受信機	57,000円
	144MHz　FM　10W　13ch(5ch実装)送受共用　外付けVFOオプション　充電式電池で8W			
	三協特殊無線	KF-430	送受信機	39,800円
	430MHz　FM　3W　12ch(1ch実装)　低価格を狙った製品			
	トリオ	TR-7200GⅡ	送受信機	59,800円
	144MHz　FM　10W　22ch(実装8ch)　VFO接続可能　ナロー化完全対応			
1976	極東電子	FM144-10SXⅡ	送受信機	82,000円
	144MHz　FM　10W　5kHzステップPLL　2軸メインノブ　デジタル表示			
	ユニデン	Model 2030	送受信機	44,000円
	144MHz　FM　10W　13ch(実装3ch)　ナロー専用機			
	スタンダード工業	C8600	送受信機	39,800円
	144MHz　FM　10W　12ch(実装3ch)ナロー化対応			
	日本電装	ND-2000	送受信機	86,000円
	144MHz　FM　10W　10kHzステップPLL　操作部セパレート　ナロー専用機			
	日本システム工業	RT-140	送受信機	92,000円
	144MHz　FM　10W　200ch　ナロー専用機　SSBオプション29,500円			
	極東電子	FM50-10SAⅡ	送受信機	49,500円
	50MHz　FM　10W　12ch(実装4ch)内スイッチ直3ch　ナロー化			
	極東電子	FM144-10SAⅡ	送受信機	49,500円
	144MHz　FM　10W　12ch(実装4ch)内スイッチ直3ch　ナロー化			
	新日本電気	CQ-M2300	送受信機	64,500円
	144MHz　FM　10W　シンセサイザ40ch実装　水晶1つで+10ch			
	松下電器産業	RJX-202	送受信機	59,000円
	144MHz　FM　10W　23ch(実装4ch)			
	ユニデン	Model 2010S	送受信機	69,800円
	144MHz　FM　10W　37ch　任意の99chから設定　ナロー完全対応			

発売年	メーカー	型　番		種　別	価格(参考)
		特　徴			
1976	北辰産業	**HS-144**		送受信機	39,500円
	144MHz　FM　10W　24ch(4ch実装)　ナロー　鉛蓄電池付きケースOP				
	井上電機製作所	**IC-250**		送受信機	57,500円
	144MHz　FM　10W　23ch　任意の100chから設定　　ナロー化				
	三協特殊無線	**KF-51**		送受信機	42,800円
	50MHz　FM　3W　12ch(1ch実装)　低価格を狙った製品　100台限定				
	井上電機製作所	**IC-232**		送受信機	108,000円
	144MHz　SSB,CW,FM　10W　100HzステップPLL				
	トリオ	**TR-8300**		送受信機	63,800円
	430MHz　FM　10W　23ch(実装3ch)　CALLチャネル　同軸リレー				
	富士通テン	**TENHAM-152**		送受信機	59,500円
	144MHz　FM　10W　24ch(実装4ch)				
	富士通テン	**TENHAM-402**		送受信機	79,500円
	430MHz　FM　10W　1.2GHzアップバータ対応				

※ Wで表記してある数値は，入力と明記していない場合は出力(W)

モービル・ブーム来る！時代の各機種 発売年代順

1968年

ハムセンター Merit50

50MHz帯用10Wの6ch切り替え，前面スピーカのFM機です．モービル機ですがAC電源内蔵，ドライフィット・タイプの鉛蓄電池と充電回路内蔵，ポータブル運用時のロッドアンテナや肩掛けバンドまでもが付属しています．つまり固定機としてもポータブルとしても使える車載機ですが，いろいろ詰め込んだためでしょうか，横幅は20cm奥行きは27cmありました．

ポータブル（ハンディ）機としても使えるようにアンテナ端子はパネル面に出ています．また鉛蓄電池の採用で大電流動作ができますので，ポータブル運用でも10W出力が可能です．オール・トランジスタ構成，ファイナルは当時最先端の144MHz帯で12W（カタログ値）が取り出せるくし型オーバレイ・トランジスタの2SC703でした．

● Merit 144

くし型トランジスタ2SC703を使用した144MHz帯モービル機です．出力は10W，Merit 50と同様に鉛蓄電池を内蔵していてハンディ機としても使用できます．

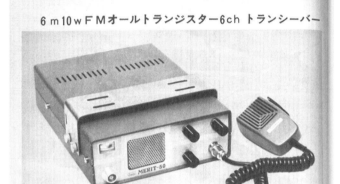

MERIT 50 新発売

6m10wFMオールトランジスター6chトランシーバー

FMトランシーバーはモービルだけのものではありません

MERIT50はハンデーでも10Wの出力があり充分楽しめます
MERIT50でもっとFMの楽しみを工夫いたしましょう

三協特殊電子 FRT-605

好評発売中

モービルの決定版!!

51Mc F3 トランシーバー
Model FRT-605 ¥39,500

チャンネル：3ch，51.0Mc，51.2Mc，予備ch
送信出力：5W（12V），7W（13.5V）
受信感度：-7dB S/N 20dB
受信方式：ダブルスーパーメカフィル使用
スケルチ：感度 -5dB
入 力：52Ω M型純枠
スプリアス：-60dB以上
通 信 値：ダブル・チューニング方式
接 地：マイナス キー両用
寸 法：230×150×50%
重 量：2.1kg（スピーカ別）
附 属 品：マイク，ケース入りSP，電源コード

取 扱 店

株式会社トヨムラ　　有 明 無 線
明電工業株式会社　　松 本 無 線
名古屋無線研究所　　静岡無線研究所
三浦無線商会　　　　五十畑電化堂

製造元　　　　総代理店
三協特殊電子　大栄電機商会

3ch（実装2ch）の50MHz帯用車載トランシーバです．電源電圧13.5V時の出力は7W，12V時は5Wとなり少々出力が半端ですが，これは比較的安価な2SC702を終段に使用したためと思われます．このトランジスタは最大コレクタ損失が8.6Wと小さいことから，出力は5～7Wが限界となります．

本機はモービルで使いやすいように少しだけ前面パネルを上向きにしてあります．

つまみは3つだけ，シンプルな構造でパネル面にメータはありません．スピーカも別筐体です．

福山電機 JUNIOR 10C(50MHz)　JUNIOR 10C(144MHz)

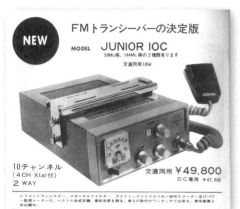

FMトランシーバの決定版というキャッチ・コピーのちょっと大きめのモービル機です.

AC/DC動作で10W出力, 10ch(4ch内蔵)のFM機で50mm角の電流計をそのままパネル面に取り付けた, ある意味斬新なデザインを採用しています. 選択したチャネル番号(1～10のセレクタ番号)がつまみ横の窓から顔を出すようにしてあるのもこの時代のリグとしては珍しいデザインです. ドライバは12BY7A,ファイナルは6360と真空管を採用していますが, DC動作での送信時消費電流は3.6Aに抑えられています.

このリグは両バンドで型番が共通で, 発注時に50MHz帯か144MHz帯かを指定するようになっていました.

ABC無線商会 F-610J　F-610C

「グロン型オールTR-FMトランシーバー」と銘打たれたシリーズで, 50MHz帯のFM機です.

3ch(実装2ch)の10W出力で, 外付けのマイクロホンがスピーカを兼用していたり, デジタル式ディスクリミネータ(詳細不明)を採用したりといった特徴があります.

F-610JとF-610Cの差異は不明ですが, "J"はブースタなしの1.5W機ではないかと思われます.

ABC無線商会は翌年には基板の販売に特化し, その後消息が途絶えています.

本機の送信基板, 受信基板, そして本機にAMモードを追加した物の送信基板(変調器なし), 受信基板, QQ-1200用の受信部基板, QQ-1500(未発売)用の受信部基板を販売していました.

《新発売》 グロン型オールTR-FMトランシーバー
MODEL★F-610J……… ¥33,200 〒共
★F-610C……… ¥37,100 〒共

☆☆　☆☆

5大特徴
1. ハイQプリントコイル・プリントキャパシター
2. デジタル方式ディスクリミネーター
3. スケルチ連動ノイズフィルター
4. スピーカーマイクロフォン(外部端子付)
5. 各部TR保護回路

性能
★5チャンネル(51MC・51.2MC取付)
★スプリアス (－65dB以上)
★固波数偏移 (±15dB IDC付)
★ブースター部(10W/13.5V)
★RX感度 (1μV/20dB. SQ-OP)
★AF出力 (500～700mW)

★附属品 スピーカーマイクロフォン
・電源ケーブル、同軸ケーブル・取付金具
★サイズ 250㎜×180㎜×70㎜
★電源 DC12～14V ⊕－⊖アース 両用

国際電気(日立国際電気) SINE-2ブースタ

ハンディ機, SINE-2に接続するブースタです. SINE-2は144MHz帯の1W機ですが, このブースタは6360を採用した10W出力です.

AC, DC両電源付きで, AC動作時にはSINE-2用の電源にもなるところにも特徴があります. ブースタ側にメータが付いていて, 6360のグリッド電流, プレート電流, 進行波, 反射波を読むことができます.

サイズはSINE-2と同じで, 横長の10Wトランシーバができ上がるように2台を並べる金具が用意されていました.

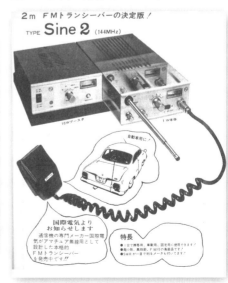

三協特殊無線　FRT-605A　FRT-205　FRT-202

　1968年夏に，三協特殊電子は日本エレクトロニクス研究所と合併し，三協エレクトロとなりますが，この時に販売会社は三協特殊無線となり，以後，FRTシリーズは三協特殊無線からの発売となりました．ちなみに同社は2019年4月まで秋葉原に店舗を構えていて，今も事務所は秋葉原にあります．

　FRT-605Aは三協特殊電子の50MHz帯FM機，FRT-605のマイナチェンジ機です．4ch(実装2ch)，スピーカ内蔵となりました．出力(5〜7W)などは変わりません．

　FRT-205は144MHz帯FMの5W機で，やはり4ch機(実装は2ch)です．メータもないシンプルなリグですが，横15cm，高さ6cm，奥行き23cmというのは当時の狭い乗用車にも十分に取り付けられるサイズでした．

　FRT-202はFRT-205のローパワー・バージョンでひと月遅れで発売されたものです．出力は2W，他は変わりません．

　なお，3機種共に1970年始めに6ch(実装2ch)に改良され，ハイパワー・バージョンも加わります．

トリオ(JVCケンウッド)　TR-5000

　50MHz帯AM，FMの5W出力機です．送信は水晶発振，受信はVFOで，50.3，51.0，51.2MHzの水晶が付属していましたが，他に2chあり，そのうちの1cnだけは受信も水晶発振にできるようになっていました．クラブ・チャネルを意識していたようです．終段は東芝製の2SC106で13.8V時に入力9.5Wとなるように作られています．2SC106はトランジション周波数(f_t)100MHz，最大コレクタ損失15W，最大コレクタ電流は1.5Aです．終段コレクタ変調を掛けてAMの5Wを得るには規格上ギリギリですが，設計上

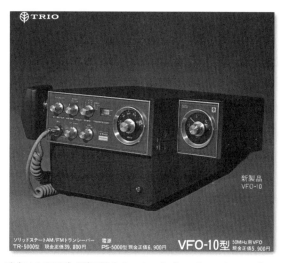

これで問題がないということを1970年1月号のCQ ham radio誌に掲載された東芝の広告でトリオの山内氏(JA1CCU)が解説をしています．オーバーレイ・タイプと違ってVcboが大きいので大丈夫とのことです．受信は54MHzまで対応していますが，送信範囲は50〜52MHzとされていて，後に発売された送信用外付けVFO，VFO-10(5,900円)もこの範囲だけをカバーしていました．

極東電子　FM144-05C

　144MHz帯FMの5W出力です．FM50-10Cと同一デザイン，同一ケースで6ch(2ch実装)切り替え式となっています．ライバル機種対策のためか，発売の直後に実装チャネルを4chに増やしています．

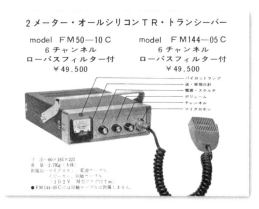

大成通信機 **TF-501**

大成通信機が製造してボントンラジオカンパニー（国際ラジオカンパニー）が発売した50MHz帯FM1W出力の5ch機です．電池を内蔵しない小型機のためモービル機に分類しましたが，造りとしてはゴム足付きシャーシに部品を取り付けた物でした．

新発売!!　TR，FMトランシーバー

水晶制御　50Mc　　5 CH
出　　力　1 W
感　　度　1μV，20dBNQ
スプリアス　ダブルスーパースケルチ付
変調方式　40dB以上，ベクトル合成位相変調
電　　源　DC12V

●テレビ送信機　発売!
周波数　435Mc
出　力　5W
（詳細はお問合せ下さい）

技術社員募集
履歴書を送付して下さい。

T F - 501　¥28,500

製　造　元　　大 成 通 信 機 株 式 会 社　　　　発売元　ボントンラジオカンパニー

1969年

クラニシ **Marker66（NEW）　Marker22（NEW）**

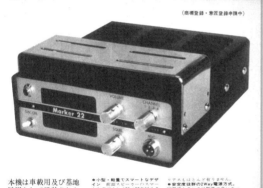

本機は車載用及び基地局用として設計されたAC-DC両用のVHF FMトランシーバーです。

1967年発売の2機種のマイナチェンジ・バージョンです．

もともと6360を使用したAC/DC両用機，つまりAC電源内蔵，DC-DCコンバータ内蔵のリグでしたが，電源系が改良されています．

ACトランスはDC-DC用トランス兼用となるように回路を改良したうえでカットコア・タイプを採用することで動作音をほとんどなくしました．

価格は据え置き，どちらも10W出力で，Marker66は50MHz帯4ch(4ch実装)FM機，Marker22は144MHz帯4ch(3ch実装)FM機という基本的な仕様は変わりません．

両機種ともに後に47,000円のDC専用機が追加されています．

杉原商会 **SV-1425**

144MHz帯FM機です．重さは950g，18cm×3.8cm×24cmと他社製品の2/3の厚さでありながら25Wの出力があります．

ファイナルは2SC638．最大コレクタ損失20Wのトランジスタをパラレルで使用しています．

本機が実際に出荷されたかどうかは定かではありません．

2Mハイパワーミニサイズ　車載トランシーバー

25W
超小型

★ 周波数：144～146Mc　8 チャンネル
★ 出　力：25W（2SC638パラ）AF出力2 W
　★ 寸　法：超ウス型ブックスタイル
　　　　　　38×180×240mm
★ 重　量：本体0.95kg

S V － 1425　¥ 63,000

日新電子工業 **PANASKY MARK-2F**

PANASKY mark6, PANASKY mark10でアマチュア無線に参入した日新電子工業の第3弾です.

144MHz帯FMの10W出力でファイナルの6360以外オール・トランジスタ, 6ch(実装3ch)のモービル機で安価(39,500円)であることも特徴の一つでした.

前2機種と違いケース・アースは−(マイナス)に固定されています.

また, 他の機種では PANASKY →SKYELITEの改称がありましたが, 本機とSKYELITE 2Fは同じ物ではありません.

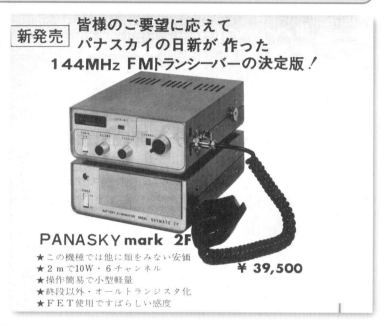

井上電機製作所(アイコム) **IC-2F IC-2F DELUXE**

144MHz帯FMトランシーバです. 6ch(実装2ch)でパネル面にはVOL, SQ, CHセレクタ, メータ, スピーカが並ぶ一般的な構成ではありますが, チャネル・セレクタはスピーカとメータの間に配置されているため, 目新しいデザインとなっています.

DELUXEバージョンは出力10W, ノーマル・バージョンは5Wで, どちらも保護回路APC(AUTOMATIC PROTECTION CIRCUIT)付きのトランジスタ・ファイナル回路を採用しています.

送受信切り替えからリレーを排し, フィルタにはセラミック・タイプを採用し, 積極的にクリッピング・アンプを使用することで受信時のAM成分(ノイズ)を排する設計となっていました.

● IC-6F

50MHz帯出力10WのFMトランシーバです. 保護回路付きファイナルなどの特徴はIC-2Fと同様です. 同時にIC-3Pが発売されています. これはIC-2F/IC-6F用センタ・メータ付きのAC電源装置で430MHz用リグではありません.

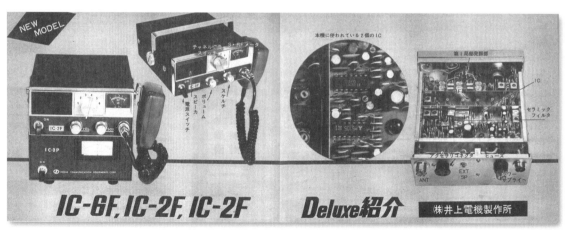

●NEW!

オールシリコン Tr.＋IC トランシーバー

model FM-50-10F　¥49,500
① 50.85MHz　② 51.00MHz
③ 51.12MHz　④ 51.20MHz
⑤ 予備　⑥ 予備

model FM144-05F　¥49,500
① 144.40MHz　② 144.48MHz
③ 144.60MHz　④ 144.80MHz
⑤ 予備　⑥ 予備

極東電子 FM50-10F FM144-05F

　FM50-10C，FM144-05Cの後継機種で，それぞれ50MHz帯10W，144MHz帯5W出力のFM機です．両機とも実装チャネルが4chに増えています．ケース寸法は前機種と同じですが，つまみの配置を見直してスピーカをパネル面に配置しました．

● FM144-10F（1970年）

　FM144-05Fの10Wパワーアップ版です．当初53,000円と予告されていましたが，発売時に51,500円となりました．

トリオ（JVCケンウッド） TR-7100

　144MHz帯出力10WのFMトランシーバです．±22kHzで−50dBの減衰量を誇る8素子のセラミック・フィルタを採用し当時最多の12ch（実装3ch）が内蔵できます．イメージ比は最悪値でも60dB，IF妨害比は100dBとこれまた良好な数字でした．本機は1971年暮れにパネル色がブラックのタイプも併売されています．価格などは変わりませんでした．

● TR-5100（1970年）

　50MHz帯出力10WのFMトランシーバです．12ch（実装3ch）でTR-7100と同一デザインとなっています．HC-33/UというHC-6/Uをリードタイプにした水晶発振子がチャネル水晶に使われていますが，

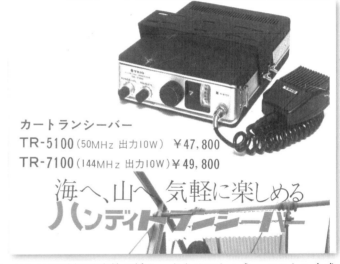

カートランシーバー
TR-5100（50MHz 出力10W）￥47,800
TR-7100（144MHz 出力10W）￥49,800

海へ、山へ 気軽に楽しめる
ハンディトランシーバー

これは原発振周波数が低かったためでしょう．ベクトル合成変移変調で周波数偏移を大きく取るために本機は24逓倍をしています．

新発売!! ★144MHz★
★ハイパワー・12チャンネル・モービル専用機★
SV-1426 — 25W — ¥60,000

◆ オールシリコントランジスタ（除く出力管6146）　◆ DC-DCコンバータスピーカ内蔵　◆ メカニカルフィルター付高感度受信部　◆ 消費電力12V受信時1.5A送信時9A　寸法 170×90×310%
2M FM トランシーバー　SV-141　¥33,000

杉原商会 SV-1426

　真空管6146をファイナルに使用した144MHz帯25W出力のFM機です．12ch切り替えでメカニカル・フィルタを採用しています．

　パネル面は17×9cmで少々縦が長い程度ですが，奥行きは31cmあります．

　DC-DCコンバータを内蔵した12V専用機で送信時の最大電流は9Aでした．

スタンダード工業(日本マランツ) **SR-C806M**

　スタンダード工業(後の日本マランツ，八重洲無線に合流)初のアマチュア無線機で，144MHz帯10W出力のFMトランシーバです．

　12ch(実装3ch)，高選択度セラミック・フィルタ採用，トランジスタ・ファイナルなどの特徴はTR-7100と同様で，この後に各社が追随したため，結果的にこれらは1970年頃の144MHz帯モービル機の標準的な仕様となりました．

　本機はさらに重さを1.85kgに抑え，1μVの入力に対しても34dBのAM成分抑圧ができるなどの特徴を持っています．前項のIC-2F，TR-7100と共にFM機の性能向上を感じさせるリグです．

　本機のもうひとつの特徴はナロー化のシミュレーションがなされていることで，IDCの再調整，フィルタの交換で対応できるとアナウンスされていました．チャネルは周波数表示でインスタント・レタリングによる書き換えが可能です．

　枠型シャーシの中央に大きなメイン基板があるという構造になっているため極めて修理しやすいのも長所でしたが，輸出を考慮したのでしょうか，使用されている半導体の多くは海外製でした．

● SR-C910M (1970年)

　SR-C806Mと姉妹機の50MHz帯10W出力です．12ch(実装3ch)のFM機で，30kHz離調時の選択度が60dB取られていたり，受信時の許容最大周波数偏移を±25kHzと広く取ったりというところに特徴があります．

　隣接チャネルの混信は排除するけれど，変調が深すぎる局の信号もできる限り低歪で復調するという考え方だったのでしょう．

● SR-C806G (1972年)

　1971年末からいったんカタログ落ちしていたSR-C806Mの復活機です．144MHz 10W出力のFM機で12ch(実装3ch)というスペックは変わりませんが，外付けVFO(SR-CV100)に対応する切り替えスイッチが新たに付きました．

　このVFOは2VFOタイプで送受信間のキャリブレーションを必要としますがその分安価(9,950円)で，送受信どちらにもアジャスタが付いていて容易に校正できるように工夫されていました．

1970年

寸法　180 × 59 × 230

特長 小型軽量で、ハム用機器としては、、初めてパネルを本格的ダイキャストで仕上げてあり、メーターはSW-ONにて点灯する航空計器スタイルという画期的製品です．
オール・ソリッド・ステートでIC1個FET5石を使用しており送信出力は10W以上ですが、SSBの特性上電源の消費量は、はるかに少なくてすみますからバッテリー使用時には非常に有利です．
A₃Jですので到達距離が他の電波型式よりはるかに延びます．
AMやFMと異り帯域幅が狭く5KHzはなれる事によりQRMの心配はまったく無く、12チャンネルが有効に使えます．

ハムセンター　**MERIT 8S**

　初めてアルミダイキャストを使用したオール・トランジスタの50MHz帯AM，SSBトランシーバです．

　出力は10W，送信帯域600kHzで12ch(実装3ch)，受信はバリエックス(RITと同等)を使用して±5kHz微調整可能となっています．

　パネル面はメータ以外にCHセレクタ，AFボリューム，バリエックスの3つのつまみがあるだけで，SSB機とは思えないぐらいシンプルに仕上がっています．

　VFOはオプション(未発売?)で，ハムセンターは以後SWR計などの周辺機器を製造する会社になりました．

トヨ電製作所　**F-26**

　トヨ電製作所が製造し松本無線パーツが発売元となった50MHz帯，144MHz帯2バンドのFMトランシーバです．終段は6360で出力は10W(50MHz帯)，5W(144MHz帯)です．送信部ドライバまで，そして受信のフロントエンドはバンド別，ファイナルは共用と言う設計で，各バンド5ch(1ch内蔵)となっています．水晶は2バンド別々に必要でした．

F-26 におまかせ下さい!

現金正価 ¥53,500

F-26 定格(車載・固定)		
送信出力	144MHz 5 W， 50MHz 10W	
周波数	両バンド共5ch マァ計 10ch	
変調	F₃ ベクトル合成位相変調	
通倍	144MHz ×24， 50MHz ×16	
出力インピーダンス	50Ω〜75Ω	
受信方式	ダブルスーパーヘテロダイン	
感度	1μV／m SN比20dB	
低周波出力	0.7W	
電源	12V〜15V 定格 13.5V	
寸法	巾 215×高70×奥行 270㎜	
水晶	2ch 内蔵(144.48, 51.0)	
構成	46石 送信終段は6360(真空管)	
消費電力	13.5V 3.5A (出力10W時)	
	13.5V 0.3V (受信時)	

ミサト通信工業　**MT-26**

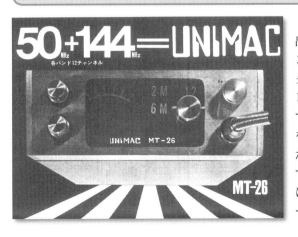

　50MHz帯，144MHz帯両バンドにオンエア可能な出力10WのFM機です．オール・トランジスタで各バンド12ch対応，幅17cm，奥行き24cmと意外とコンパクトにまとめられています．ファイナルには最大コレクタ損失20Wの2SC638が使われていて，当時としては余裕のある設計がなされていました．パネル色を3種類から選べたり，アクリル塗装としたりといった細かい工夫も見られます．サーキット・ブレーカで過電流保護をしているのも目新しい仕様ですが，これに追随したリグは皆無であるところを見ると，ヒューズの方が好ましかったのかもしれません．

三協特殊無線 FRT-225　FRT-635　FRT-7505

　FRT-225は144MHz帯25W出力のFM機，FRT-635は50MHz帯35WのFM機です．どちらも6ch（実装2ch）機で，パネル面にはつまみが3つだけ，メータなしという外観は同社の従来機と変わりません．

　FRT-7505は両機種に少々遅れて発売された430MHz帯5WのFM機です．ほぼ10万円という高価なリグですが，事実上430MHz帯で最初のリグですのでこの価格はやむを得ないところでしょう．

　6ch機でユーザーが選んだ3chを実装するという変則的な形になっていましたが，これは運用周波数が定まっていなかったためではないかと思われます．周波数が高いので送信は144MHzの4W信号を作ってからドライバで3逓倍，そしてファイナル．受信はトリプルスーパー，第1IFは45MHzという構成になっています．

● FRT-225A　FRT-7505A

　FRT-225，FRT-7505のマイナ・チェンジ・バージョンです．一番の違いは価格が上がったことで基本的なスペックに変更はありません．メーカーでは性能と安定性が向上しましたとPRしています．なお，FRT-7505Aの出荷時実装チャネルは431.20，431.24，431.28MHzに固定されました．

● FRT-203

　単2電池8本のケースを付けた状態では出力3W/0.5Wのハンディ機，電池ケースの代わりにブースタを取り付けると10W機になる144MHz帯FM機です．他のFRTシリーズと違い，パネル面にメータが付いています．幅は15cm，電池ケースを付けた状態でも奥行き19cmと小型に作られていました．発売当初6ch（実装2ch）でしたが，すぐに8ch（実装2ch）に改修されています．

　本機は13.8V動作では4W出力となります．またハンディ機運用ではアンテナが斜めについているように見える場合がありますが，これは当時の三協特殊無線の他のリグと同様に横置き時に多少パネルが上を向くようにしてあるためです．パネルが斜めなのでそこに付くBNC型コネクタも斜め，それに接続したアンテナも斜めとなります．

● FRT-7510　FRT-225B（1972年）

　FRT-7510は430MHz帯 出力10WのFM機です．FRT-7505Aの後期型をベースに改良をしたもので，8ch（実装2ch）となっています．SWR検出型の保護回路は内蔵していますが，前機種同様メータはありません．

　FRT-225BはFRT-225Aのマイナチェンジ機で，144MHz帯25W出力のFM機という点は変わりません．6から8へのチャネル数増，センタ・メータ用出力が装備されたことが主な変更点です．

● FRT-235（1972年）

　144MHz帯35W出力の8ch（実装2ch）FM機です．FRT-225Bの出力をアップしました．本機は10Wでの減力運転が可能です．

● FRT-7510X（1972年）

　430MHz帯10W出力のFM機，FRT-7510にTV受信コンバータを付加したものです．435MHzのアマチュアTVの画像をアナログTVの1ch，もしくは2chに変換できるようになっていました．他の機能は変わりません．

好評FRTシリーズはオールTR式です

FRT-225
FRT-635

★FRTシリーズは、TV、その他の通信に妨害を
あたえない事が実証されました。安心してお使い下さい★

FRT-203

クラニシ Marker-Luxury（50MHz）Marker-Luxury（144MHz）

　当時標準的だった10W出力，12chのFM機で，50MHz帯と144MHz帯の2種類があります．

　AC/DC両用，受信音が聞きやすい前面スピーカという特徴もありますが，10W，12chのFM機という他社と横並びのスペックだったためでしょうか，メーカーでは送信スプリアス−80dB，受信イメージ比−95dBといった基本性能の高さをPRしていました．

　業務用の20万円のセットと同性能の製品が49,800円で！　というのが当時のキャッチ・コピーです．

● Marker-Luxury400（1971年）

　終段に真空管6939を使用した7W出力の430MHz帯12ch（実装3ch）FM機で，AC/DC両用でありながら他社機よりも安価な価格設定としています．受信にはFETを使用し受信回路全体を1枚基板に収めることで機構をシンプルに仕上げていて，当時は少なくなりつつある前面スピーカ・タイプでした．

日新電子工業 SKYELITE 2F

　144MHz帯12ch（実装3ch）の10W出力，FM機です．PANASKY MARK-2Fの終段は真空管6360でしたが本機はオール・トランジスタ化されています．パネル面中央に操作部が集まり，右にメータ，左にスピーカという独特のデザインです．ドッキング型AC電源が背面に取り付けられるようになったために，アンテナ・コネクタは左横に取り付けられていました．

　本機は1975年始めに複数の販売店からTENKOブランドのリグとして発売されています．九十九電機仕様は実装1ch，明電仕様は実装4chで，両者ではチャネル・セレクタつまみに異なる部品が使われています．どちらもドッキング型AC電源非対応でアンテナ・コネクタは背面に移されていました．

　SKYELITE 2Fは日新電子工業の最後のリグです．当時の日新電子工業はOEM中心の中堅CB機メーカーでしたので，需要の急増，そして北米のCB機が23chから突然40chに規格変更された1974年の騒動が何らかの影響を及ぼしている可能性があります．

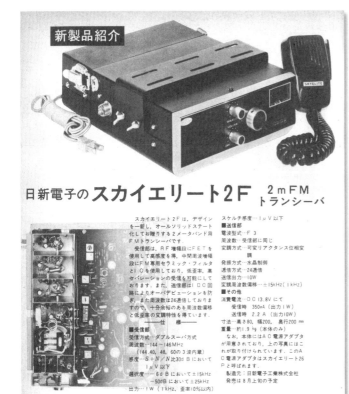

極東電子 **FM50-10L FM144-10L**

12ch（実装4ch），10W出力のFM機です．FM-50は50MHz帯，FM-144は144MHz帯でパネル面左にスピーカ，右上にマイク・コネクタという独自のスタイルは共通です．本機の最大の特徴はチャネル切り替えにダイオード・スイッチを用いたことで，リモート化が可能になりました．

FM機でありながらRFアンプにAGCを掛けることで2信号特性を向上させています．

また出力は3段切り替えですが最小は100mW，その時の消費電流はたった0.5A（ランプ込み）でした．

八重洲無線 **FT-2F**

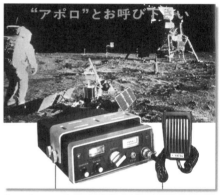

同社初のFMトランシーバです．144MHz帯の12ch（実装3ch）出力10W機というスペックは他社機とほぼ同じですが，受信フィルタを狭め（±15kHz −6dB）にして混信対策をしていること，ドラム式の大きな周波数表示を装備していることなどが特徴です．背面には当時としては珍しいACC（アクセサリ・コネクタ）があり，PTTやディスクリート出力，スイッチ連動電源などが出力されていました．本機にはAOS（Automatic Over Signal）も装備されています．これは俗にスタンバイ・ピーと呼ばれる2800Hzの短いトーンで送信終了を伝えるものです．宇宙船で使われていた装置ですのでメーカーでは「アポロ」とお呼びくださいとPRしていました．

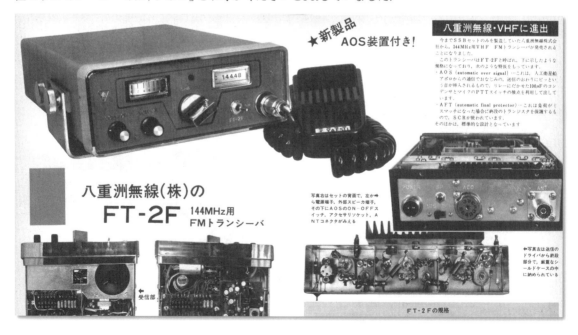

福山電機工業 **FD-210**

　144MHz帯12ch（実装4ch）出力10WのFM機です．全体がブラック基調で作られているところに特徴がありますが，発売の1年後にはパネル面の左半分がシルバーに変わりました．

　本機のメータはセンタ・メータ表示が可能です．しかし周波数の微調整機能が付加されたわけではなく，メーカーではこのメータを局増設時の周波数校正用としています．

　カタログには交直両用と記載されていましたが，AC電源はオプションでした．

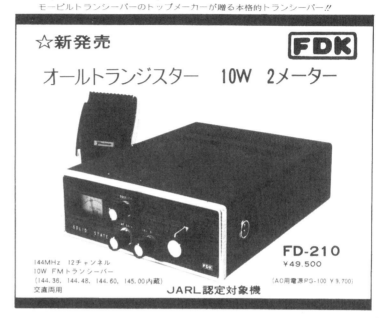

● FD-407（1971年）

　FD-210と同じ外観の430MHz帯7W，12ch（実装3ch）のFM機です．最大の特徴は他社機よりも安価でありながら出力が7Wあることですが，後に5〜7Wと修正されて実質的にSR-C4300と同等の出力となりました．

　そのためでしょうか，1972年4月には7〜9Wに増力された旨のアナウンスが出ています．

　メーカーではスケルチの動作に自信を持っていたようです．

　また，送信音を直接確認するモニタ回路も用意されていました．

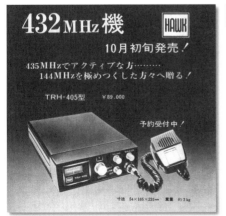

ホーク電子・新潟通信機 **TRH-405**

　タクシー用無線機のメーカーであるホーク電子が製造元，新潟通信機が発売元の430MHz帯5W出力のFM機で，両社のアマチュア向けの最初の製品です．24MHz台のオーバートーン水晶を使用したり，455kHzIFを排したシングルコンバージョンで受信部を構成しているなどの他社機にない設計が取り入れられています．

　12chで，431.94，432.00，432.06MHzの3チャネル，60kHzステップを実装しており，周波数偏移は±15kHz（430MHz帯では通常±12kHz）でした．

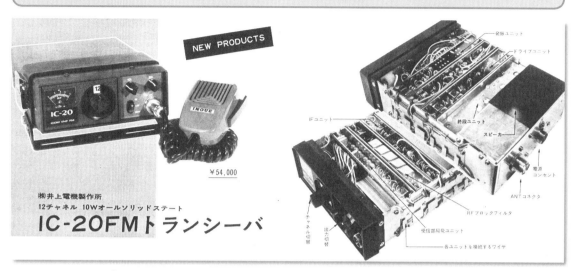

井上電機製作所（アイコム） **IC-20**

NEW PRODUCTS

¥54,000

㈱井上電機製作所
12チャネル 10Wオールソリッドステート
IC-20FMトランシーバ

IC-20は144MHz帯10W出力，12ch（3ch実装）のFM機です．受信高周波回路に5段のブロック・フィルタを採用する，水晶発振を18MHz台にして逓倍数を減らす，セラミック・フィルタを採用する，ダイオード・リミッタを使用して耐ノイズ性能を上げるといった工夫が見られます．

また，いくつものコの字型シールドの中に各回路を収納するようにして回路間の迷結合を防いでいますが，その割には小型，特に小顔に仕上がっているのも本機の特徴です．

● IC-60（1971年）

IC-60はIC-20とほぼ同じ内容の50MHz帯10W機です．なんと8逓倍＆ベクトル合成変移変調で±15kHzの周波数偏移を作り出しています．本機は1年後には同社広告からいったん落ちていますが，1972年暮れにはまた復活しました．

1971年

SR-C4300 UHF
430MHz帯FM
トランシーバ
12チャネル
（実装 4チャネル）
出力 5W以上
★詳細は202ページ参照　2月下旬発売　定価 ¥100,000

スタンダード工業（日本マランツ） **SR-C4300**

144MHz帯12chのモービル機が出そろった後，各社は一斉に430MHz帯リグを開発しますが，本機は杉原商会，三協特殊無線，ホーク電子に続く4社目となるスタンダード工業が発売した430MHz帯5W出力，12ch（実装4ch）のFM機です．

内部は大きな1枚基板と職人芸が詰まった高周波回路で構成されています．受信にはヘリカルレゾネータ，送信フィルタにはアングルレゾネータ（直線状のシールド・コイル），段間にはキャビティを採用し各種スプリアスを軽減しています．

逓倍数が多く原発振が少しでもふらつくと大きな影響が出るということで，使用している水晶発振子の両隣の発振子はアースに落とすという工夫がチャネル・セレクタ接点にありました．

スタンダード工業(日本マランツ) **SR-C1400**

　SR-C806Mを22ch(実装5ch)化した144MHz出力10WのFM機です. ハンディ機のSR-C145と同時に発表され, SR-C4300とも型番が揃ってラインナップがわかりやすくなりました. 本機は12を超える多チャネルのモービル機の第1号であり, 1971年3月に発表され, 9月1日から運用が始まったJARLバンドプラン採用機第1号でもあります. 本機の出荷開始は1971年7月上旬からです.

ベルテック **W5400(A)**

　カー・ステレオのメーカーが作った144MHz帯12ch(実装3ch)の出力10W, FMトランシーバです. クラス最小サイズをPRしています. 本機は発売の翌年にチャネル数を28ch(実装3ch)に増やしたW5400A(52,800円)にモデルチェンジしました.

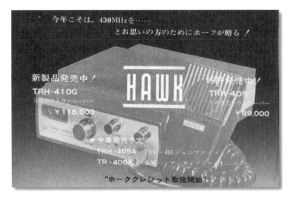

ホーク電子・新潟通信機 TRH-410G

TRH-405を出力10Wに増力した430MHz帯FM機です.

終段は2SC1122,オールソリッドステートで構成されていました.

福山電機工業 MULTI 8

CALLチャネル付き,JARLバンドプランに対応した144MHz 23ch(実装3ch)の出力10W,FM機です.AC/DC両用機でメータが高感度Sメータ,低感度,センタ・メータに切り替えられます.チャネル・セレクタにVFO位置があり,外部VFOも使用可能な設計となっていて,半年後にVFOとしてMULTI VFOが発売されています.

MULTI 8は受信は44MHz3逓倍,送信は12MHz12逓倍のため,このVFOでは図のようにかなり複雑な周波数変換をしていますが,MULTI 8の周波数構成自体は144MHz帯FM機として標準的な物なので,このVFOはかなり汎用性がありました.

不思議な機能としてはBGM端子があります.マイク・アンプの途中を外に引き出した端子で,名前のとおりBGMを重畳することが可能ですが,同社ではマイクの調整や外部マイクの接続用としています.

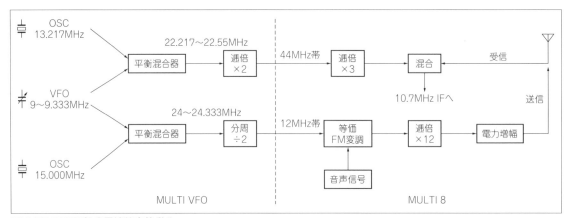

MULTI8のVFO部分周波数変換動作

第1章
第2章
第3章
第4章
第5章
第6章
第7章
第8章

1972年

日本電業　Liner 6

KAPPA15でアマチュア無線に参入したBelcom日本電業の第3弾です．シンセサイザ方式で10kHz間隔の24chを実装し，その間をVXOでカバーするようになっている出力10W，SSB機でした．前2機種と違い，AM(出力4W)も装備しています．

● Liner 2

シンセサイザ方式で10kHz間隔の24chを実装し，その間をVXOでカバーするようになっている144MHz帯10W出力のSSB機です．

カバー範囲は144.095〜144.345MHzでスケルチ，ノイズブランカ，RITや調整用連続キャリア・スイッチも装備しています．事実上日本初の144MHz帯SSB機ですが，その操作性はとても良好でした．ちなみに430MHz帯でSSBが許可されたのは本機発売の翌月です．

極東電子
FM50-10LA
FM144-10LA

FM50-10L，FM144-10Lのチャネル表示をJARLバンドプランに合わせたものです．他の特徴は変わりません．

都波電子　UHF-TV　TX

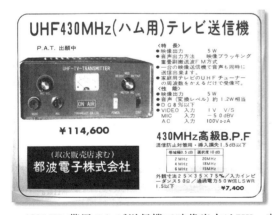

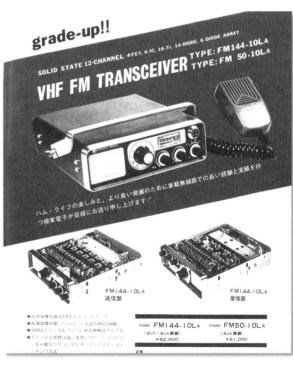

430MHz帯用テレビ送信機で映像出力は5W，音声出力は約1.2Wとなっており固定周波数です．同社のアマチュア無線用製品はこの1機種だけで，最近の資料でも同じ所在地と思われる場所に同じ電話番号のまま通信関連の会社として記載が見られますが，そこにあるのは一般住宅です．

井上電機製作所（アイコム） **IC-30**

　144MHz帯のIC-20と同一デザイン同一機能の430MHz帯12ch（実装3ch）出力10WのFM機です．送受信周波数は431〜433MHzと狭めに設定されていますが，その分キャビティの帯域を狭くすることができていて，第1IFが10.69MHzであるにも関わらず受信スプリアス抑圧は60dBも取れています．終段は当時最新鋭の2SC1338が使われ，マイクロホン・インピーダンスはそれまでの10kΩから500Ωに変わりました．

ホーク電子・新潟通信機 **TRC-500**

　TRH-405の後継機で，430MHz帯FM，6ch（3ch実装）の5W機です．操作面の配置は変わりませんがパネル面は黒が基調の洗礼されたものになり，価格は半分近くになりました．

　本機は同社最後のモービル機です．最後まで最大出力が5Wのままでしたが，これは簡易業務無線と共通仕様だったための可能性があります．

　新潟通信機は今も通信機メーカーとして活動中でタクシー無線や自動車教習所用無線を主力としています．

トリオ（JVCケンウッド） **TR-7200　TR-8000**

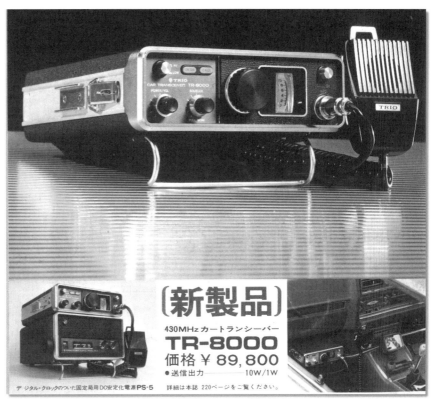

TR-7200はTR-7100の後継機で，144MHz帯出力FM10W，23ch（実装3ch）となっています.

TR-8000は430MHz帯FM10W，同じく23ch（実装4ch）で，両機は同一デザイン，同一寸法です.

両機ともにCALLチャネル・スイッチを別に持ち，送信音を確認できるモニタ回路を搭載しています. 水晶発振子が実装されていないチャネルでは送信ランプが点かず，送信に異常があるときには送信ランプが点滅するという新しい機能も採用されました.

どちらもヘリカル・レゾネータを採用しています. 144MHz帯は周波数が隣接する強力な業務局による相互変調・混変調が発生しやすく，430MHz帯はRF帯域を狭くしないとイメージ比が取れないためです. TR-7200の受信妨害比は60dB，TR-8000のそれは50dBですが，どちらも当時としては優秀な数値です.

● TR-7200G（1973年）

TR-7200の改良機です. 144MHz帯出力10WのFM機であることは変わりませんが，外付けVFOに対応するためにセレクト可能なチャネルは1つ減って22となっています. 他にもチャネル表示から周波数表示に変えたり，段間のフィルタをクリスタル・タイプとしたり，ファイナルを2SC1177から一回り大きな2SC1242Aに変えるなどの改良が見られます.

パネル面名称

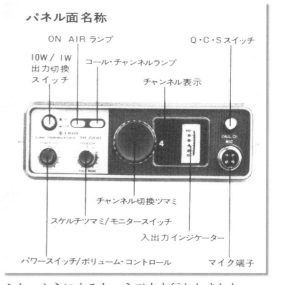

- ON AIR ランプ
- 10W/1W 出力切換 スイッチ
- Q・C・Sスイッチ
- コール・チャンネルランプ
- チャンネル表示
- チャンネル切換ツマミ
- スケルチツマミ/モニタースイッチ
- 入出力インジケーター
- パワースイッチ/ボリューム・コントロール
- マイク端子

高SWRの際の保護動作を見直して，出力がゼロにならないようにするという工夫も行われました.

● TR-7200GⅡ（1975年）

144MHz帯出力10WのFM機，TR-7200Gのマイナ・チェンジ機です. FMナロー化にフィルタも含めて完全対応し，外部VFOが接続可能，RIT回路も装備しています. 背面パネルにはRFアッテネータのON/OFFスイッチが付きました. 22ch（実装8ch）という基本仕様はGタイプと同じです.

井上電機製作所(アイコム) IC-200

144MHz帯，100ch実装の出力10W，FM機です．ミックスダウン用局発として200kHz間隔の水晶発振子を10個，基準発振として20kHz間隔の水晶発振子10個を用意し，ミックスダウン後に基準発振と位相比較をすることで20kHzステップの100chを作り出しています（**図**参照）．

VCO周波数は133MHzで，これとIFの10.7MHzを混合して送信波としていますので，周波数シンセサイザにありがちな複雑なスプリアスが生じにくいのが本機の最大の特徴です．信号系はIC-20を踏襲したもので，本機にもブロックごとのシールドが採用されています．13MHz台の水晶発振子は2つの追加が可能で，1つに付き10ch増えるようになっていました．

本機は78,500円と高価でしたが，当時の水晶は送受一組で1,400円程度でしたので，たとえば23ch（実装3ch）の54,900円のリグにフルに水晶を入れるよりも5,000円割安になりますし，JARLチャネル外でのオンエアも可能になり，十分価格に見合うリグでした．

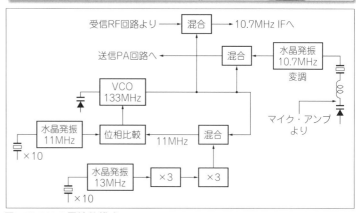

図 IC-200の周波数構成

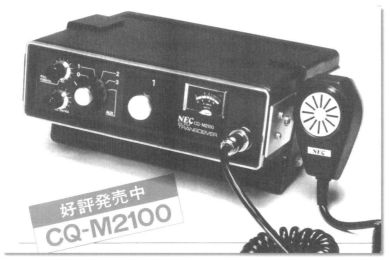

新日本電気 CQ-M2100

144.32～145.88MHzを40kHz間隔でフルカバーする144MHz帯出力10WのFM機です．

クリスタル・フィルタ，クリスタル・ディスクリミネータを採用した上に，シンセサイザを利用して40chを実装しているにもかかわらず，本機の価格設定は低めでした．

八重洲無線 **シグマサイザー200**

144MHz帯200ch装備の10W出力，FM機です．2mバンドを10kHzセパレーションでフルカバーしました．

9.9MHz帯の20個の水晶発振子から得られる出力を12逓倍した118.8MHz帯と13.15MHz帯を2逓倍した26MHz帯の信号を混合して，144MHz帯の送信信号を作っています．一方，受信時はこの26MHz帯の代わりに15MHz帯の局発を利用して10.7MHzに変換しています（図参照）．合計40個（他に1個）の水晶発振子を使用する贅

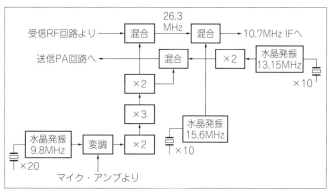

図　シグマサイザー200の周波数構成

沢な構成ですが，送信時の混合局発の周波数を26MHzと高く取ること，受信時の第1IFも同じく26MHzと高くすることでスプリアス，特にイメージ送受信を軽減しています．周波数切り替えノブは2重で，外側が100kHzオーダー，内側が10kHzオーダーとなっています．内側はつまみタイプからすぐに丸型になりました．送信デビエーションはナロー（±5kHz）も選択可能ですが，ローカル局への被りの軽減が目的だったようです．

2メータで
200チャネル

八重洲無線の
"シグマサイザー200"

シャーシ下面，中央左にスリット・レゾネータ　　こちらは上面，スプリアス防止のためシールドが厳重

スタンダード工業(日本マランツ) SR-C430

430MHz帯10W出力，12ch(実装4ch)FM機です．従来のリグのパネル面中央から奥に向かってカッターを入れその半分だけにしたようなサイズのリグで，前面パネルはほぼ正方形となっています．内部は基板2枚を立てて背中合わせに配置し外側ケースに強度を持たせる独特の構造です．奥行きはありますが，従来機とは違う考え方で車にセッティングできるということで本機はロングセラーとなります．1974年半ばには型番からSR-が取れ，C430になりました．

井上電機製作所(アイコム) IC-22

144MHz帯22ch(実装3ch)の出力10W，FM機です．ヘリカルキャビティやMOS-FETを採用しているだけでなく，直径9cmの大型スピーカで音量・音質を確保しています．

本機の特徴のひとつにその価格がありました．他社よりも，そして前機種IC-20よりも1万円以上安かったのです．

福山電機工業 MULTI 8DX MULTI 7

どちらも144MHz帯出力10WのFM機です．

MULTI 8DXはMULTI 8に感度優先・多信号特性優先を切り替えられるDX/LOCALスイッチを取り付けたものです．FM専用機ではありますが強入力特性を改善するためのAGCも追加しています．本機は従来のMULTI 8と併売され，後にデラックス(DX)・スタンダードと区別されるようになります．

MULTI 7は22ch実装可能な小型機です．IC-22と同様に価格を抑え，直径9.2cmのスピーカを搭載して音質も向上させました．RIT付き，外付けVFO対応もしています．翌1973年6月にブラック・パネルも登場しましたが，こちらは1,000円高です．

● NEW MULTI 7(1974年)

パネル面がブラックのマイナ・チェンジ版MULTI 7です．22ch実装可能な144MHzFM，10Wの小型機という特徴は変わりませんが，実装チャネルが10chに増え，価格も55,900円に値上げされました．

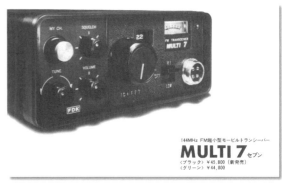

松下電器産業 RJX-201

同社初のアマチュア無線機で RJX-601と共に発表されました. 144MHz帯24ch（実装12ch）出力 10WのFM機です.

受信第1IFを約26MHzに取る ことでイメージ比を良好にして います.

第1IFの帯域を広く取り2波を 同時に通し，次の局発を2種類用 意するという方法で1つの水晶発 振子で隣接する2chに出られるよ うになっています.

オプション水晶を6つ購入すれ ばJARLバンドプランの1〜24ch をすべてカバーできる経済設計 のリグでした.

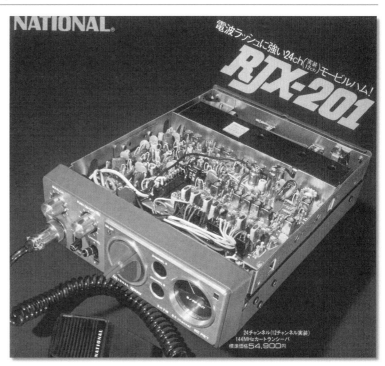

三協特殊無線 FRT-220GB

三協特殊無線の新シリーズであるFRTゴールド シリーズ第一弾で，144MHz帯12ch（実装2ch）出力 20WのFM機です．従来とは全く違う他社機に近 いデザインになり，センタ・メータにもなるSメ ータが付いています.

高SWRからの終段保護回路や過電流検出型の保 護回路を内蔵するとともに，M結合型同調回路付 きプリアンプの採用などで強力な業務無線からの 妨害を軽減しました.

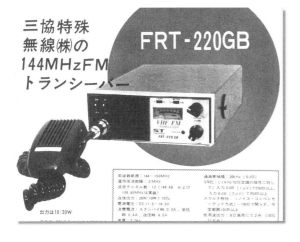

日本電装 ND-140

製造元は日本電装，発売元はトヨタ自動車販売 という144MHz帯12ch（実装3ch）出力10WのFM機 です.

"トヨタ純正カートランシーバー"ですので，デ ィーラーでの取り付けが可能でした.

197

スタンダード工業（日本マランツ） **SR-C140**

SR-C430と同一デザインの144MHz帯12ch（実装3ch），メモリ・チャネル付き出力10W，FM機です。第1IFを21.4MHzと高く取ることで受信時のスプリアス・レスポンスを70dBまで高めています。40kHz離調時の選択度は75dB，こちらも他に類を見ない高選択度です。

メーカーでは144MHz帯で12chでは不足すると考えたようで，ほぼ同時に外付けVFO，SR-CV110を発売しています。RIT付きのこのVFOのサイズはSR-C140と同じで，並べると一般的なモービル機の形になりました。

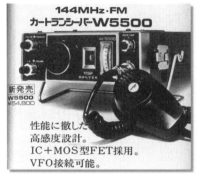

ベルテック **W5500**

144MHz帯23chFMの10W出力機です。外付けVFO対応，受信周波数微調整用のDELTA TUNEも内蔵しています。メーカーでは高感度設計であることをPRしていました。

パネル面左側のつまみは2つとも2軸ボリュームに見えますが，実はボリュームとなっているのは外側だけで内側はプッシュ・スイッチとなっています。上のスイッチは出力切替，下は電源ON/OFFです。

本機は同社最後のアマチュア無線機で，今は健康飲料と映画配給などのエンタメ事業を手掛けています。

三協特殊無線 **FRT-625GB**

FRTゴールドシリーズ第2弾です。50MHz帯12ch内蔵可能の出力25W，FM機で，電子スイッチを全面的に採用したり，マイク・アンプにコンプレッション・アンプ（リミッタと交換可能）を採用したりといった特徴があります。

送信電力増幅部を安定させるために「フェライトビーズを輸入して採用」との記述がCQ ham radio誌の新製品紹介記事にありました。

● FRT-650GB　FRT-250GB　FRT-210GB
　FRT-7525GB　FRT-7510GX

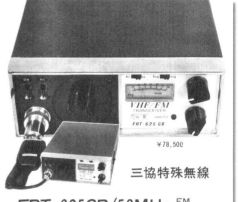

すべてFRTゴールドシリーズで，Sメータ付きの12ch，FM機という共通の仕様を基本にしています。

FRT-650GBはFRT-625GBのパワーアップ版で50MHz帯50W出力機です。FRT-250GBも同様に144MHz帯50W機，FRT-7525Bは430MHz帯25W機です。FRT-210GBは144MHz帯10W機，FRT-7510GXは430MHz帯10W，TV受信コンバータ付きです。このシリーズのうち，50W機は当初より受注生産，FRT-210GB以外の機種も，その後，順次受注生産となっていきます。発売時の価格が不明なリグもありますが，1974年12月には実装チャネルを5chとした上での価格改定が行われました。

FRTゴールドシリーズには全機種共通の外付けエクスパンダ（チャネル拡大器）が用意されています。各チャネル2個（送受信別）の水晶発振子を必要としますが，ワンタッチ3ch＋セレクタ46chにすることが可能でした。

極東電子 **FM50-10S　FM144-10S**

FM50-10Sは50MHz帯，FM144-10Sは144MHz帯の出力10W，FM機です．どちらもプッシュ・スイッチで指定できる3chとセレクタを回す12chの2つのチャネル選択方法を持っています．内部は7つの基板に分かれており，ファイナル回路に定電圧回路を採用して出力を安定化させていました．

本シリーズではセルコール（SC-10，18,000円）を接続できます．これは一種のトーンスケルチで，特定の信号が入ったらスケルチを開け，通話後，リセット・ボタンを押すとスケルチが閉じるというものです．SC-10では10組のツートーン信号が選択可能でした．

● FM50-10SA　FM144-10SA（1974年）

FM50-10SAは50MHz帯，FM144-10SAは144MHz帯の，プッシュ・スイッチで指定できる3chとセレクタを回す12chの両方の選局方法を持つ出力10WのFM機です．

SタイプからSAタイプになっての変化はRF同調をパネル面からのチューニングとしたことで，つまみがひとつ増えていますが常に最大感度に調整できるようになりました．

本シリーズもセルコールSC-10を接続可能です．マニュアル・チューニングとしたおかげで，チャネル水晶を入れ替える事により，FM50-10SAは55MHzまで，FM144-10SAは155MHzまでの受信に対応できるようになりました．

● FM50-10SX　FM144-10SX（1974年）

FM50-10SXは51〜53.99MHzを10kHzステップ300chでカバーする出力10WのFM機，FM144-10SXは144〜145.99MHzを10kHzステップ200chでカバーする10WのFM機です．PLLを使用し，送信周波数を直接表示するようになっています．周波数選択ノブは2段になっていて，100kHz台，10kHz台を直接指定します．もちろんセルコールSC-10も接続可能です．

● FM50-10SAⅡ　FM144-10SAⅡ（1976年）

FM50-10SAⅡは50MHz帯，FM144-10SAⅡは144MHz帯の，プッシュ・スイッチで指定できる3chとセレクタを回す12chの2つの選局方法を持つ出力10WのFM機です．

前機種，FM50-10SAやFM144-10SAとの違いはナロー化されたことで、送受信共に対応しています．

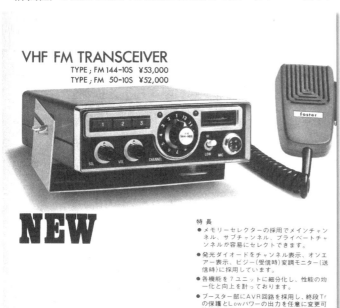

VHF FM TRANSCEIVER
TYPE；FM 144-10S　¥53,000
TYPE；FM 50-10S　¥52,000

NEW

特長
● メモリーセレクターの採用でメインチャンネル、サブチャンネル、プライベートチャンネルが容易にセレクトできます。
● 発光ダイオードをチャンネル表示、オンエアー表示、ビジー（受信時）変調モニター（送信時）に採用しています。
● 各機能を7ユニットに細分化し、性能の均一化と向上を計っております。
● ブースター部にAVR回路を採用し、終段Trの保護とLowパワーの出力を任意に変更可能です。
● セルコール（TONE ENCODER/DECODECODER）を外部より接続可能です。
● 54(H)×163(W)×195(D)％と小形です。

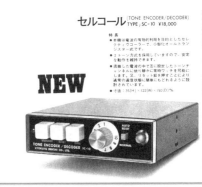

セルコール（TONE ENCODER/DECODER）
TYPE；SC-10　¥18,000

特長
● 本機は電波の有効利用を目的としたセレクティブコーラーで、小型化オールトランジスター式です。
● ツートーン方式を採用していますので、安定な動作を維持できます。
● 混雑した電波の中で互いに設定したトーンチャンネルに切り替える事が可能になります。又、リセット釦を押すことにより通常の通信状態に簡単にもどれるように設計されています。
● 寸法；35(H)×122(W)×150(D)％

NEW

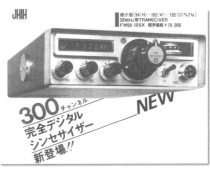

超小型(54(H)×165(W)×195(D)％×2㎏
50MHz帯TRANSCIVER
FM50-10SX　標準価格¥79,000

300チャンネル
完全デジタルシンセサイザー
新登場!!

NEW

日本電業 **Liner 2DX**

　デジタルPLLを採用した144MHz帯SSB, CW機で出力は10W, 144.05〜144.325MHzを5kHzステップ（56ch）でカバーし, さらにVXOやRITを装備した製品です.

　5kHzステップであればワッチ時にVXOを併用しなくても信号の有無が判るので, 前機種, Liner 2より格段に使いやすくなりました.

　新たにCWに対応し, ノイズブランカも改良されています.

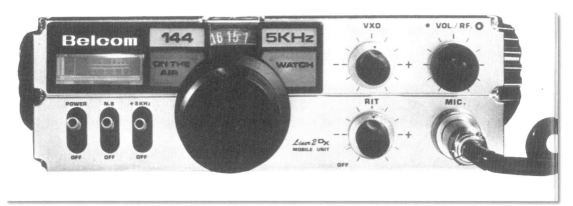

松下電器産業 **RJX-431**

　松下電器産業の第3弾, 430MHz帯出力10WのFM機です.

　RJX-201と違い送受信水晶別の24ch（実装3ch）機で, クリスタル・フィルタとセラミック・フィルタを併用することで±18kHzで−70dBという高い選択度を得ています.

　送受信周波数範囲は434MHzまでですが, 帯域を絞ったこと, ヘリカルレゾネータを6段にしたことなどでスプリアス受信も60dB以上という優れた値となっています.

第1章 第2章 第3章 第4章 第5章 第6章 **第7章** 第8章

1974年

井上電機製作所(アイコム) **IC-200A**

144MHz帯10W出力のFM機です．前機種，IC-200同様，20kHzステップで100ch内蔵，水晶発振子2個で20ch増設可能でした．

外見上，前機種との差異はあまりありません．MHzオーダーの表示とMAIN表示の順番が変っています．

また価格が改定されています．

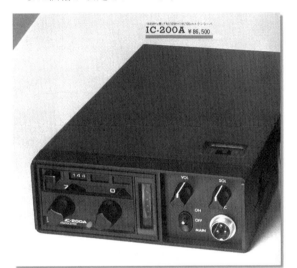

八重洲無線 **FT-224**

144MHz帯10W出力のFM機です．24ch(実装10ch)と実装チャネルを多めにしていること，インスタント・レタリングを利用して周波数表示を変えられるようにしてあるところに特徴があります．

RF同調はスリット・レゾネータ，IFにはクリスタル・フィルタとセラミック・フィルタを入れ，受信性能をアップさせました．センタ・メータを内蔵し，送信部の逓倍段までを動作させることで送受信周波数を一致させることができるようになっています．

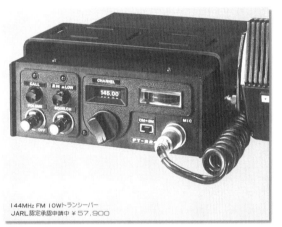

144MHz FM 10Wトランシーバー
JARL認定承認申請中 ¥57,900

トリオ(JVCケンウッド) **TR-8200**

430MHz帯FM，10W出力のTR-8000後継機種です．前機種より価格は1万円下がっています．

第1IFを32.1MHzと高く取ることでスプリアス受信を軽減しています．

22ch実装できますがその内容は複雑で，水晶発振子1個で3ch増設できる物が6組で計18ch，さらに単独(水晶各1個)で4ch内蔵可能という構成でした．シンセサイザ部分はJARLバンドプランの1，4，7，10…49，52chとなっていますが，出荷時実装は6ch(1，4，7，10，13，16ch)です．外付けVFO(VFO-40，38,000円)を接続すると431～433MHzを連続カバーできましたが，本VFOの初期漂動は最大定格で4kHzあり，更に3逓倍されるため少々ウォームアップをする必要がありました．

トリオ(JVCケンウッド) **TR-7010**

　144MHz帯SSB，CWの8W機で外見はTR-7200GやTR-8200に良く似ています．シンセサイザ20chを2組用意し，144.100～144.295MHzをカバーするようになっています．5kHzステップのためVXOを併用しなくてもワッチが可能というのが最大の特徴で，モービル時の相手局探しに考慮した結果と思われます．

　144.100MHz以下には対応していませんが，外付けVFO(VFO-40)を接続することで144～145MHzを連

続カバーできましたので，CW運用でも実用性がありました．

　本機の8W出力というのは中途半端です．これは2SC1242Aを使用した終段回路がAB級では能率が低下してしまうためでしょう．

　入力は20Wあるので電波法上の換算出力は10Wとなります．

富士通テン **TENHAM-15　TENHAM-40**

　富士通グループでカー・ステレオやカー・ラジオを製造している富士通テンのアマチュア無線参入機です．TENHAM-15は144MHz帯10W出力のFM機，TENHAM-40は430MHz帯10WのFM機で，どちらもシンセサイザ方式で24chをフル実装しています．

　－10～50℃での動作確認，電源の完全安定化，電子スイッチ採用によるマイクロホンからのCALLチャネル選択といった特徴もみられます．

　両機種で興味深いのは高SWRでの終段保護で，なんと$VSWR>5$で保護が動作するようになっていま

す．少々SWRが高くても終段が壊れないなら電波が発射できるようにしようという考え方のようです．ファイナルの製造元はグループ会社ですから，詳細な情報を受けていたのか，選別品だったのかのいずれかだと考えられます．

　本シリーズの発売はメーカーの社史では1974年6月となっています．当時富士通テンはカー雑誌を中心にアマチュア機のPRをしていたようで，無線関連の資料で確認できる時期とは多少ずれが生じてしまうようです．

井上電機製作所(アイコム)　**IC-220　IC-320**

　IC-220は144MHz帯10W出力の22ch(実装8ch)装備可能なFM機，IC-320は430MHz帯10Wの22ch(実装3ch)装備可能なFM機です．MOS-FETやヘリカル・キャビティを使用した基本性能の良さをPRポイントにしています．LOWパワーモード，シグナル・ランプ，ACCソケットも装備しました．

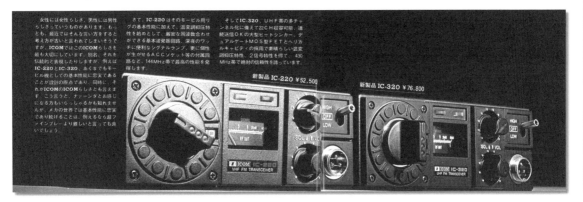

1975年

日新電子工業　**JACKY2. XA**

　SKYELITE 2Fのマイナ・チェンジ機ですが，TENKOブランドでの発売です．詳しくはSKYELITE　2Fの項を参照してください．

　明電では4ch実装機(33,300円)が4台114,000円で販売されました．

福山電機工業　**MULTI 11**

　オートスキャン4ch，通常受信23chの144MHz 出力10WのFM機です．高周波増幅を2段にしてヘリカルレゾネータ特有のロスをカバーし，MOS-FETで強入力特性を改善しています．受信も含め完全にワイドとナロー切り替えに対応し，RITも装備しました．

● 福山電機　MULTI U11

　MULTI 11の430MHz帯バージョンです．オートスキャン4ch，通常受信23chの10W，FM機という特徴は変わりません．高周波増幅を2段にしてヘリカル・レゾネータ特有のロスをカバーしただけでなく，送信PAはマイクロ・ストリップラインを採用して431〜435MHz対応の広帯域機としました．RITも装備しています．

　なお，この頃から同社の社名から「工業」が外れています．

日本電業 Liner-430

　430MHz帯10W出力のSSB，CW機です．430MHzから480kHz幅，および432MHzから480kHz幅を20kHzステップ＋VXOで連続カバーしています．このうち432MHz台はアマチュア衛星AO-7のBモード・アップリンクを想定していましたが，現在のバンドプランでは運用できません．

　VXOの可変幅が大きくなったため，本機ではVXOつまみに減速機構が取り付けられていました．

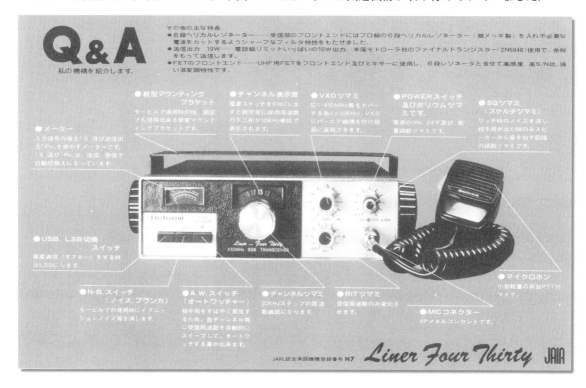

双葉光音電機 144MHz FM Transceiver　430MHz FM Transceiver

　その名のとおり144MHz帯出力2WのFM機と430MHz帯2WのFM機です．どちらも12ch（実装1ch）で，パネル面には大きくFUTABAと書かれています．横長ラジケータ型SメータとVOL，SQを装備したシンプルなリグで，送信スプリアスは−40dB，周波数偏移は±13kHz（両機共）と，スペック的に微妙な部分もありますが安価であったのは確かです．

　430MHz機のアンテナ・コネクタにはBNC型を採用していました．

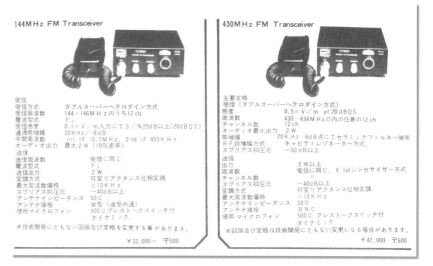

ユニデン Model 2010

輸出用無線機器やコードレスホン大手のユニデンがアマチュア無線に参入した際にHF機Model 2020と共に発表した144MHz帯10W出力のFM機です.

本機はPLLを採用し99chを内蔵しています(**図**参照)が,実際は内部のビスによるマトリクスで12chを選んで運用するように作られていました.外付けセレクタ(Model 8020,12,900円)を取り付けると99chすべてで運用できます.

CALLチャネルは別スイッチ(実装済),プライベート・チャネル2chも追加可能です.

FMナロー化にも対応していますが受信のナロー・フィルタはオプション,AFC(Automatic Frequency Control)付きで,相手側の周波数がずれていても自動で受信周波数を微調整できるようになっていました.

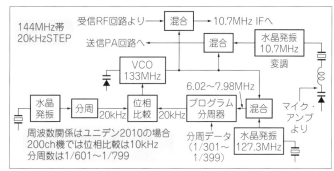

図　Model 2010の周波数構成

● Model 2010S(1976年)

Model 2010のバリエーション・タイプです.99chを内部に持つ2010でしたが,実際に選択できるのはCALLチャネルとセレクタ12ch分

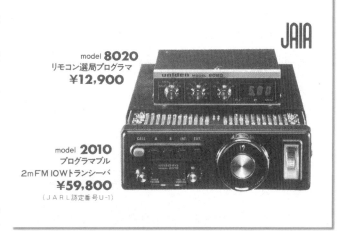

model 8020
リモコン選局プログラマ
¥12,900

model 2010
プログラマブル
2mFM 10Wトランシーバ
¥59,800
(JARL認定番号U-1)

だけでした.そこで本機では2010のプライベート・チャネル・スイッチ(固定水晶発振切替)2つをPLLの周波数切り替えに充てることで,12×3＝36chを選択できるようにしています.

本機はCALLチャネルを含む37ch実装の144MHz帯10W出力のFM機です.

スタンダード工業(日本マランツ) C140B

C140のマイナ・チェンジ版です.

C430(SR-C430)と同一デザインの144MHz帯12chメモリ・チャネル付き10W出力のFM機という概要は変わりませんが,実装チャネルは2ch増え5chとなり,スピーカ付きマイクが標準装備されました.

三協特殊無線 **KF-430**

同社の新シリーズ「KF」の第1弾です．このシリーズは付属回路を省き，故障の少ない低価格品を目指したものです．正面から見るとほぼ正方形のパネルを持ち，その面には1～12を選ぶチャネル・セレクタ，ボリューム，スケルチのつまみ3つと送信インジケータ，ラジケータ型メータ，マイク・コネクタしかありません．

KF-430は430MHz帯3W出力のFM機です．受信部は45MHz

に第1IFを持つトリプルスーパーで20kHz，－6dB，50kHz，－70dBの選択度を持ちます．送信S/Nは40dB（70%変調に対して）と良好な値で，送信時の消費電流は0.8Aに抑えられていました．

1976年

極東電子 **FM144-10SXⅡ**

FM144-10SXⅡは144～145.99MHzを5kHzステップ400chでカバーする10W出力のFM機です．前機種よりステップが細かくなり，送信周波数表示は6桁を直接表示するようになりました．

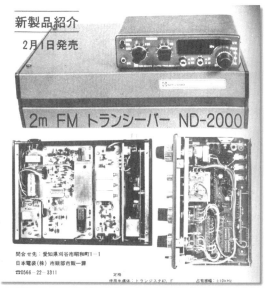

日本電装 **ND-2000**

小型のコントローラと本体をセットにした144MHz帯10W出力のFM機です．10kHzステップで200chを内蔵し，LEDで周波数を表示します．本機は完全なナロー専用機で受信周波数帯域は10kHzしかありませんでした．

ユニデン Model 2030

uniden
UNIDEN 3 POWER

ムダのないプレー。
ナロー専用機。
強力な対混変調が評判

model **2030**

2mFM 10W/1Wトランシーバー　¥44,000
(JARL認定番号U-3)

model 8110 5A定電圧電源 …… ¥16,800

　シンプルな144MHz帯10W出力のFM機です. 12ch+1ch(実装3ch)と実装数を少なくすることで低価格を実現しました. FMナロー化は1978年1月からですが, 本機はナロー専用機です.

スタンダード工業(日本マランツ) C8600

　144MHz帯10W出力のFM機です. 12ch(実装3ch)という仕様で低価格を実現しました.

　送信についてはワイドとナロー切り替え, 受信はセミナローのフィルタとワイド(ナロー共用)検波器で対応しています.

　本機は発表時42,000円でしたが, 発売時には39,800円と値下げされました.

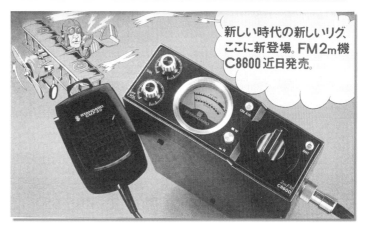

新しい時代の新しいリグ, ここに新登場。FM2m機C8600近日発売。

日本システム工業 RT-140

SSBに移行可能 RT-140 ナローバンド200チャンネル
VHF/FMトランシーバー

RT-140
SSB-1

　本体のみでは144MHz帯10W出力で10kHzステップ200chのFM機, 外付けのSSB-1A(29,500円)を装着するとVXO, RIT付きのSSB, FM機となるモービル機です.

　本体にサブ・ユニットを挿入するとスキャニング動作も可能になります.

　FMはナロー専用, 本機の発売元は極東貿易でした.

新日本電気 **CQ-M2300**

144MHz帯10W出力のFM機です.

40chを実装し,水晶発振子をひとつ追加すれば40kHz間隔でもう10ch増やすことが可能で,CALLチャネル・スイッチも装備しています.

発売時FMはワイドでしたが,9,800円のパーツ・キットを取り付ければナロー化が可能でした.

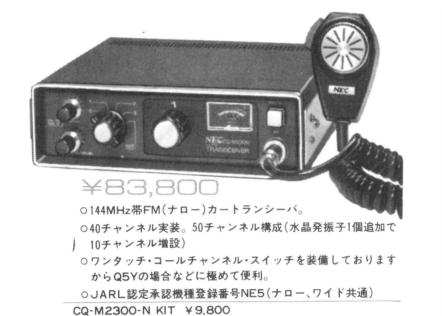

¥83,800

○144MHz帯FM(ナロー)カートランシーバ。

○40チャンネル実装。50チャンネル構成(水晶発振子1個追加で10チャンネル増設)

○ワンタッチ・コールチャンネル・スイッチを装備しておりますからQ5Yの場合などに極めて便利。

○JARL認定承認機種登録番号NE5(ナロー、ワイド共通)

CQ-M2300-N KIT ¥9,800
CQ-M2100、CQ-M2300用メロー化パーツキット。発売中!

松下電器産業 **RJX-202**

144MHz帯10W出力のFM機です.23ch装備可能なワイド,ナローの切り替えができる機種ですが,ナローでの運用が増えたためでしょうか,本機ではワイドのフィルタがオプションとなっています.

基本性能を重視したとのことでシンセサイザなどは使っておらず,スプリアス受信は−75dBと良好です.興味深いのは定格にあるワイドとナローの感度差で,0.5μV入力時,ナローはS/N 27dB,ワイドはS/N 30dBとなっていました.

北辰産業　HS-144

アンテナ・メーカーの北辰産業が作った144MHz帯10W出力，23ch＋1ch（実装4ch）のFM機です．幅は約11cm，高さ5cm，奥行きは約18cmと小型に作られていて，縦長の鉛蓄電池付きソフトケースに入れればハンディ機としても使えるように工夫されています．

また，専用電源A-205を使用して固定機とする場合には電源の前面下部にマイク・コネクタが来るようになっていました．

本機の出荷時はワイド仕様ですが，内部にコネクタを刺すと送信はナローFMに変わります．

このため実装周波数は144.48，144.60，145.00，145.32MHzという過渡期のリグらしい選択となっています．

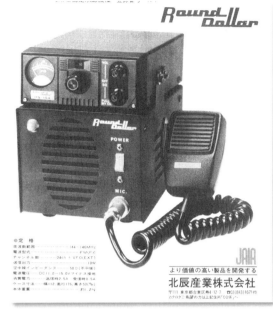

井上電機製作所（アイコム）IC-250

144MHz帯10W出力，23ch＋1chのFM機です．

内部では20kHz間隔で100chが用意されていて，そのうち19chは出荷時に設定済み，残りの5chもダイオードでプログラムを組めば設定が完了するようになっていました．

送受信共にナロー化対応機です．

ダイオードマトリックスだから周波数の調整も不要です．

新製品
144MHz FM トランシーバー
IC-250
IC-250　¥57,500（JARL認定登録番号1-22）

三協特殊無線　KF-51

限定100台と宣言した上で生産された50MHz帯10W出力のFM機です．

送受信で別水晶を必要とする12ch（実装1ch）機ですから特に目立つ部分はありませんが，新規に設計される50MHz帯のFM機は激減していたので，小型，軽量の本機は評判となりました．

2カ月後にアンコール生産（100台）が行われています．

【ハム月販オリジナル】KF-51（VHF帯）

¥42,000

井上電機製作所（アイコム） IC-232

　144MHz帯10W出力のSSB，FM機で，100HzステップのPLL式VFOを搭載しているのが最大の特徴です．これは10kHz以上をPLL，それ以下をデジタル制御のVXOが担当するというもので，後に公開特許となっています．

　当初はSSBアダプタを取り付けるとRIT付きのSSB，CW機に変身するFM機として新製品紹介があったのですが，実際はアダプタが取り付けられた状態での発売となりました．

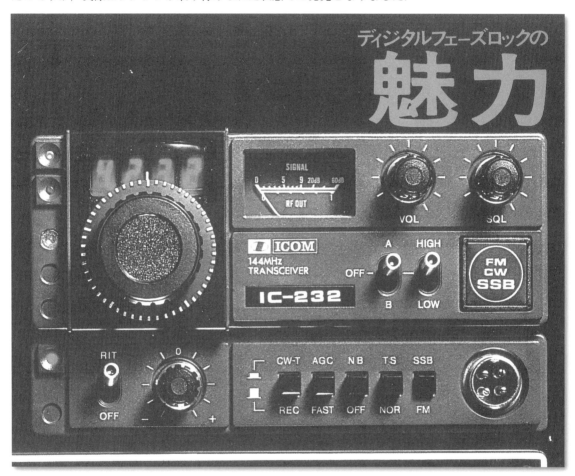

トリオ（JVCケンウッド） TR-8300

　430MHz帯10W出力のFM機です．23ch（実装3ch）で新しいJARLのバンドプランに沿ったチャネル構成，動作範囲（431～434MHz）となっています．

　水晶発振子はハンディ機TR-3200と共通にして入手性を良くし，送受信切り替えには同軸リレーを採用しました．

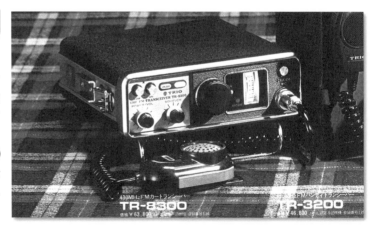

富士通テン TENHAM-152　TENHAM-402

TENHAM-152は144MHz帯10W出力のFM機です．送受信共用水晶を利用した24ch（実装4ch）機で，周波数カウンタ付き外付けVFO（VFO832A，39,500円）にも対応しています．送受信共にナロー対応していてスイッチひとつで切り替えが可能でした．TENHAM-402は430MHz帯の10W，FM機です．TENHAM-152同様に送受信用水晶を利用しVFO832Aにも対応しています．また，1.2GHzへのアップバータUFC833A（59,500円）がオプションで用意され，TENHAM-402はスイッチひとつでの連動ができるようになっていました．このアップバータはバラクタ・ダイオードを使用した逓倍方式です．富士通テンの通信機部門はこの後，FTMシリーズをはじめとする業務用無線機の生産が主となり1980年頃にアマチュア用無線機の販売も完了します．現在，社名はデンソーテンに変わっています．

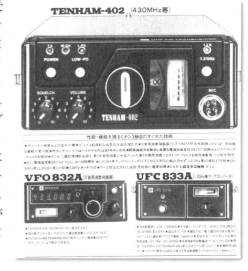

Column　リグの実装水晶の話

　初期の水晶発振式のリグの場合，チャネルの表示方法についてはいろいろな考え方があったようです．パネル面には1からの連番だけを入れてユーザーに自由に選ばせるメーカー，オプションで用意している周波数を表示器に書き込んでしまい，後はこのとおり揃えてくださいというメーカー，実装チャネル以外はインスタント・レタリングで書き込むメーカー，そして独自のチャネル番号を作るメーカーとさまざまな形がありました．

　p.168の**表7-2**はいくつかのリグのチャネル実装の様子です．リグのチャネル数の数え方はいろいろあります．まずはセレクタでセレクトできるチャネル，そして周波数があらかじめ指定されているチャネル，さらに販売時に実装されているチャネルです．セレクタが足りなければどうしようもありませんし，実装チャネル数は価格に反映されます．そこで本書ではなるべくセレクト可能なチャネル数と販売時に実装されているチャネル数を表記するようにしてみました．

　表7-2に挙げたリグはナロー化前の物なので144MHz台が使われていますが，145.32MHzが各社で使われていることもわかります．今は何でもない周波数ですが当時は特別な場所でした．

　この頃はメイン・チャネルでCQを出して，応答があってからQSY先を確認し合うスタイルが普通でした．

　今の様にいきなりQSY先をアナウンスしてしまうとそのサブ・チャネルに出られない局が応答できなくなってしまうからです．持っているチャネルが少ない局は応答する側に回った時でも積極的にQSY先を探したようです．

　また同じクラブのメンバーは同じメーカーのリグを揃えるという傾向もありました．操作法を教えてもらうために必要なことはもちろんですが，自分だけQSYできないということが起こり得るのもその一因でしょう．でもメーカーでも気がついていたようで，TR-7200とIC-22のチャネル構成はほとんど同じですし，後発のRJX-201（松下電器産業）は他社機とのチャネルの穴を作らないようにしています．

　50MHz帯のFMは空いていましたから51.00と51.20MHz，場合によっては50.12があればこと足りたようです．AMの場合は50.4, 50.5, 50.55MHzあたりでしょうか．筆者はいつも50.5MHzを使っていました．ちなみに50.4と50.55MHzはモデル末期のTR-1000にメーカーがおまけとして付けた周波数，50.5MHzはAM-3Dの標準装備周波数です．そして50.68MHzが使われるようになるのはもっとずっと後の話になります．

第8章 V/UHFの本格的固定機

時代背景

6章では1970年代前半にアマチュア局が爆発的に増えたことを紹介しましたが，この時代は同時に所得が大きく伸びた時代でもありました．サラリーマンの平均年収は1968年には63万円だったのが1976年には201万円と3倍以上になったのです．

しかしアマチュア無線機の値段は変わりませんでしたから実質的に無線機の値段が1/3になったわけで，高級機への需要が生まれはじめます．

1960年代のV/UHFの固定機は，操作が複雑になってしまって結果的に固定でしか使えなかった製品か，モービル機にAC電源を付けたもののいずれかでした．しかし1970年代になると小型化そして高操作性を狙う移動機と多機能かつ高性能を狙う固定機という形にはっきりと分かれるようになります．

p.214からの機種一覧表を見ると機種数が少なく少々さみしい感じがするかもしれませんが，他の分野と同様にじっくりと高性能なリグを開発しようという方向になっていったためだと考えればそれも納得です．IC-71（井上電機），FT-620（八重洲無線），TS-700（トリオ，発売順）といったVHFの歴史を飾るリグが開発されたのはちょうどこの時期の出来事です．

その後，1973年には世界中が第1次石油ショックに見舞われます．しかし性能が高く安価な日本製電気製品はその数年後にはもう輸出量を増やしています．アマチュア無線機も例外ではなく，世界中を席捲し始めました．

1970年代前半はアマチュア無線業界の躍進の時代です．

写真8-1　構造のしっかりしたプラグイン・モジュール機も開発され始めた（八重洲無線　FT-221）

写真8-2　本格的な造りのトランスバータ(トリオ TV-502)

免許制度

バンド・プランの制定で一番利便性が上がったのが144MHz帯のモービル運用でした．アンテナの長さなどの諸事情もありモービル運用は144MHz帯が中心になります．

AM局が多数いて，昔からFMとの棲み分けができていた50MHz帯では固定用のAM機，SSB機がいくつも発売されましたが，144MHz帯ではJARLバンドプランによってやっとバンド下端がSSB，CW用周波数として確保されたという状況でした．そのためでしょうか，SSB機の発売は少々遅れますが，FMモードも持つバンド全体に出られるリグとして144MHz帯のオールモード機が発売されると一気にSSBによるVHF-DXが盛んになります．なお，430MHz帯でのSSBが許可されるようになったのは1972年5月からで，メーカー製リグの発売はその3年後となりました．

送受信機

1970年代前半に固定機は二つの進化を遂げます．ひとつは周波数シンセサイザやオート・スキャン(オート・サーチ)といったチャネル・コントロールの進化で，前者はチャネルを増やすためのもの，後者は空きチャネルを探すものです．シンセサイザはモービル機に搭載された例もありますが，チャネル数の多さをアピールするためか，TR-7300(トリオ)のようにスイッチを40ch分ずらっと並べたリグもありました．

もうひとつの進化はオールモード化です．SSBとFM

の両方を送信できるリグというのは1973年に初めて発売されています．連続可変のVFOが必要でファイナルにも直線性を要求するSSBと，チャネル方式の運用が便利でファイナルには連続動作を要求するFMの両方に対応する仕様を決めるのが難しかったのかもしれません．特にダイヤルに対する要求は全く違うものです．

しかし時代背景に記したように，高価格が許容されるようになったことで様子は一変します．50MHz帯のSSB固定機は7万円前後でしたが，FMが入った144MHz帯の固定機はどれも10万円を超えています．回路が改良されただけでなく，機構全体も高級化し(**写真8-1**)その価格に見合う製品でしたので，これらの高価なリグはHFから上がってきたOMさんにもモービル機からステップアップしたOMさんにも広く受け入れられました．

この時代の固定機で忘れてならない製品としてはトランスバータの存在もあります(**写真8-2**)．VHFのオールモード機と同じ頃に発売されましたが考え方は正反対で，使い慣れたHF機をVHFでも使いたいという要望に応えるのが主目的だったようです．当時の主要HF機のカタログにはたいていラインを形成する付属機器が掲載されていました．トランスバータもそのひとつでしたから統一感のあることが何よりも大切で，カタログでは必ずこの点がPRされていました．

一方，キット・メーカーでも積極的にトランスバータを発売しました．こちらは低価格が最大のPRポイントですから，外装ケース作成をユーザーに委ねた製品が多かったようです．

V/UHFの本格的固定機時代の機種一覧

発売年	メーカー	型番	種別	価格(参考)
	特徴			
1968	杉原商会	SS-6	送受信機	39,500円(電源別)
	50MHz　SSB　10W　送受共用50〜52MHz　VFO内蔵			
	杉原商会	SS-2	送受信機	不明
	144MHz　SSB　詳細不明			
	杉原商会	SS-6A	送受信機	39,500円
	SS-6をパワーアップ　入力20Wで出力12Wを得る			
	ハムセンター	CT-6S	送受信機	39,500円
	50MHz　10W　SSB　50-54MHz　12BB14　送受共用1kHz直読VFO内蔵			
	トリオ	TR-2	送受信機	49,500円
	144MHz　AM　VFO内蔵　6360　AC100V/DC12V　DC-DC付き			
	杉原商会	SU-435	送受信機	79,000円
	430MHz　FM　5W　2ch　バラクタ・ダイオード式			
	八重洲無線	FTV-650	トランスバータ	29,500円
	FT-400系用　50MHz　25W出力　電源は親機に依存　S2001			
	サンコー電子	TP-5	送受信機	19,500円
	50MHz　1.2W　AM　ユニットを組み合わせて製作する			
	摂津金属工業	VHF送信機	送信機	36,000円
	50MHz　AM, FM　10W　球なしオールキット27,000円			
1969	日新電子工業	SKYELITE 6	送受信機	36,900円
	50MHz　AM　10W　PANASKY 6と同等			
1970	井上電機製作所	IC-71	送受信機	52,500円
	50MHz　CW, AM, FM　10W　オールTr　送受共用VFO			
	大利根電子工業	VS-50	トランスバータ	19,500円
	50MHz　または　144MHz　10Wpep　S2001　75Ω　電源内蔵			
	福山電機工業	FM-50MD10	送受信機	57,000円
	50MHz　FM　10W　12ch(実装4ch)　固定局用　RIT同等機能, 100V電源内蔵			
	福山電機工業	FM-144MD10	送受信機	59,000円
	144MHz　FM　10W　12ch(実装4ch)　固定局用　RIT同等機能, 100V電源内蔵			
1971	井上電機製作所	IC-21	送受信機	69,500円
	144MHz　FM　10W　24ch(実装4ch)　固定局用　RIT, 100V電源内蔵			
	トリオ	TR-5200	送受信機	69,900円
	50MHz　CW, AM, FM　10W　オールTr　送受共用VFO			
	筑波無線・ナバ	TA10-CN　ホスパー	トランスバータ	38,700円
	430MHz　FM　4W　1ch　バラクタ・ダイオード式　スイッチ1つで親機スルー			
	スタンダード工業	SR-C14	送受信機	100,000円
	144MHz　FM　10W　22ch(実装5ch)　3連メータ　VOX, RIT付き			
1972	八重洲無線	FT-2 AUTO	送受信機	78,000円
	144MHz　FM　10W　8ch(実装5ch)オート・スキャン、優先受信　100V電源内蔵			
	ケンクラフト／トリオ	QS-500	送受信機	59,800円(キット)
	50MHz　SSB　10W　送受共用50〜54MHzVFO内蔵　S2001　マーカ付き			
	ミズホ通信	FB-6J	送受信機	18,800円(キットあり)
	50MHz　AM　出力1W　1ch　超再生受信　外付けVFOでFM送信可能			

発売年	メーカー	型　番	種　別	価格(参考)
		特　徴		
1972	八重洲無線	FT-620	送受信機	69,800円
	50MHz　SSB, CW, AM　10W　50〜54MHzを8バンドに分割			
	フロンティア	DIGITAL-6	送受信機	不明
	50MHz　USB, CW　50W　6146Bパラ　6146シングルの10W　6Sあり			
1973	井上電機製作所	IC-31	送受信機	98,500円
	430MHz　FM　10W　26ch(実装4ch)　固定局用　RIT, 100V電源内蔵			
	トリオ	TR-7300	送受信機	99,800円
	144MHz　FM　10W　40chシンセサイザ，押しボタン・スイッチで選択可能			
	井上電機製作所	IC-210	送受信機	86,500円
	144MHz　FM　10W　VFOでフルカバー　固定局用　RIT, マーカ内蔵			
	逢鹿パーツ工業	ART-60	送受信機	未発売？
	50MHz　SSB, CW, AM, FM　CW/SSB入力40W　AM/FM入力20W　500kHzVFO			
	福山電機工業	Multi2000	送受信機	109,000円
	144MHz　SSB, CW, FM　10W　200chシンセサイザー式　VXO, RIT　ナロー対応			
	ゼネラル	GR-21	送受信機	79,800円
	144MHz　FM　10W　16ch(実装8ch)　オートサーチ装備　各ch直接選択			
	トリオ	TS-700	送受信機	129,800円
	144MHz　SSB, CW, AM, FM　10W　二重ダイヤル　1MHz幅VFO			
1974	八重洲無線	FT-220	送受信機	119,800円
	144MHz　SSB, CW, FM　10W　500kHz幅VFO4バンド　各バンド4ch水晶対応			
	井上電機製作所	IC-501	送受信機	108,500円
	50MHz　SSB, CW, AM, FM　10W　1MHz幅VFO　減速2段切り替え			
	井上電機製作所	IC-21A	送受信機	84,500円
	144MHz　FM　10W　固定局用　RIT, 100V電源内蔵			
	井上電機製作所	IC-201	送受信機	118,800円
	144MHz　SSB, CW, FM　10W　VFOでフルカバー　固定局用　RIT			
1975	八重洲無線	FT-620B	送受信機	99,800円
	50MHz　SSB, CW, AM　10W　50〜54MHzを8バンドに分割			
	日本電業	FS-1007P	送受信機	98,500円
	144MHz　FM　10W　16chをオートスキャン			
	ラリー通信機	VT-435	送信機	139,000円
	435MHz　TV送信機(受信コンバータ付き)			
	トリオ	TV-502	トランスバータ	54,800円
	144MHz　TS-520用　オールモード　10W			
	トリオ	TV-506	トランスバータ	49,000円
	50MHz　TS-520用　オールモード　10W			
	松下電器産業	RJX-661	送受信機	129,800円
	50MHz　SSB, CW, AM, FM　10W　50〜54MHzを8バンドに分割			
	TET(タニグチ・エンジニアリング・トレイダース)	TRV-2010	トランスバータ	48,500円
	28MHz帯を144MHz帯に持ち上げるトランスバータ　10W			
	八重洲無線	FTV-650B	送信機	45,000円
	50MHz　SSB, CW, AM　入力50W　50〜54MHzを2MHz幅2バンドに分割			

第1章
第2章
第3章
第4章
第5章
第6章
第7章
第8章

発売年	メーカー	型番	種別	価格(参考)
		特徴		
1975	八重洲無線	**FT-221**	送受信機	135,000円
	144MHz　SSB, CW, AM, FM　10W　2重ダイヤル　500kHz幅VFO　ナロー化完全対応			
	トリオ	**TS-700GⅡ**	送受信機	134,800円
	144MHz　SSB, CW, AM, FM　10W　マーカ　1MHz幅VFO　ナロー化完全対応			
	八重洲無線	**FTV-250**	トランスバータ	54,500円
	144MHz　　オールモード　10W　FTV-650Bと連動可能			
1976	福山電機	**MULTI-2700**	送受信機	149,800円
	144MHz　SSB, CW, FM　10W　200ch&VFO　VXO, RIT　ナロー化完全対応			
	清水電子研究所	**X-407**	トランスバータ	42,200円
	28MHz帯を430MHz帯に持ち上げるトランスバータ　4W　外装ケースなし			
	清水電子研究所	**X-402A**	トランスバータ	28,500円
	28MHz帯を144MHz帯に持ち上げるトランスバータ　2W　外装ケースなし			
	清水電子研究所	**X-406A**	トランスバータ	25,500円
	28MHz帯を50MHz帯に持ち上げるトランスバータ　2W　外装ケースなし			
	トリオ	**TS-600**	送受信機	134,500円
	50MHz　SSB, CW, AM, FM　10W　50～54MHzを4バンドに分割			
	ミズホ通信	**SE-6000P-1**	トランスバータ	14,800円
	28MHz帯を50MHz帯に持ち上げるトランスバータ　3W　外装ケースなし			
	ミズホ通信	**SE-2000**	トランスバータ	29,800円
	28MHz帯を144MHz帯に持ち上げるトランスバータ　2W			
	ミズホ通信	**SE-2000P-1**	トランスバータ	19,800円
	28MHz帯を144MHz帯に持ち上げるトランスバータ　2W　外装ケースなし			
	井上電機製作所	**IC-221**	送受信機	148,000円
	144MHz　SSB, CW, FM　10W　100HzステップPLL			
	ワンダー電子	**W203G**	トランスバータ	19,500円
	28MHz帯を144MHz帯に持ち上げるトランスバータ　4W　基板完成品			
	ワンダー電子	**W605**	トランスバータ	19,500円
	28MHz帯を50MHz帯に持ち上げるトランスバータ　5W　基板完成品			
	ワンダー電子	**W203G　50MHz入力**	トランスバータ	19,500円
	50MHz帯を144MHz帯に持ち上げるトランスバータ　4W　基板完成品			
	ミズホ通信	**MK-610B**	送受信機	29,800円
	50MHz　AM, CW　1W　VFO内蔵　610Sはキット　610Bは完成品			

※ Wで表記してある数値は，入力と明記していない場合は出力(W)

V/UHFの本格的固定機時代の各機種 <small>発売年代順</small>

1968年

杉原商会 SS-6　SS-2　SS-6A

「1968年はVHF-SSBの年です」というキャッチ・コピーと共に発売された製品です．SS-6は50MHz用10W出力，送受共通のVFOを搭載し，ドライバ，ファイナルが真空管のSSB固定機です．SS-2はSS-6の隣に「144MHz用もあります」という形で簡単に記載されているだけのものでしたので詳細は不明ですが，同様の機能を持つリグではないかと思われます．

SS-6AはSS6の発売直後に発表された製品で，パネル面の下半分が黒く塗られている外観が唯一の変化です．多少増力しましたが価格は変わりません．中にはSA-6Aと紹介している広告もありますが，広告文にはSS-6Aと記載されているので，これは誤植だと思われます．

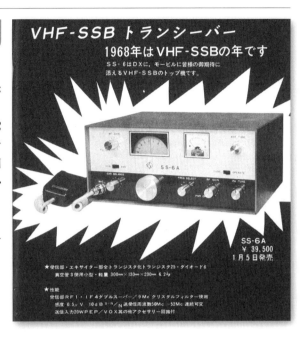

ハムセンター CT-6S

1kHz直読の送受共用VFOを搭載した50MHz帯で出力10WのSSB固定機です．終段は12BB14，受信のトップにも真空管を採用しています．50MHz帯全体を4バンドでカバーしていました．

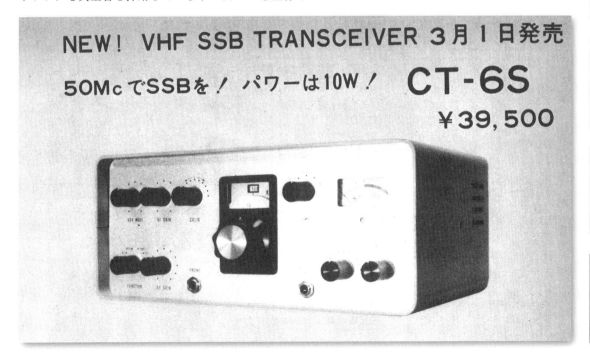

トリオ（JVCケンウッド） **TR-2**

　送受信別VFOを内蔵した144MHz帯AMトランシーバです．終段は6360を使用していますがAC電源，DC-DCコンバータの両方を装備しているため，AC100V，DC12Vのいずれでも運用ができます．VFOはバンド全体をカバーし，メイン・ダイヤルにはボールドライブ減速機能を入れることで微調整を可能にしていました．出力は7Wです．

　受信トップはニュービスタ（超小型真空管）6CW4を使用して高感度低ノイズとなり，ダブルスーパーの受信回路にはちょっとした工夫も見られます．33MHz台のVFOを使用していますが，本来4逓倍して受信信号と混合するところを，3逓倍した信号で一度44MHz台に変換してから，もう一度VFOと混合して10.7MHzに落としているのです．イメージ比を良好にするためでしょう．

　本機は9R-59D/TX-88Dとデザインが揃えてあり，外観もトリオらしい製品だったのですが，144MHz帯のAMはあまり運用局がいなかったようで，販売実績はいまいちだったようです．

　松本無線（販売店）では発売間もない1968年5月〜7月にTR-1000を買うと抽選でTR-2が当たるというキャンペーンを実施しています．

　また1970年には本体33,000円，FM改造パーツ2,000円というセールもありました．

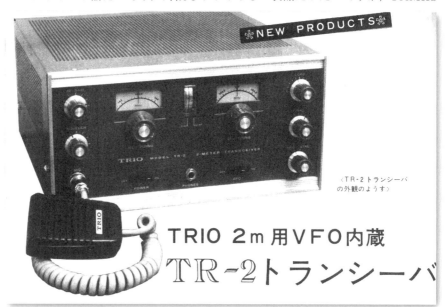

〈TR-2トランシーバの外観のようす〉

杉原商会 **SU-435**

　430MHz帯のFMトランシーバです．送信は2ch，18MHz台で水晶を発振させ，24逓倍しています．

　出力は5W，終段にはバラクタ・ダイオードを使用していて，受信はダブルスーパーです．

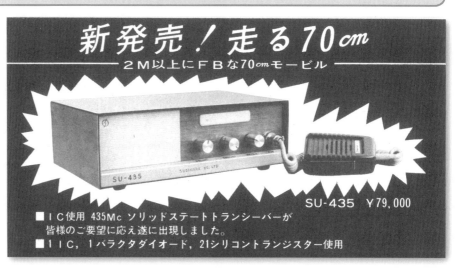

八重洲無線 **FTV-650**

同社のHF機，400シリーズにデザインを合わせた50MHz帯のトランスバータで28MHz帯から変換します．電源は親機のファイナル用電源を受けるようになっています．ファイナルのヒーター電流をどちらに流すかで親機・トランスバータの切り替えを行っていて，そのスイッチは電源やバンド切り替えと連動していたので，すべての切り替えが一挙動でできるようになっていました．

ファイナルのS2001をプレート電圧600Vで使用しているために，本機は入力50Wとなって連続送信が可能でした．6JS6系（親機ファイナル）とS2001の動

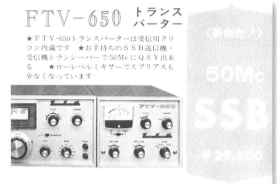

作電圧差をうまく利用した形です．また親機を10W機にすると本機も入力20W（出力10W）となるように考慮されていました．

サンコー電子 **TP-5**

これはサンコー電子のユニット4つをケースに組み込むことで50MHz帯AMのトランシーバとなるキットです．メイン・ダイヤル用バーニア・ダイヤルやケースも付属していますが，パネル面印刷はありません．ユニットは完成品で，配線し，組み上げれば完成します．

受信回路はダブルスーパー，IFは4.3MHzと455kHzです．送信は水晶発振2chですが，そのうちの1つはパネル面に出すようになっています．電源は12V，

電池を内蔵することができますから移動用としても使えますが，アンテナを内蔵しないうえにケースは大きく（横23cm），肩掛けはできませんので固定運用の方が適していました．

摂津金属工業 **VHF送信機**

ケース・メーカー摂津金属のキットです．コイル，トランス，変調トランス，小物部品など一式を含んでいて，VFO，水晶発振の2方式切り替えとなっています．本機のダイヤル周りはスバルの3SB-1そっくりです．

1969年

日新電子工業 SKYELITE 6

　PANASKY6の改称版です．発売時点では内容は全く同じでしたが，半年後にマイナ・チェンジされFMアダプタ対応となりました．

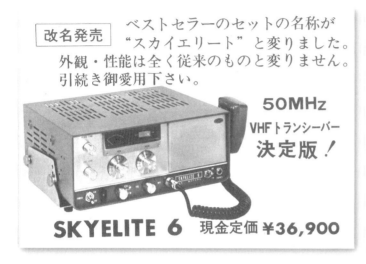

改名発売
ベストセラーのセットの名称が
"スカイエリート"と変りました。
外観・性能は全く従来のものと変りません。
引続き御愛用下さい。

50MHz
VHFトランシーバー
決定版！

SKYELITE 6　現金定価 ￥36,900

50MHzFMアダプター
VFO又は水晶でF3の
送信が出来ます

SKY MATE 6F
スカイ　　メート

定価 ￥12,500円

1970年

井上電機製作所(アイコム) IC-71

　50MHz帯10W出力の固定局用AM，FMトランシーバです．オール・トランジスタ機でありながら，あえてドライブ＆受信RF，PA-TUNEの2つのRF同調を設けることで50MHz帯のどこでも性能が低下しないように工夫されています．スケルチやBFO(オプション)も装備しており，CW運用も可能でした．トランジスタはAM変調が掛かりにくいので3段変調として深い変調を作り出しています．

　ダイヤルは2段減速で，半回転までは1/36，それ以上は1/6となるようにしてQSYのスピードを速くしています．VFOのドリフトは24時間で2kHzしかないとメーカーではPRしていました．本機はマーカ(オプション)付き20kHz目盛りの1VFO機です．目盛りを較正すればFMのチャネル運用周波数でも周波数ズレなくCQが出せました．

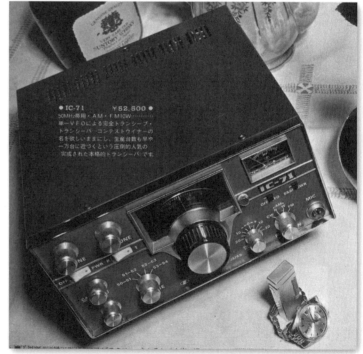

大利根電子工業 **VS-50**

28MHz帯から50MHz帯，もしくは144MHz帯へのトランスバータで，発注時に周波数の指定が必要でした．

終段はS2001（発売時は2B46）でSSBでも使用でき，出力は10Wとなっています．

電源内蔵で当初19,500円と安価でしたが，すぐに33,800円に改定になりました．

VHFSSBトランスバータ　VS-5O

親機の改造なしで手軽にVHFSSBが楽しめます．

- ●新回路採用.!!
- ●定電圧回路付AC電源内蔵
- ●ダミー付VHF-HF切替ワンタッチ
- ●接続は同軸とリレーコードだけでOK
- ●28MHz入力 5～50W PEP

　VHF出力 10W PEP（チューンアップ30W）2B46使用
- ●感度 0.25μV $\frac{S+N}{N}$ = 10db以上 利得20db

　FETカスコードアンプ使用。
- ●コネクタ類 75Ω

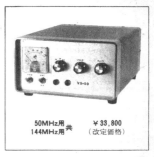

50MHz用，144MHz用共　￥33,800（改定価格）

御好評いただきありがとうございます。まことに不本意ながら，物価，人件費の上昇新回路採用等でやむおえず上記の改定価格とせざるをえなくなりました。悪しからず御了承下さい。

LX-1は新型開発のため一時販売を中止いたします。

大利根電子工業

福山電機工業 **FM-50MD10　FM-144MD10**

どちらの機種とも幅30cm，高さ17.5cmというFM専用の大型固定機です．

12ch（実装4ch）切り替え，送信周波数微調整付きとなっています．

出力は10WでPB-5000というS2001プッシュプルの144MHz帯50W出力のブースタ（39,500円）も発売されています．

なお，当初型番には「ニュー」という言葉が頭に付いていました．「ニューFM-144MD10」という形です．

1971年

井上電機製作所（アイコム）
IC-21

24ch（実装4ch）の固定用144MHz帯FMトランシーバです．出力は10W，電源を内蔵しています．

Sメータはセンタ・メータに切り替えることができ，RIT付きのため周波数のずれている局でもFBに復調が可能です．

パネル面からPAチューンも微調整できるため，バンドエッジでもパワーの低下はありませんでした．

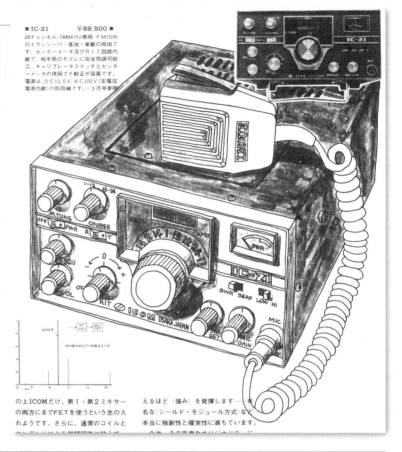

● IC-21　　￥69,500 ●
24チャンネル・144MHz帯用・FM10Wのトランシーバ…基地・車載の両用です．センターメータ及びRIT回路内蔵で，相手局のモズレに完全同調可能又，キャリブレータスイッチとセンターメータの併用でF敏正が容易です．電源は，DC13.5V，AC100V（定電圧電源内蔵）の両用機です．…3月号参照

の上ICOMだけ，第1・第2ミキサーの両方にまでFETを使うという念の入れようです．さらに，通常のコイルと

えるほど（強み）を発揮します……有名な（シールド・モジュール方式）など本当に独創性と確実性に満ちています。

トリオ（JVCケンウッド）　**TR-5200**

黒の重厚感を
大切にしました。

AM・FMトランシーバー
TR-5200 50MHz 出力10W
価格　￥69,900

50MHz帯10Wの固定局用AM，FMトランシーバです．オール・トランジスタ機でありながら2つの調整つまみを用意していること，スケルチやBFOも装備していること，3段変調を掛けて深い変調を作り出していることなどは，他社の先発機と同様の造りとなっていますが，受信部と送信部の回路を完全に分離していて，ケースの右端から左端まで糸を引っ張ってDRIVE調整を連動させるといった工夫も見られます．

51.0MHzの水晶が実装されている固定チャネルも装備していました．

スタンダード工業(日本マランツ)　**SR-C14**

モービル機SR-C1400から派生した出力10W,22ch(実装5ch)の144MHz帯固定用大型FM機です.

シグナルと変調音とセンタの3つのメータがパネル面に取り付けられているだけでなく,Sメータ感度の切り替えやマイク・ゲインVR,RIT,さらには受信音のトーン・コントロールまでをも装備しています.

FM変調のデビエーション切り替えでは±12kHzと±6kHzの切り替えができますが,これはナロー化対応というよりも隣接チャネルのローカル局へ

SR-C14　(ベースステーション)

●22チャンネル収容の本格固定局●声に感じるVOX機構を採用●RITによる的確な周波数調整●トーンコントロール付き●本格的ヘリカルレゾネーター●容易なチャンネル増設と周波数調整●Sメーター感度の切換え●4段切換えの送信出力(1W,3W,10W,HI)●¥100,000〈付属品一式付き〉　　近日発売

の被(かぶ)りを軽減するという目的の機能でした.SR-C1400と同じく本機もJARLバンドプランのチャネル表示を採用しています.これは固定機としては第1号です.

筑波無線・ナバ　**TA10-CN　ホスパー**

これは144MHz帯を430MHz帯に変換するトランスバータです.送信はバラクタ・ダイオードSV-88Bを使用し,親機が10W出力時に本機は4W出力となります.

送信は逓倍,受信はクリコンです.このため送受信で周波数がずれてしまいますが,144MHz(432MHz)で両者が一致するように周波数構成されています(**表**参照).

本機はセレクタの空いているところに,トランスバータ用の水晶を入れて運用するというスタイルになります.たとえば親機のch11に送信144.00MHz,受信144.00MHz,ch12に送信144.08MHz,受信144.24MHzというように,144MHz(432MHz)以外は送受信別々の周波数用の水晶発振子をセットする形です.

メーカーではTR-7100を親機として想定し,ト

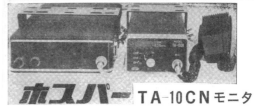

UHFのトランスバータTA-10CNが筑波無線から

JARL チャネル番号	送受信 周波数	親機 送信周波数	親機 受信周波数
19	431.76	143.92	143.76
22	431.88	143.96	143.88
25	432.00	144.00	144.00
28	432.12	144.04	144.12
31	432.24	144.08	144.24
34	432.36	144.12	144.36
中略			
49	432.96	144.32	144.96

ランスバータを介して親機にマイクロホンをつなぐ方法で送受信を連動させていました。

八重洲無線 FT-2 AUTO

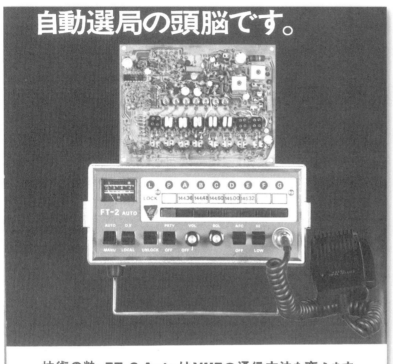

自動選局の頭脳です。

FT-2 AUTO

技術の粋 FT-2 Auto は VHF の通信方法を変えます

144MHz，FM，10Wの優先チャネル付きの8ch（実装5ch）オート・スキャン・トランシーバです．

8ch全部の中から空きチャネルを探すこともできますし，使用中のチャネルとは別に2秒に1回優先チャネルを確認することもできます．

チャネルは少なめでしたが，複数のクラブ・チャネルをワッチするには便利で，海外では人気があったようです．

6つのAC電圧に対応した大きなトランス内蔵のAC/DC両用機でした．

トリオ（JVCケンウッド） ケンクラフト QS-500

トリオの機器にはキットが多かったのですが，この頃になるとアマチュア無線家向けの製品は完成品があたりまえとなっていました．

しかし同社ではキットの新しいブランドとしてkencraft（ケンクラフト）を立ち上げています．「創る喜びが生まれる高性能キット」というキャッチ・コピーでした．

本機はキットのみで発売された50MHz帯10W出力の固定局用SSB，AM，CWトランシーバです．各ブロックの完成基板をシャーシに取り付け，配線をすれば完成するようになっていました．ファイナルはS2001です．

本機の定価は安価でしたが，バンド水晶はすべてオプションです．

VFOは500kHz幅でしたので，50MHz帯をフルカバーするためには水晶発振子8個を8,000円で購入する必要がありました．

kencraft

QS-500

QS-500の全パーツ。 誌上展示会。

ミズホ通信　FB-6J

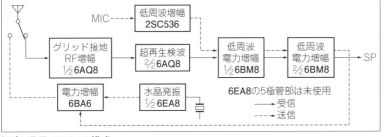

それまで2chオートワッチャー・キット(ES-2)やエレクトロ・スタンバイ(スタンバイ・ピー，ES-1)といった小型機器を作っていたミズホ通信最初の通信機です．受信は高周波増幅付き超再生，送信は2ステージで入力2Wとなっています．前面パネルの端子に水晶発振子を差し込むようになっていて，50.49MHzの発振子が付属していました．見かけ上は4球ですが，複合管を含んでいるので実質は6球+1トランジスタで交信に必要な回路はすべて入っています(図参照)．アンテナさえあればQSOが可能でJARLの保証認定もされている本格的なトランシーバでした．送信はAMのみ，超再生なので受信はAM，FM同時検波です．後に発売された外付けVFOを付加すると送信もFM対応になります．キットの場合，基板は組み立て済みとなっていました．

本機は当初，大和無線電機が販売窓口となっていましたが，すぐにミズホ通信の直接卸，直接販売へと移行しています．

ミズホ通信 FB-6Jの構成

八重洲無線　FT-620

50MHz帯のSSB，CW，AM固定機です．出力は10W，5～5.5MHzの500kHz幅のVFOと9MHzのSSBジェネレータを用いています．

VFO周波数が低いために安定度は抜群でしたが，1バンドの可変範囲が狭いために当時運用局の多かったAMバンドの真ん中でバンド・チェンジが発生するという欠点(同様の欠点は他機種にもあった)がありました．

本機はオール・トランジスタです．

50MHz帯はバンドが広いので，PRESELECTORで高周波同調を取るようになっていましたが，6連バリコンと3連バリコンを機械的に接続した9連バリコンを用いて，バンド内どこでも性能が取れるように工夫しています．

また，受信第1IFにはVFO連動の複共振回路を用意して近接信号による妨害を軽減しています．

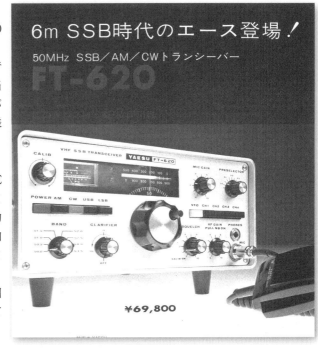

フロンティア **DIGITAL-6**

50MHz帯出力50WのSSB，CW機です．フロンティアの他のリグと同様，本機も周波数表示はデジタル式で，最小桁は100Hzとなっています．

VFOは500kHz幅でIFとVFOの周波数はFT-620と同様ですが，50MHz帯に持ち上げるところの局発が下側ヘテロダインとなっていました．

局発は36〜39.5MHzで，局発からIF（14MHz）を引いた信号の第2高調波がバンド内スプリアスとなる可能性がある構成です．このためでしょうか，本機は新製品として発表はされていますが流通した形跡がありません．

メーカーでは10W機，DIGITAL-6Sの発売も予告していました．

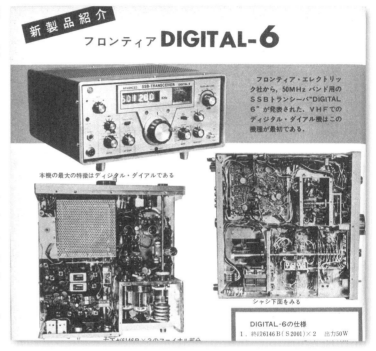

新製品紹介
フロンティア **DIGITAL-6**

フロンティア・エレクトリック社から，50MHz バンド用のSSBトランシーバ"DIGITAL 6"が発表された．VHFでのディジタル・ダイアル機はこの機種が最初である．

本機の最大の特徴はディジタル・ダイアルである

シャシ下面をみる

DIGITAL-6の仕様
1．終段6146B（S2001）×2　出力50W

1973年

井上電機製作所（アイコム） **IC-31**

IC-71，IC-21と同一デザインの430MHz帯FM固定機です．出力は10W，アンテナ切り替えには高価な同軸リレーが用いられ，SWRメータも内蔵しています．

周波数が高いのでFM機でありながらRITを装備しているのも特徴的です．

第1IFは10.7MHzと低いのですが，ヘリカルレゾネータを使用することでRF段の選択度を上げています．

もちろんAC/DC両用機です．

430MHz帯で、0.5W～10Wを連続的に送信できる、超高級トランシーバです。

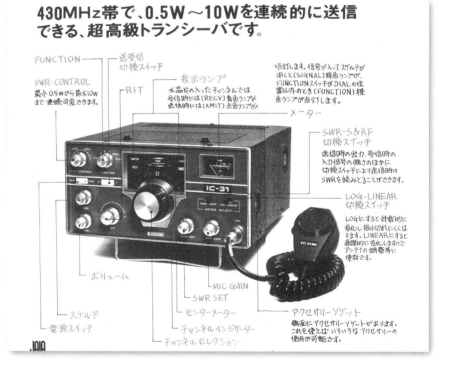

FUNCTION

PWR-CONTROL
最小0.5Wから最大10Wまで連続可変できます。

送受信
切換スイッチ

RIT

表示ランプ
水晶片の入ったチャンネルでは受信時には〔RECV〕青色ランプが送信時には〔XMIT〕赤色ランプが

消灯します。信号が入ってスケルチが開くと〔SIGNAL〕緑色ランプが、FUNCTIONスイッチがDIALの位置以外のとき〔FUNCTION〕橙色ランプが点灯します。

メーター

SWR-S&RF
切換スイッチ
送信時の出力、受信時の入力信号の強さのほかに切換スイッチにより送信時のSWRを読みとることができます。

LOG-LINEAR
切換スイッチ
LOGにすると対数的に変化し切れにくくなります。LINEARにすると直線的に変化しますのでアンテナの調整時に便利です。

ボリューム

MIC GAIN

SWR SET

センターメーター

アクセサリーソケット
側面にアクセサリーソケットがあります。これを使えばいろいろなアクセサリーの使用が可能になります。

スケルチ

電源スイッチ

チャンネルインジケーター

チャンネルセレクション

トリオ（JVCケンウッド） **TR-7300**

144.36〜145.92MHzまでを40kHz間隔，40chでフルカバーするFM固定機です.

40chすべてを内蔵していて，4列に並んだプッシュ・ボタンで直接周波数を選択することができます. メータはSとセンタが別々にあり，FM専用機でありながらノイズブランカも装備しています.

本機にはオプションでVFO（VFO-20　19,800円）も用意されています.

デビエーション切り替えも付いていたのでFMナロー化後でも使用可能でしたが，実際はナロー化が実施される前に製造を終了しました.

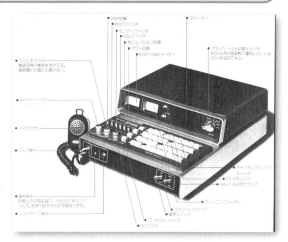

井上電機製作所（アイコム） **IC-210**

JARL認定対象機

IC-210
¥86,500
IC-3PU ¥10,000

VFO式の144MHz帯FM出力10W機です. VFOは2段階減速の1kHz直読で，40kHzもしくは200kHzステップのマーカ信号を利用することで，正確な周波数での運用が可能になるようになっていました.

固定チャネルとして144.48MHzを内蔵しており，他にも2ch増やせるようになっています. 送受信周波数を最大±600kHzシフトさせるDUPLEX機能も用意されていましたが（水晶オプション），トーン・スケルチ対応はしていません.

VFO出力で133MHz台のVCOをコントロールするPLL局発が採用されていて，近接スプリアス，バンド内スプリアスが軽減されています. 本機は固定機ですが電源はDC13.8Vのみで，背面に専用電源IC-3PU（10,000円）を取り付ければAC100Vでも運用できました.

逢鹿パーツ工業 **ART-60**

VHF帯で日本初のFMとSSBの両方に対応したオールモード機です.

500kHz幅のVFOを内蔵し8バンドで50MHz帯をフルカバー，SSB，CWは入力40W，AM（A3H），FMは入力20Wとなっていました.

RF増幅，送信ドライバ，ファイナルのみ真空管で他はオール・トランジスタという構成のため，外観は少々小ぶりなHF機という感じに仕上がっています.

本機が実際に発売されたかどうかは不明です.

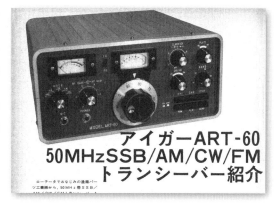

アイガーART-60
50MHzSSB/AM/CW/FM
トランシーバー紹介

福山電機工業　**Multi2000**

PLL式200chの144MHz帯SSB, CW, FM機です.

10kHzステップですがVXOを併用して144MHz帯を連続的にカバーしていました.

桁ごとに用意されたノブで周波数を設定するので周波数は直読でき, 他にプライベート・チャネル用水晶を5ch選択可能. DUPLEXにも対応します.

本機の幅はなんと34cm. 福山電機の固定機はどんどん大きくなっていった感があります.

IFを16.9MHzと高めにしていること, PLLを使用していることからメーカーでは近接スプリアスが出にくい設計とPRしていました. 出力は10W, 送信はナローFMに対応していますが, 周波数偏移幅は±4kHzで少々狭めでした.

ちなみに本機の発売は1973年ですが, 144MHzバンドのナロー化の方針が示されたのは1976年, 完全ナロー化は1978年1月からです.

ゼネラル　**GR-21**

144MHz帯の10W FM機です. 本機の最大の特徴は実装全チャネルをサーチする機能を持つことで, 16ch(実装8ch)をスキャンし, 使用されているチャネルではLEDが点灯するようになっています. 各チャネルは押しボタン・スイッチで選択できるので, 空きチャネルにワンプッシュでQSYできるという仕組みです.

Sメータとは別にセンタ・メータを装備, SQ, AFボリューム, RITにはスライド・ボリュームを採用しています. 外付けVFOも接続可能ですが VFOでのスキャンはできません.

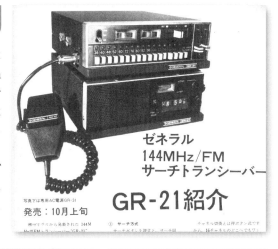

トリオ(JVCケンウッド)　**TS-700**

144MHz帯のAMを含むオールモード10W機です.

1MHz幅のVFOを搭載し, 1回転100kHzと25kHzの2重ダイヤルを採用することで広いバンドを迅速にQSYできるように工夫していました. 固定チャネルも11ch(×2バンド)装備可能です. AC/DC両用

機ですが，ファイナルが13.5Vでは良好な特性とならないために内部で20Vに昇圧しています．

本機はSSBに不慣れなユーザーのためにスポット・キャリア・スイッチを設けて調整用信号を発射できるようにするといった工夫も施されています．

抜きん出た特徴はありませんでしたが，デザインが良く使いやすいリグでした．

● TS-700GⅡ（1975年）

TS-700のマイナ・チェンジ機です．FMのナロー化に送受信で対応しました．メータはSメータとセンタ・メータが切り替えられます．100kHzマーカも内蔵しています．なおTS-700"G"というリグはありません．同時に発売されたモービル機，TR-7200GⅡに型番を揃えたものと思われます．

1974年

八重洲無線 FT-220

144MHz帯のSSB，CW，FM機です．500kHz幅のVFOを内蔵しており4ch（×4）の固定チャネルも装備可能です．パネル面，横に並んだプッシュ・ボタンはチャネル切り替えとモード切り替えで，これが斬新なデザインを作り出していました．メイン・ダイヤル部は

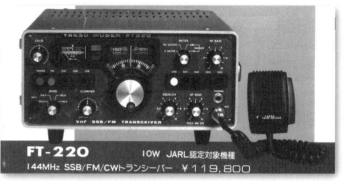

FT-220
144MHz SSB/FM/CWトランシーバー　¥119,800
10W　JARL認定対象機種

HF機FR-101，FL-101，FT-201などと同じメカニズムを採用しています．

本機はAC，DC両用で，6種類のAC電圧に対応しています．CWのサイドトーン，ブレークインも内蔵していますが，当時の他のリグと同様にCWフィルタは装着できません．

井上電機製作所（アイコム） IC-501

50MHz帯10WのAM，CW，SSB機です．IC-71以来の同社固定機と同じケースを用いたリグですが，本機はSSBに対応しているため，レバーでダイヤルの減速量を切り替えられるようにしたり，周波数表示を2重にしてkHzオーダーの目盛りを大きくするといった工夫がなされています．

μ同調を採用したVFOは1MHz幅，50MHz帯を4バンドでカバーし，さらに固定周波数を4ch装備できるようになっています．パネル面の機種名の左にあるつまみは周波数目盛りを押さえて周波数表示を修正するためのものです．本機は13.8V動作で，背面に専用電源IC-3PUを取り付ければAC100Vでも運用できます．

● IC-201

144MHz帯のSSB，CW，FM機です．IC-501と同様の1MHz幅VFOを採用し，144MHz帯を2バンドに分けています．SWR計も内蔵していますが，パネル面が一杯になってしまったためかセッティングは上蓋内にあります．144/145MHzの切り替えスイッチはCOURSE（コース）と表示されています．

レピータ運用に備えた2つのDUPLEX（表示はDUPLX）ポジションがありますが，将来の機能拡張に備えた物だったようで実際には配線されていません．

本機の電源はDC13.8Vのみです．

背面に専用電源IC-3PUを取り付ければAC100Vでも運用できます．

井上電機製作所（アイコム） **IC-21A**

　IC-21のマイナ・チェンジ版です．PA-TUNEをなくし，2段階だった出力切替を連続化，デビエーション切り替えを装備しています．外付けのテンキー式VFO，DV-21（79,500円）を接続すると144MHz帯を5kHzステップでフルカバーとなり，スキャンやメモリー2ch付きの高機能機に変身しました．

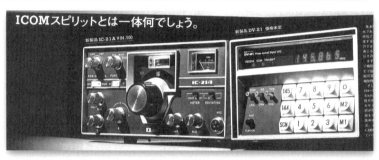

1975年

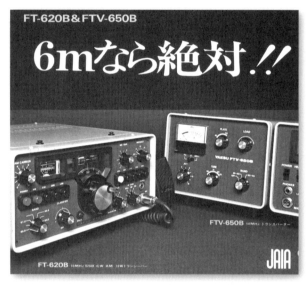

八重洲無線 **FT-620B**

　FT-220と同一デザインの50MHz帯AM，CW，SSB機です．

　スペック的には前機種であるFT-620と変わりませんが，周波数が読み取りやすくなったりCWの機能が充実したりといった改良が見られます．

　本機では多信号特性も改善されています．この頃の50MHz帯は移動運用が盛んで，呼ばれる側（移動側）ではリグがうなってしまってどの局も聞き取れない，さらにひどいときは受信機が黙ってしまう（ブロッキング）ということが普通に起こっていました．

日本電業 **FS-1007P**

　16chをスキャンして空きチャネル（または使用チャネル）を探し出せる，144MHz帯FMの10W機です．

　16ch分のスイッチを横に並べたためか，幅は36.5cmあります．プライオリティ・チャネル，ナロー送信にも対応しています．スピーカがパネル面に取り付けられているだけでなくデジタル時計も付いていましたが，タイマー動作はできませんでした．

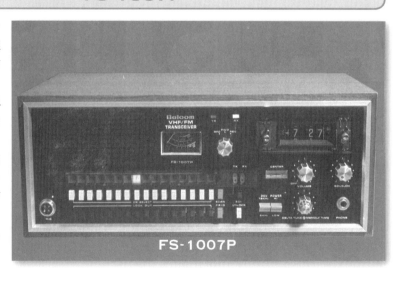

ラリー通信機　VT-435

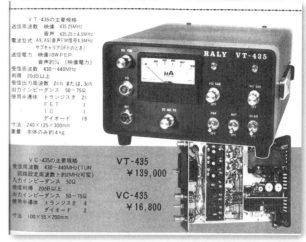

送信は435.25MHz固定，受信はアナログTVの2ch，もしくは3chに変換するコンバータ付きテレビ送信機です．

映像出力は10W，A5（両側波帯，映像信号によるAM変調），A9（A5に音声信号を付加した製品）が可能で，映像信号と音声信号を別々にレベル・コントロールできるようになっています．

移動運用しやすいように本機の電源部はAC電源とバッテリ用ユニットを交換できるようになっていて，両方とも付属していました．

なお，現在は430MHz帯ではA5（A3F），A9（A8W）の免許は下りず，既免許の場合でもバンドプラン外（平成4年施行）となるため運用はできません．

トリオ（JVCケンウッド）　TV-502　TV-506

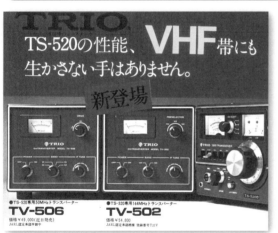

HF機，TS-520シリーズとデザインを合わせたトランスバータです．HF機側は28MHz帯でTV-502は144MHz帯，TV-506は50MHz帯を運用できるようにするもので，両機種とも電源内蔵で出力は10W，もちろんオールモード対応です．

両機種とも1MHzステップのバンド・スイッチがあります．28MHz帯は広いのになぜと思われるのですが，親機であるTS-520の28MHz帯はバンドエッジである29.7MHzまでが送信できる範囲なので，こうしているのでしょう．

たとえば145MHzを送信する場合，29MHz（親機）144MHz（TV-502）でも，28MHz（親機）145MHz（TV-502）でも運用が可能です．

両機種の発売に伴って親機のファイナルをリモート・コントロールでOFFできるようにTS-520側にマイナ・チェンジがありました．ファイナルのスクリーングリッド配線が端子を介してトランスバータ側に伸びるように変更されています．

松下電器産業　RJX-661

SSB，CW，AM，FMのオールモードに対応した50MHz帯の10W機です．500kHz幅のVFOを内蔵し8バンドで50MHz帯をカバーしています．内部では送受信をできるだけ分離して不要な干渉を防ぎ，受信第1IFを15MHzに設定してイメージ比を良好にしています．ドライブ系とファイナルの2つのチューニングを取る必要がありますが，こうすることで広い50MHz帯のどこでも良好な性能とすることができました．AC/DC両用機です．

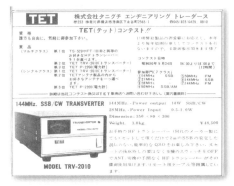

タニグチ・エンジニアリング・トレーダース **TRV-2010**

28MHz帯のHF機を144MHz帯に変換する10Wのトランスバータです.

パネル面にあるのは出力計と電源スイッチだけで,電源スイッチOFFではスルー動作となります.

CW,SSB用で28MHz帯の0.1～1Wの入力で動作します.親機が10W,もしくは100Wの場合はパワーダウンさせて接続するか,親機側に何らかの切り替えを入れる必要がありました.

八重洲無線 **FTV-650B**

FTV-650のデザインをFT-101シリーズに合わせたものです.親機から電源をもらうこと,親機のファイナルを停止できること,親機側がFT-101ESなどの10W機なら入力20W,FT-101Eなどの100W機なら入力50Wとなることは変わりません.

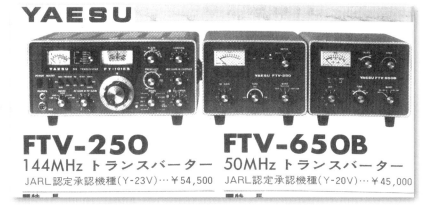

● FTV-250（1976年）

144MHz帯用のトランスバータで,HF機の28MHz帯を変換するオールモード対応の出力10W機です.HF機FT-101シリーズ,そしてFTV-650Bと揃えたデザインとなっていて,これらを並べることを考慮したHF/6m/2mの表示ランプが取り付けられていました.FTV-650Bと違い本機はオール・トランジスタでAC/DCどちらでも動作します.

八重洲無線 **FT-221**

真っ黒な前面パネルにFT-620Bなどと似たメイン・ダイヤルを装備した,ちょっと異色のデザインの144MHz帯オールモード10W機出力です.

2重ダイヤルでQSYしやすくした500kHz幅VFOと11chの固定チャネルを持っています.FMはワイド・ナローの切り替え付きでデビエーションだけでなく受信部のフィルタも切り替えられるようになっていますが,ナローの周波数偏移は±6kHzに設定されていました.

内部は2列に基板を並べたプラグイン・モジュール,AC/DC両用機です.HF機,FT-301シリーズも同じデザインでした.

1976年

福山電機 MULTI-2700

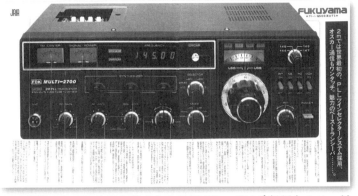

　超弩級のスーパーリグというキャッチ・コピーで発売された，144MHz帯オールモード10W出力機です．ロータリー・スイッチで各桁を直接指定できる10kHzステップの周波数シンセサイザとこれを補完するVXOで2MHzのバンド全体をカバーしているのですが，さらに1MHz幅の2重ダイヤルVFOも内蔵しています．ワイド，ナローを切り替えられるFMモードは受信側もナロー対応していますし，±600kHzシフトのレピータにも対応，オスカー・ボタンを押すと受信側は28MHz帯を受信するようになります（オプション）．メータはセンタ，Sメータの2連式，100kHzマーカ，マイク・コンプレッサも内蔵しています．

　これだけ装備したので約38(幅)×約30(奥行)×約13cm(高)と大型HF機並みの大きさで，重さは14kgもあります．機能全部入りのまさに超弩級のリグでした．

◇ 新発売 ◇

X-407 430MHzトランスバータキット

創造する
喜びを
貴方も

X-407…完成品

完全パーツキット
¥34,800 (〒500)
完成品調整済
¥42,200 (〒500)

2mSSB,6mSSBトランスバータ
RFAGCつきの
X-402A,X-406A
リニヤーAMPシリーズ
AM,SSB,FMなんでも可能に
L-102,L-106

清水電子研究所 X-407　X-402A　X-406A

　28MHz帯の親機を利用して各周波数にオンエアするためのトランスバータ・ユニットです．

　X-407は430MHz帯，X-402Aは144MHz帯，X-406Aは50MHz帯に出るためのもので，X-407はキャビティを使用，X-402AとX-406AはRF-AGCを持っているところに特徴があります．

　パーツ・キットまたは完成品での発売でしたが，どちらにも外装ケースは付いていませんでした．

トリオ(JVCケンウッド) TS-600

　TS-700シリーズとデザインを合わせた50MHz帯のオールモード機です．

　SSB，CW，FMは他機種同様に出力10Wですが，実際にAM通信が行われている50MHz帯のために送信出力段を強化してAMのキャリア出力を5W(20Wpepに相当)としています．

　50MHz帯では第2高調波，第4高調波がTV放送帯(当時)に入ってしまうことを考慮して，この2つの高調波を−75dB(定格値)まで抑圧してTVIを防止していました．

ミズホ通信 SE-6000P-1　SE-2000　SE-2000P-1

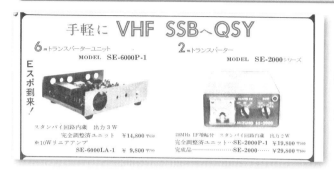

28MHz帯の親機を利用して各周波数にオンエアするためのトランスバータ・ユニットです．SE-6000は50MHz帯3W出力，SE-2000は144MHz帯2W出力です．

P-1と付くものは完全調整済みユニット，SE-2000はケース入り完成品でした．

井上電機製作所(アイコム) IC-221

144MHz帯のSSB，CW，FM10Wトランシーバです．車載用のIC-232と同時に発売されました．

本機の最大の特徴は100HzステップのデジタルVFOを採用したことで，水晶発振器の安定度でのVFO運用が可能になりました．2MHzを連続でカバーしているためバンド切り替えはありません．このVFOは2つのデータを持っており，それを切り替えて使うだけでなく送信，受信で別周波数とすることもできるようになっていました．

SSB，CWは10.7MHzにIFを持つシングルスーパー，FMは455kHzまで落とすダブルスーパー，AC/DC両用機です．

ミズホ通信 MK-610

50MHz帯AM，CWの出力1Wトランシーバです．610Bは完成品、610Sはキットですが、キットの場合も基板は組み立て済みのため、「成功率100%キット」と銘打たれていました．

本機のカバー範囲は50〜52MHzです．36〜38MHzのVFOを使用し，受信時は14MHzと455kHzのダブルスーパーとなります．ANL(アンチ・ノイズ・リミッタ)や，CW時のプロダクト検波も採用している実用性の高いキットで，多少VFOのドリフトはありましたがSSBの受信も十分こなせるリグでした．

ワンダー電子 W203G W605 W203G（50MHz入力）

28MHz帯の親機を利用して各周波数にオンエアするためのトランスバータ・ユニットです.

W203Gは144MHz帯, W605は50MHz帯に出られます.

W203Gには50MHz帯入力の製品もありました.

どれも完成基板またはパーツ・キットでの販売で, 外装ケース入りはありませんでした.

☆W203G, W605☆
めんどうな外付けリレーがいりません.
これ一枚にて全てOK！

●ローノイズEFT
3SK49使用 NF
2.0dB（200MHz）
大きさ180×65mm

●W203G パワーアップ
ファイナルトランジスター 2SC1965（PC12W）
●基板は全てガラスエポキシ, ハンダ工化上げ使用
W203 144MHz, RF 2段出力3W 2SC1947使用
（リレー回路無し, 出力端子付）

W203G	144MHz 28MHz 1.0VP-P 入力		
	出力4W以上	RF-2段	
W605	50MHz 28MHz 1.0VP-P 入力		
	出力5W以上	RF-2段	

W203完成品調整済	￥18,500（送料サービス）
W203G 完全パーツユニット	￥15,500（ " ）
W203G 完成品調整済	￥19,500（ " ）
W605完全パーツユニット	￥15,500（ " ）
W605完成品調整済	￥19,500（ " ）

●50MHz入力144MHzトランスバーターユニット発売☆
仕様, 価格W203Gと全て同じ. 御注文時指定下さい.
☆144MHz 35〜40W（入力10〜12W）リニアアンプ 発売
価格￥16,500（送料サービス）
☆W215L……144MHz・15Wリニアアンプ
（入力2W, 13.5V時）

最大25WまでQRO可能です
使用トランジスター 2SC1605A
電源 13.5V 1.8A（15W時）
￥9,500（送料サービス）

☆W101SW
SSBトランシーバーと同軸一本にてANT, リニア+B
全て切替シュミット回路採用, リレーホールドタイム
0〜3秒可変出来ます.
OSC端子付F&MIX MOSFET使用

28MHz〜50MHz トランスバーター ￥4,500（送料サービス）	
28MHz〜144MHz	￥4,500（ " ）
50MHz〜144MHz	￥4,500（ " ）

SSB自動スタンバイリレー
W101SW
￥4,500（送料サービス）

☆W215LとW101SW同時御注文の方は総額の1割引に致します.
☆全国パーツチェーンにて取扱いを開始しました. もよりの販売店
又は現金書留にて当社通販センターにお申し込み下さい.
☆カタログ〒100円切封入にて通販センターまで

ワンダー電子商会

Column メーカーと筆者の認識の差？

当時, カタログなどを眺めていて, 筆者がアレ!?と思ったことがありました. それは設定式PLL機の存在で, たとえば99chから任意の12chを設定できるというユニデンのModel 2010などがこの典型です. サブ・チャネルに自由に移れるというのがPLL式多チャネル機の特徴だと思っていたのに, それを制限している設計が筆者にはとても不思議でした. クラブ局で使用していたリグも同様のタイプの23ch機で, QSYできない周波数を指定されて悲しい思いをしたこともあります. この筆者の疑問が解消したのは比較的最近です. アイコム社のWebマガジン, BEACONの中に, イベント・トークの書き取りとして「地域ごとに異なるchを用意しないといけなくて販売店が悲鳴を上げた」との記述があったのです. 地域ごとというのが要点なのでしょう. 目からうろこが落ちる思いです.

筆者はずっと関東在住で, 当時アクティブに運用していたクラブ局は丘の上にありました. この頃はまだ430MHz帯への移行が始まっておらず, 144MHz帯が恐ろしく混雑していた時代でしたから, 丘の上では空きチャネルはありません. なので多チャネル機は混信対策というイメージがあったのですが, 恐らく関東以外のユーザー, そしてメーカー・サイドでは違う認識もあったというわけです. 確かに当時このタイプのリグは設定周波数の再設定の容易さをPRしていました.

チャネルの独占が問題になっていた時代でも

あります. メイン・チャネル近くの通常の運用周波数と, その地域のグループが使用しているところがあればリグの実装はそれで良し, それ以上あっても使わないし逆に操作性が落ちる. という考え方からこのタイプのリグは作られていたようです.

その後チャネル・セレクタが改善されると操作性の問題がなくなっていき, どのリグもPLLが作る全チャネル（50〜200ch）をそのまま装備するようになります. 時期としては1977年から1978年にかけてです. さらに1年ぐらいするとメモリ付きのリグが出現し, クラブ・チャネルへの1発QSY問題は解決を見ることとなりました.

さて少し後の時代になりますが, 2台ほど, 少々不思議なリグが発売されます. トリオのTR-7500とTR-2300です. 何が不思議かと言うと, PLLによるチャネル以外に, 送受1ch, 受信用1ch（TR-7500は送受信5ch）を特注の水晶発振子で増設できるようになっていたのです. この機能を実装するためになんと50ch（25ch×2）のセレクタをわざと殺していました. クラブ・チャネル（と, 某ユーティリティ通信の受信）を意識していたのでしょう. そこで出回ったのが144MHz台水晶と145.01MHz台水晶です. セレクタを復活させてチャネル・プラン外の周波数に出られるようにするためのパーツで, TR-2300は受信専用チャネルを送信可能にマイナ・チェンジし, 販売店は「150ch（または350ch）改造サービス」でこの両機種を売り込んでいました.

写真で見る

付録資料

有名アマチュア無線機メーカー
黎明期の無線機たち

まとめ：日本アマチュア無線機名鑑 編集部 ・ 監修：JJ1GRK 髙木 誠利

AM通信全盛時代のHF機たち
春日無線工業・トリオ（JVCケンウッド）

　1952年に短波受信機6R-4Sでデビューした春日無線工業はHF（短波）のAM受信機，送信機で一世を風靡しました．ここでは，日本のアマチュア無線黎明期を支えたAM機を中心に紹介します．

9R-4J	1959年	受信機	☞ 23ページ
9R-42	1954年	受信機	☞ 17ページ
9R-59/TX-88A	1961年	受信機/送信機	☞ 38ページ/40ページ
JR-310/TX-310	1968年	受信機/送信機	☞ 78ページ
9R-59D	1966年	受信機	☞ 48ページ
JR-500S	1967年	受信機	☞ 72ページ
AMからSSB機高級機，入門機へ			
JR-599	1969年	受信機	☞ 80ページ
R-599/T-599	1973年	受信機/送信機	☞ 134ページ
TS-801	1971年	電話級入門送受信機	☞ 132ページ
TS-520	1973年	送受信機	☞ 136ページ

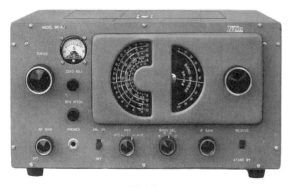

9R-4J

9R-42

9R-59/TX-88A

JR-310/TX-310

JR-500S

9R-59D

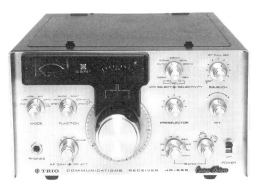

JR-599

TS-801

TS-520

R-599/T-599

VHF通信黎明期の名機たち
井上電機製作所（アイコム）

井上電機製作所は1966年にFDAM，FDFMシリーズ50MHzトランシーバで日本のアマチュア無線界に登場しました．

その後の144MHz FMトランシーバ，430MHzトランシーバの製品開発は目覚ましく，日本のV/UHFトランシーバの先端を担いました．

FDAM-1	1964年	送受信機	☞ 101ページ
FDFM-1	1965年	送受信機	☞ 103ページ
TRS-80（未発売：幻のHF機）	1966年	送受信機	☞ 69ページ
FDFM-2+FM-20B	1966年	送受信機	☞ 113ページ
FDAM-3	1968年	送受信機	☞ 150ページ
FDFM-5	1966年	送受信機	☞ 113ページ
IC-2F+IC-3P	1969年	送受信機	☞ 180ページ
IC-20/IC-30/IC-60	1970年	送受信機	☞ 188ページ
IC-21+DV-21	1971年	送受信機	☞ 222ページ
IC-22	1972年	送受信機	☞ 196ページ
IC-200	1972年	送受信機	☞ 194ページ
IC-501	1974年	送受信機	☞ 229ページ
IC-502	1975年	送受信機	☞ 161ページ
IC-212	1976年	送受信機	☞ 163ページ
IC-250	1976年	送受信機	☞ 209ページ
IC-232	1976年	送受信機	☞ 210ページ
IC-221	1976年	送受信機	☞ 234ページ
HF機初号機			
IC-700T/IC-700R	1967年	受信機/送信機	☞ 74ページ

FDAM-1

FDFM-1

TRS-80（幻のHF機）

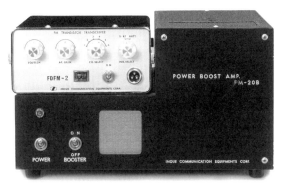

FDFM-2+FM-20B

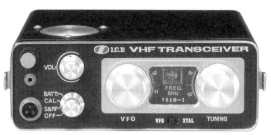

FDAM-3

FDFM-5

IC-2F+IC-3P

IC-20/IC-30/IC-60

IC-21+DV-21

IC-22

IC-200

IC-501

IC-502

IC-212

IC-250

IC-232

IC-221

IC-700T/IC-700R

SSB時代を築く
八重洲無線

　八重洲無線は1960年に「SSBゼネレータ」でデビューしました．その2年後1962年にはHF帯のSSB送信機FL-20を発売し，SSBの八重洲無線を作り上げました．

　同社のHFトランシーバの製品梱包用外箱には「Single Side Bander」の文字が誇らしげに掲げられていました．

FL-20A（後期型）	1962年	送信機	☞	63ページ
FL-100B	1964年	送信機	☞	62ページ
FR-100B（初期型）	1965年	受信機	☞	66ページ
FL-200B	1965年	送信機	☞	68ページ
FL-50/FR-50	1966年	受信機/送信機	☞	68ページ/71ページ
FT-50	1967年	トランシーバ	☞	72ページ
SR-200/ST-200	1967年/1968年	受信機/送信機	☞	74ページ/76ページ
FTDX401	1971年	送受信機	☞	131ページ
FT-101	1970年	送受信機	☞	127ページ
FT-75	1972年	送受信機	☞	133ページ
FR-101	1974年	受信機	☞	137ページ

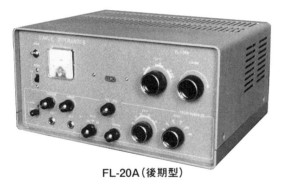

FL-20A（後期型）

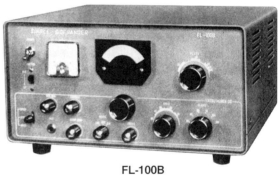

FL-100B

FR-100B（初期型）

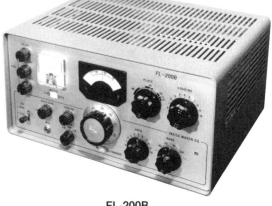

FL-200B

FR-50/FL-50

FT-50

SR-200/ST-200

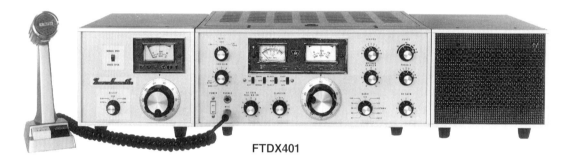

FTDX401

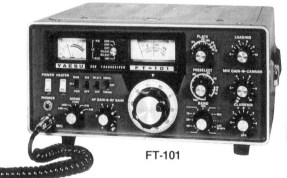

FT-101

FT-75

FR-101

メーカー別　掲載機種索引

メーカー	発売年	型番	種別	機種別紹介頁
国際電気 (日立国際電気)	1968	SINE-2	送受信機	151
	1968	SINE-2ブースタ	ブースタ	177
コリンズ(日本)	1974	KWM-2A	送受信機	137
サクタ無線電機	1967	FBS-501	送受信機	120
さくら屋	1961	R-1　T-1	受信機	40
三協電機商会	1967	SC-62	送受信機	121
三協特殊電子	1968	FRT-605	送受信機	176
三協特殊無線	1968	FRT-605A　FRT-205 FRT-202	送受信機	178
	1970	FRT-225　FRT-635 FRT-7505	送受信機	184
		●FRT-203	送信機	184
		●FRT-225A FRT-7505A	送受信機	184
		●FRT-7510 FRT-225B(1972年)	送受信機	184
		●FRT-235(1972年)	送受信機	184
		●FRT-7510X(1972年)	送受信機	184
	1973	FRT-203B　FRT-230GB	送受信機	160
		●FRT-203MII(1974年)	送受信機	160
		FRT-220GB	送受信機	197
		FRT-625GB	送受信機	198
		●FRT-650GB FRT-250GB FRT-210GB	送受信機	198
		FRT-7525GB FRT-7510GX	送受信機	198
	1975	KF-430	送受信機	206
	1976	KF-51	送受信機	209
サンコー電子	1967	T-6	送受信機	117
	1968	TP-5	送受信機	219
三電機	1959	QTR-7	送受信機	25
	1960	QT-3　QMT-4	送信機	28
	1961	QTR-99	送受信機	36
三和無線測器	1962	NR-408　NR-409	受信機	41
三和無線測器研究所	1958	STM-406	送信機	21
	1961	TM-407	送信機	36
清水電子研究所	1976	X-407　X-402A　X-406A	トランスバータ	233
湘南高周波	1960	TXV-10N	送信機	95
	1961	TXV-24　TXV-24B	送信機	97
湘南電子製作所	1966	50MHz車載用 50MHz固定用トランシーバー	送受信機	115
新日本電気	1970	CQ-7100	送受信機	154
		●CQ-7100A(1971年)	送受信機	154
	1972	CQ-P6300	送受信機	156
	1972	CQ-M2100	送受信機	194
	1974	CQ-110(N)	送受信機	139
	1974	CQ-P2200	送受信機	161
	1976	CQ-210	送受信機	144
	1976	CQ-M2300	送受信機	208
杉原商会	1968	SS-6　SS-2　SS-6A	送受信機	217
		SS-40	送信機	76
		SV-141	送受信機	151
		SU-435	送受信機	218
	1969	SV-1425	送受信機	179
		SV-1426	送受信機	181
鈴木電機製作所	1966	AMR-6　AFR-6	送受信機	115
スター	1963	R-100　R-100K	受信機	44
		SR-40	受信機	45
		SR-600(完成品)	受信機	46
		SR-600(A)	受信機	62
	1964	SR-500X SR-500X(限定品:1965年)	受信機	64
		●SR-500X 完成品:トヨムラ(1965年)	受信機	64
		SR-150K　SR-150	受信機	64
	1965	SR-100K	受信機	65
		SR-550	受信機	67
		SR-165	受信機	67

メーカー	発売年	型番	種別	機種別紹介頁
スター	1965	ST-700(A)	送信機	68
		●ST-599	送信機	68
	1966	ST-333	送信機	70
	1967	SR-200	受信機	74
スタンダード工業	1969	SR-C806M	送受信機	182
		●SR-C910M(1970年)	送受信機	182
		●SR-C806M(1972年)	送受信機	182
	1971	SR-C145	送受信機	156
		SR-C4300	送受信機	188
		SR-C1400	送受信機	189
		SR-C14	送受信機	223
	1972	SR-C430	送受信機	196
	1973	SR-C432	送受信機	158
		SR-C140	送受信機	198
	1974	C145B	送受信機	156
	1975	C140B	送受信機	205
	1976	C8600	送受信機	207
スバル電気	1969	3SB-1	送信機	79
摂津金属工業	1968	S-77R　S-77T	受信機・送信機 ケース・キット	76
		VHF送信機	送信機	219
ゼネラル	1973	GR-21	送信機	228
大栄電機商会	1967	FRT-605	送受信機	120
	1959	VT-357	送信機	25
	1960	VT-357B	送信機	28
大成通信機	1968	TF-501	送信機	179
太陽無線技術研究所	1963	NT-110　NT-110A	受信機	44
高橋製作所	1960	6TS-8A　6TS-8B	受信機	96
高橋通信機研究所	1962	HVX-38-B	送信機	42
		HVX-50-B　HVX-144-B HVXM-50-B　HTRV-50-B	送信機	98
	1963	HTRV-50-D	送信機	98
竹井電機工業	1967	KTA5283　KTA5213	送信機	49
タニグチ・エンジニアリング・トレイダース	1975	TRV-2010	トランスバータ	232
多摩コミニケーション	1965	TCC-6/VRC10 TCC-15/VRC10 TCC-6/VRC30	送受信機	106
		TCC-15/VRC30 TCC-6F/VRC10 TCC-15F/VRC10		
超短波工業	1967	2M701P　2M701V 2M705V　2M710V	送受信機	116
筑波無線・ナバ	1971	TA10CN　ホスパー	トランスバータ	223
九十九電機	1973	CONTACT621	トランスバータ	159
電元工業狛江工場	1948	RUA-478	受信機	14, 93
東亜高周波研究所	1966	SS-10	送信機	49
東海無線工業	1961	FTX-11	送信機	38
		FTX-12	変調・電源	38
		FTX-90	送信機	38
		FTX-51	送信機	97
東京電機工業	1960	TMX-7025	送信機	26
		TNX-701A	送信機	27
		TNX-7015	送信機	28
東京電子工業	1974	SS-727C　SS-727M	SSTVカメラ	138
徳島通信機製作所	1962	MZ-62B	受信機	42
		MZ-62C	受信機	42
		MZ-63A	送受信機	42
	1963	MZ-64A	送受信機	45
		MZ65A	送受信機	98
都波電子	1972	UHF-TV　TX	TV送信機	191
トヨ電製作所	1970	F-26	送受信機	183
豊村商店	1957	SMT-1	送信機	19
		RKS-253	受信機	12(一覧表内)
トヨムラ電気商会	1960	TSR-6A	送受信機	96

メーカー	発売年	型番	種別	機種別紹介頁
トヨムラ電気商会	1961	TEC-6(TEC-SIX)	送信機	97
	1962	QRP-90　QRP-90A QRP-90B　QRP-90B(後期型)	送信機	43
	1964	TSR-6C	送受信機	100
オリエンタル電子	1965	OE-6F	送受信機	105
トヨムラ	1964	QRP-90　QRP-90A　QRP-90B	送信機	43
	1965	QRP-TWENTY	送信機	47
トヨムラ電気商会	1965	OE-6	送受信機	105
トヨムラ　ケンプロダクト	1972	KP-202	送信機	157
春日無線工業	1952	6R-4S	受信機	16
	1954	9R-4	受信機	17
	1954	9R-42	受信機	17
	1955	TX-1	送信機	17
	1959	9R-4J	受信機	23
	1959	9R-42J	受信機	23
	1959	TX-88	送信機	24
トリオ	1961	9R-59	受信機	38
	1961	TX-88A　VFO-1	送信機	40
	1963	JR-60	受信機	43
		TX-26	送信機	99
		TRH-1	送受信機	46
	1964	JR-200	受信機	47
	1964	JR-300S	受信機	63
	1965	TX-388S	送信機	65
	1965	TX-388S(トヨムラ：完成品)	送信機	65
	1966	9R 59D トリオ・アリアケ59Dスペシャル	受信機	48
		TX-88D	送信機	48
		TS-500	送受信機	70
		TR-1000	送受信機	107
		TR-2000	送受信機	109
	1967	TX-15S　TX-20S　TX-40S	送信機	71
		JR-500S	受信機	72
	1967	JR-60B-B(トヨムラ)	受信機	34
	1968	TS-510	送受信機	77
		●TS-510X　TS-510D TS-510S	送受信機	77
		JR-310　TX-310	受信機・送信機	78
		TR-5000	送受信機	178
		TR-2	送受信機	218
	1969	9R-59DS　TX-88DS	受信機	50
		JR-599	受信機	80
		TX-599	送信機	80
		TR-1100	送受信機	152
		●TR-1100B(1971年)	送受信機	152
		TR 7100	送受信機	181
		●TR-5100(1970年)	送受信機	181
	1970	TS-511D(511X)	送受信機	128
		TR-2200	送受信機	153
		●TR-2200G(1973年)	送受信機	153
	1971	TS-311	送受信機	130
		TS-511S	送受信機	130
		●TS-511DN TS-511XN(1972年)	送受信機	130
	1972	TS-801	送受信機	132
		TR-1200	送受信機	155
		TR-5200	送受信機	222
		TR-7200	送受信機	193
		●TR-7200G(1973年)	送受信機	193
		●TR-7200GII(1975年)	送受信機	193
		TR-8000	送受信機	193
		ケンクラフト　QS-500	送信機	224
	1973	R-599S(D) T-599S(D)	受信機	134
		TS-900S(D, X)	送受信機	134
		TS-520D(X)	送受信機	136
		TR-7300	送受信機	227

メーカー	発売年	型番	種別	機種別紹介頁
トリオ	1973	TS-700	送受信機	228
		●TS-700GII(1975年)	送受信機	229
	1974	TR-8200	送受信機	201
		TR-7010	送受信機	202
	1975	TV-502　TV-506	トランスバータ	231
		TR-3200　TR-1300	送受信機	162
	1976	TR-2200GII	送受信機	163
		TS-820S(V, D, X)	送受信機	144
		TR-8300	送受信機	210
		TS-600	送受信機	233
西崎電機製作所	1965	6-VW10　6XW10 6-XS5　2-XW10	送受信機	104
西村通信工業	1961	NS-73B　NS73S	受信機	39
	1962	4球スーパー	受信機	42
日新電子工業	1967	PANASKY mark10	送受信機	50
		PANASKY mark6	送受信機	117
	1969	PANASKY MARK-2F	送受信機	180
		SKYELITE 6	送受信機	220
	1970	SKYELITE　2F	送受信機	185
	1975	JACKY2. XA	送受信機	203
日本システム工業	1976	RT-140	送受信機	207
日本通機工業	1958	NT-101	送信機	22
	1963	NT-201	送信機	44
日本電業	1971	KAPPA・15	送受信機	132
		●Liner 10	送受信機	132
	1972	Liner 6	送受信機	191
		●Liner 2	送受信機	191
	1973	Liner 2DX	送受信機	200
	1975	Liner-430	送受信機	204
	1975	FS-1007P	送受信機	230
日本電装	1973	ND-140	送受信機	197
	1976	ND-2000	送受信機	206
ハムセンター	1968	Merit50	送受信機	176
		●Merit144	送受信機	176
	1968	CT-6S	送受信機	217
	1970	MERIT 8S	送受信機	183
榛名通信機工業	1959	SSB位相推移キット	生成器	59
	1959	SSX-5	受信機	24
	1960	SX-5A　SX-5B　SX-5S	受信機	26
		SX-6A		
フェニックス	1963	VOYAGER HE-25	送信機	45
	1968	MINITREX-80	送受信機	50
福山電機研究所	1964	FM-50P　FM-50/P FM-50V　FM-50/V10	送受信機	99
		FM-144M(初期型)		
		FM-50M(初期型) FM-144P　FM-144V		
	1965	FM-50A(初期型) FM-144VS	送受信機	102
		●FM-50A(量産型) FM-50W	送受信機	102
	1966	FM-144A　FM-50A(後期型) FM-50M(後期型)	送受信機	109
		FM-144M(後期型)	送受信機	111
		FRC-8	送受信機	111
		TROPICOM	送受信機	111
		FM-150C	送受信機	116
福山電機工業	1967	FM-50MD　FM-144MD	送受信機	118
		●FM-50A2　FM-144A2	送受信機	119
		●FM-50C　FM-144C		
		●FRC-6A		
		●FM-50P　FM-144P		
	1968	JUNIOR　10C(50MHz) JUNIOR　10C(144MHz)	送受信機	177
		HT-2000	送受信機	154
	1970	FD-210	送受信機	187
		●FD-407	送受信機	187
		FM-50MD10 FM-144MD10	送受信機	221

メーカー	発売年	型 番	種 別	機種別紹介頁
福山電機工業	1971	Junior 6A	送受信機	155
		MULTI 8	送受信機	190
	1972	MULTI 8DX MULTI 7	送受信機	196
	1973	Multi2000	送受信機	228
	1974	●NEW MULTI7	送受信機	196
	1975	MULTI11	送受信機	203
		●MULTI-U11	送受信機	203
	1976	MULTI-2700	送受信機	233
富士製作所	1952	S-50(A) S-51(A)	受信機	15
富士通テン	1974	TENHAM-15 TENHAM-40	送受信機	202
	1976	TENHAM-152 TENHAM-402	送受信機	211
双葉光音電機	1975	144MHzFMトランシーバ 430MHzFMトランシーバ	送受信機	204
プロエース電子研究所	1966	TF-6	送信機	109
フロンティア	1972	DIGITAL-6	送信機	226
フロンティア エレクトリック	1968	SUPER600GT	送信機	76
	1969	SUPER600GT A	送信機	80
	1970	SUPER600GT B	送信機	126
		Skylark 5	送信機	128
		SUPER 1200GT(S)	送信機	128
	1971	DIGITAL500(S)	送信機	129
		●DIGITAL500D	送信機	129
		●DIGITAL200S(1973年)	送信機	129
フロンティア電気	1965	SH-100	送信機	65
ベルテック	1971	W5400(A)	送信機	189
	1973	W5500	送信機	198
	1972	W3470	送信機	158
ホーク電子・ 新潟通信機	1970	TRH-405	送信機	187
	1971	TRH-410G	送信機	190
	1972	TRC-400	送信機	157
		●TRC-200	送信機	157
		TRC-500	送信機	192
北辰産業	1976	HS-144	送受信機	209
松下電器産業	1961	CRV-1	受信機	37
	1973	RJX-601	送受信機	159
		RJX-201	送受信機	197
		RJX-431	送受信機	200
	1975	RJX-1011D(1011P)	送受信機	142
		RJX-661	送受信機	231
	1976	RJX-202	送受信機	208
ミサト通信工業	1970	MT-26	送受信機	183
ミズホ通信	1972	FB-6J	送受信機	225
	1973	FB-10	送受信機	51, 134
	1975	DC-7	受信機	141
		●DC-7D	受信機	141
		●DC-701	送信機	141
	1976	SE-6000P-1 SE-2000 SE-2000P-1	トランスバータ	234
	1976	MK-610	送受信機	234
三田無線研究所	1949	通信型全波スーパー	受信機	14
	1956	807送信機・807変調器	送信機	19
		CS-6 CS-7	受信機	19
		144Mc送信機	送信機	93
	1957	Model-ST1	送信機	20
		Model-11	送信機	20
	1962	ST-1B	送信機	41
	1963	CS-4 CS-7DX	受信機	43
		MCR-633 MCR-632 MCR-631	受信機	46
宮川製作所	1959	HFT-20	送信機	25
		VHT-10	送信機	95
八重洲無線	1960	SSBゼネレーターA型, B型, C型	生成器	59
	1961	SSBゼネレーターD型	生成器	59
	1962	FL-20	送信機	60
	1963	FL-10/40	送信機	61
		FL-20A(前期型) FL-100	送信機	62
	1964	FL-20B FL-100B	送信機	62

メーカー	発売年	型 番	種 別	機種別紹介頁
八重洲無線	1964	FL-20C FL-100C FL-20A(後期型) FL-100A	送信機	63
	1965	FR-100B	受信機	66
		●YD-700	ダイヤル	66
		E型ゼネレーター	生成器	67
		FL-200B	送信機	68
	1966	FL-50	送信機	68
		FT-100	送受信機	70
		FR-50	送信機	71
	1967	FT-50	送受信機	72
		FTDX400	送受信機	72
		F型ゼネレーター	生成器	73
		FTDX100	送受信機	74
		FRDX400 FLDX400	受信機・送信機	75
	1968	ST-200	送信機	76
		FT-200	送受信機	78
		FTV-650	トランスバータ	219
	1969	FT-400S	送受信機	79
		FR-50B FL-50B	受信機・送信機	80
	1970	FT-200(S)ブラック・パネル	送受信機	126
		FT-101(S)	送受信機	127
		FT-2F	送受信機	186
	1971	FTDX401	送受信機	131
		●FT-401D(S)	送受信機	131
	1972	FT-75	送受信機	133
		●FT-75B(75BS)	送受信機	133
		シグマサイザー200	送受信機	195
		FT-2 AUTO	送受信機	224
		FT-620	送受信機	225
	1973	FT-101B(BS)	送受信機	135
	1974	FR-101	受信機	137
		FT-501(S)	送受信機	138
		FT-201(S)	送受信機	139
		FL-101(S)	送信機	140
		FT-224	送受信機	201
		FT-220	送受信機	229
	1975	FT-101E(ES)	送受信機	142
		FT-620B	送受信機	230
		FTV-650B	トランスバータ	232
		●FTV-250(1976年)	トランスバータ	232
		FT-221	送受信機	232
	1976	FT-301S	送受信機	143
		●FT-301SD	送受信機	143
山七商店	1956	ポータブル局用受信機	受信機	18
		ポータブルQRP局用送信機	送信機	18
	1957	TXH-1	送信機	20
		TXV-1 TXV-1A	送信機	94
ユニーク無線	1966	URC-6	送信機	110
	1967	UL-120 UL-120C	送信機・受信機	73
ユニデン	1975	Model 2020(P)	送受信機	143
		Model 2010	送受信機	205
		●Model 2010S（1976年)	送受信機	205
	1976	Model 2030	送受信機	207
ライカ電子製作所	1966	A-610	送受信機	110
		A-210	送受信機	112
	1967	A-610K A-210J	送受信機	118
ラリー通信機	1975	VT-435	送信機	231
和光通信機製作所	1962	TH615(K)	受信機	41
	1959	TU-591(A) TU-581	受信機	25
	1960	TR-10	送受信機	27
		スリーエイトTX	送信機	29
ワンダー電子	1976	W203G W605 W203G(50MHz入力)	トランスバータ	235

著者プロフィール

髙木 誠利（たかぎ まさとし）

1961年生まれ．1975年電話級アマチュア無線技士取得，1976年アマチュア無線局JJ1GRK開局．
電気通信大学電気通信学部電波通信（電子情報）学科卒業．以後，放送通信関係の仕事に従事．
第1級無線技術士（現，第1級陸上無線技術士），第1級通信士（現，第1級総合無線通信士），第1
級アマチュア無線技士，電話工事の工事担任者総合種など，無線，有線通信関係の主要資格を
取得．
1997年にアマチュア無線として初のスペクトラム拡散，ならびに音声デジタル変調通信の免許
を受ける．通信機器と電子キットに関する著作多数．映像情報メディア学会会員．

日本アマチュア無線機名鑑

2021 年 5 月 1 日　初版発行
2021 年 7 月 1 日　第2版発行

Ⓒ 髙木 誠利　2021 （無断転載を禁じます）

著 者　髙 木　　誠 利
発行人　小 澤　　拓 治
発行所　CQ出版株式会社

〒 112-8619　東京都文京区千石 4-29-14
電話　編集　03-5395-2149
　　　販売　03-5395-2141
振替　00100-7-10665

乱丁，落丁本はお取り替えいたします．
定価はカバーに表示してあります．

ISBN978-4-7898-1273-3
Printed in Japan

編集担当者　　甕岡　秀年
本文デザイン・DTP　　（株）コイグラフィー
印刷・製本　　三共グラフィック(株)